应用型本科高校“十四五”规划经济管理类专业数字化精品教材

PLAN AND PRACTICE OF BARTENDING PROJECTS

调酒项目策划与实践

主 编◎吴卫东 刘 勋
副主编◎丁黎明 陈 嘉 黄裕华

華中科技大學出版社
http://www.hustp.com
中国·武汉

内容简介

本书立足于应用型大学本科教育的特点，力求比较系统地阐述中外主要酒水的起源、发展、饮用方法、饮用礼仪等文化知识。随着经济发展和人们消费习惯的不断变化，现代酒水的调制方法也不断创新发展，调酒教学也要突出应用特色，以提高学生的实务能力、项目创新策划能力和组织协调能力等。全书共分10个项目，主要包括初识酒水、酒吧认知、酒吧设备和调酒用具认知、初识鸡尾酒、认识发酵酒、认识蒸馏酒、认识配制酒、酒吧常见时尚饮品鉴赏、酒吧服务质量控制管理、酒会策划与营销等。各项目附有引例、拓展案例、思考与练习，以及图文、视频形式的拓展资源及在线答题，以利于学生自学和训练。

本书适合作为高校旅游管理类各专业教材，也可以作为调酒爱好者的自学参考书。

图书在版编目(CIP)数据

调酒项目策划与实践/吴卫东，刘勋主编. —武汉：华中科技大学出版社，2022.9
ISBN 978-7-5680-8659-2

Ⅰ. ①调… Ⅱ. ①吴… ②刘… Ⅲ. ①酒-调制技术-高等学校-教材 ②酒吧-商业服务-高等学校-教材 Ⅳ. ①TS972.19 ②F719.3

中国版本图书馆 CIP 数据核字(2022)第 168135 号

调酒项目策划与实践
Tiaojiu Xiangmu Cehua yu Shijian

吴卫东 刘 勋 主编

策划编辑：周晓方 宋 焱
责任编辑：林珍珍
装帧设计：廖亚萍
责任校对：张汇娟
责任监印：周治超
出版发行：华中科技大学出版社(中国·武汉) 电话：(027)81321913
武汉市东湖新技术开发区华工科技园 邮编：430223
录 排：华中科技大学出版社美编室
印 刷：武汉市籍缘印刷厂
开 本：787mm×1092mm 1/16
印 张：20 插页：2
字 数：477 千字
版 次：2022 年 9 月第 1 版第 1 次印刷
定 价：59.90 元

总　序

在"ABCDE＋2I＋5G"(人工智能、区块链、云计算、数据科学、边缘计算＋互联网和物联网＋5G)等新科技的推动下,企业发展的外部环境日益数字化和智能化,企业数字化转型加速推进,互联网、大数据、人工智能与业务深度融合,商业模式、盈利模式的颠覆式创新不断涌现,企业组织平台化、生态化与网络化,行业将被生态覆盖,产品将被场景取代。面对新科技的迅猛发展和商业环境的巨大变化,江汉大学商学院根据江汉大学建设高水平城市大学的定位,大力推进新商科建设,努力建设符合学校办学宗旨的江汉大学新商科学科、教学、教材、管理、思想政治工作人才培养体系。

教材具有育人功能,在人才培养体系中具有十分重要的地位和作用。教育部《关于加快建设高水平本科教育 全面提高人才培养能力的意见》提出,要充分发挥教材的育人功能,加强教材研究,创新教材呈现方式和话语体系,实现理论体系向教材体系转化、教材体系向教学体系转化、教学体系向学生知识体系和价值体系转化,使教材更加体现科学性、前沿性,进一步增强教材的针对性和时效性。教育部《关于深化本科教育教学改革 全面提高人才培养质量的意见》指出,鼓励支持高水平专家学者编写既符合国家需要又体现个人学术专长的高水平教材。《高等学校课程思政建设指导纲要》指出,高校课程思政要落实到课程目标设计、教学大纲修订、教材编审选用、教案课件编写各方面。《深化新时代教育评价改革总体方案》指出,完善教材质量监控和评价机制,实施教材建设国家奖励制度。

为了深入贯彻习近平总书记关于教育的重要论述,认真落实上述文件精神,也为了推进江汉大学新商科人才培养体系建设,江汉大学商学院与华中科技大学出版社开展战略合作,规划编著应用型本科高校"十四五"规划经济管理类数字化精品系列教材。江汉大学商学院组织骨干教师在进行新商科课程体系和教学内容改革的基础上，结合自己的研究成果，分工编著了本套教材。本套教材涵盖大数据管理与应用、工商管理、物流管理、金融学、国际经济与贸易、会计学和旅游管理7个专业的20门核心课程教材，具体包括《大数据概论》《运营管理》《国家税收》《品牌管理：战略、方法与实务》《现代物流管理》《供应链管理理论与案例》《国际贸易实务》《房地产金融与投资》《保险学基础与应用》《证券投资学精讲》《成本会计学》《管理会计学：理论、实务与案例》《国际财务管理理论与实务》《大数据时代的会计信息化》《管理会计信息化：架构、运维与整合》《旅游市场营销：项目与方法》《旅游学原理、方法与实训》《调酒项目策划与实践》《茶文化与茶艺：方法与操作》《旅游企业公共关系理论、方法与案例》。

本套教材的编著力求凸显如下特色与创新之处。第一，针对性和时效性。本套教材配有数字化和立体化的题库、课件PPT、知识活页以及课程期末模拟考试卷等教辅资源，力求实现理论体系向教材体系转化、教材体系向教学体系转化、教学体系向学生知识体系和价值体系转化，使教材更加体现科学性、前沿性，进一步增强教材针对性和时效性。第二，应用性和实务性。本套教材在介绍基本理论的同时，配有贴近实际的案例和实务训练，突出应用导向和实务特色。第三，融合思政元素和突出育人功能。本套教材为了推进课程思政建设，力求将课程思政元素融入教学内容，突出教材的育人功能。

本套教材符合城市大学新商科人才培养体系建设对数字化精品教材的需求，将对江汉大学新商科人才培养体系建设起到推动作用，同时可以满足包括城市大学在内的地方高校在新商科建设中对数字化精品教材的需求。

本套教材是在江汉大学商学院从事教学的骨干教师团队对教学实践和研究成果进行总结的基础上编著的，体现了新商科人才培养体系建设的需要，反映了学科动态和新技术的影响和应用。在本套教材编著过程中，我们参阅了国内外学者的大量研究成果和实践成果，并尽可能在参考文献和版权声明中列出，在此对研究者和实践者表示衷心感谢。

编著一套教材是一项艰巨的工作。尽管我们付出了很大的努力，但书中难免存在不当和疏漏之处，欢迎读者批评指正，以便在修订、再版时改正。

丛书编委会

2022年3月2日

前言

酒是一种历史悠久的饮料，与人们的生活联系十分密切。人们在欢庆佳节、婚丧嫁娶、宴请宾客时都少不了酒。中国古代文人骚客为我们留下了灿烂的诗酒文化。在西方，最早的酒莫过于葡萄酒，葡萄酒文明对西方历史、宗教、文化、艺术的发展产生了深远的影响。

酒吧是现代人工作之余休闲放松的重要场所。随着经济的发展以及人们消费行为的变化，各种类型的酒吧不断出现，逐渐形成了各具特色的酒吧文化。鸡尾酒有与生俱来的张扬不羁、叛逆、独立、自我的特色，经过100多年的发展，它已成为具有文化内涵、充满艺术色彩、兼有多元化属性的世界性酒品。特别是近十几年以来，饮用鸡尾酒已经成为众多时尚达人的生活日常。

调酒项目策划与实践是酒店管理、旅游管理等专业的专业课程，应充分反映酒店管理、旅游管理人才培养要求。本书在系统介绍酒水知识、调酒方法、酒吧管理、酒会策划与营销等知识的同时，提供国际视野，突出应用特色。各项目附有引例、拓展案例，以利于调动学生的学习兴趣，加深其对酒水知识的了解；各项目均安排了“思考与练习”，还有图文、视频形式的拓展资源及在线答题，便于学生自学和训练。本书可作为酒店管理、旅游管理专业教材，也可以作为调酒爱好者的自学参考书。教学参考学时为32学时，教师可以根据实际需要增减。

本书由江汉大学商学院旅游学系、武汉软件工程职业学院文化旅游学院、湖北艺术职业学院等部分教师合作编写。江汉大学商学院吴卫东副教授、旅游与酒店管理系主任刘勋副教授担任主编，武汉软件工程职业学院文化旅游学院丁黎明讲师、陈嘉助教和湖北艺术职业学院黄裕华讲师担任副主编。参加编写人员的具体分工是：项目一、项目三、项目四由吴卫东执笔；项目五、项目六由刘勋执笔；项目二、项目七由陈嘉执笔；项目八由黄裕华执笔；项目九、项目十由丁黎明执笔。全书由吴卫东和刘勋负责统稿。

在编写过程中，我们参阅了国内外学者的大量研究成果，限于篇幅未能一一列出，敬请谅解；书稿中的图片均来自网络图片，由于客观原因，我们无法联系到相关作者，在此一并表示诚挚的谢意。本书出版受江汉大学“城市圈经济与产业集成管理”学科群资助，在此表示诚挚的谢意！尽管我们付出了很大的努力，但受时间、水平的限制，书中不当和疏漏之处在所难免，欢迎读者批评指正，以便在修订、再版时改正。

编　者

2022年5月于武汉三角湖

目　录

项目一　初识酒水

本项目目标

知识目标：

1. 了解酒水的概念内涵、分类，能简要说明酒的起源；
2. 了解我国近代酒水发展的主要过程；
3. 熟悉酒度的三种表示方法以及三种酒度之间的换算关系；
4. 熟悉按照酒精含量、生产工艺、酿酒原料、配餐方式等对酒水进行分类的方法；
5. 了解酒标的含义，熟悉三种饮酒风俗礼仪；
6. 能够通过酒色、酒香、酒味、酒体等对酒品风格进行评价；
7. 了解古代饮酒常用器具。

能力目标：

1. 熟悉酒水的起源和发展历程、生产工艺，酒水文化风俗礼仪等知识；
2. 构建酒水产业发展受历史、政治、经济、文化、地理环境等密切影响的系统综合思维观念。

情感目标：

培养尊重前人的创新精神，形成敬畏大自然的意识。

任务一　酒的起源与发展

引例

酒是天上"酒星"造的吗?

我国有酒是天上"酒星"所造的传说。"酒星"为星宿文化术语。相传天界的酒曲星君以神授的方式将酿酒技术传于仪狄,后集大成于杜康。"酒星学说"融合易理与酿酒术,认为自然界的日、月、水、火、风、雨、雷、电等大的星团及二十八宿中的角宿、斗宿、奎宿、井宿等天、地、人三界神灵主宰着酒品质的好坏,每年的春夏之交是贮藏酒的最佳季节,农历六月和九月为忌酿酒的月份。酿酒必须选择星象、季节和吉日良辰,并举行神秘的祭典等。"酒星学说"讲求酿酒的选址、用水的选择、符咒的使用、粮食配料的构成、中药材对性味的调节及酒的后期贮藏等,是仪狄、杜康酿制美酒的理论精髓。

有关酒旗星的记载,最早见于《周礼》一书。《晋书》中也有关于酒旗星座的记载:"轩辕右角南三星曰酒旗,酒官之旗也,主宴飨饮食。"轩辕为我国古称星名,共十七颗星,其中十二颗属狮子星座。酒旗三星,即狮子座的 Ψ、ε 和∽三星。这三颗星,呈"一"字形排列,南边紧傍二十八宿的柳宿八颗星。二十八宿的说法,始于商代而确立于周代,是我国古代天文学的伟大创造之一。在科学仪器极其简陋的情况下,我们的祖先能在浩瀚的星海中观察到这几颗并不十分明亮的酒旗星,并留下关于酒旗星的种种记载,这不能不说是一种奇迹。

东汉以"座上客常满,樽中酒不空"自诩的孔融,在《与曹操论酒禁书》中有"天垂酒星之耀,地列酒泉之郡"之说;"诗仙"李白在《月下独酌·其二》一诗中有"天若不爱酒,酒星不在天"的诗句;经常大醉的"诗鬼"李贺在《秦王饮酒》一诗中也有"龙头泻酒邀酒星,金槽琵琶夜枨枨"的诗句。此外,如"吾爱李太白,身是酒星魂""酒星不照九泉下,孤鸟自啰山花春""仰酒旗之景曜""拟酒旗于元象""囚酒星于天岳"等诗句(词句),也都提到了酒。

■ 问题:"酒星学说"流传这么久,说明了什么问题?

一、酒在中国的起源

酒是一种历史悠久的饮品，与人们的生活关系十分密切。欢庆佳节、婚丧嫁娶、宴请宾客时都少不了酒。古往今来，我国多少文人骚客把酒临风，借酒抒怀，写下了数以万计的诗词歌赋，给后世留下了丰富多彩、千姿百态的酒文化。

据考古学家考证，在近现代出土的新石器时代的陶器制品中，已有了专用的酒器，这说明在原始社会，我国酿酒已盛行。而后经过夏、商两代，饮酒的器具也越来越多。在出土的殷商文物中，青铜酒器占相当大的比重(见图 1-1)，说明当时饮酒之风很盛。

图 1-1　父辛爵(陕西省博物馆)

1. 上天造酒说

具体内容见引例。

2. 猿猴造酒说

唐人李肇的《唐国史补》一书，对人类如何捕捉聪明伶俐的猿猴有精彩记载。人类很难活捉到机敏的猿猴，但发现猿猴嗜酒，于是，人们在猿猴出没的地方摆上几缸香甜浓郁的美酒，猿猴闻香而至，经受不住美酒的诱惑，喝到酩酊大醉，最终被人活捉。东南亚居民和非洲土著人也采用类似方法捕捉猿猴或大猩猩。这说明猿猴是经常和酒联系在一起的。我国的许多典籍中都有猿猴造酒的记载，即在猿猴的聚居处，有多种类似酒的东西被发现。

3. 仪狄造酒说

相传夏禹时期的仪狄发明了酿酒。《吕氏春秋》有“仪狄作酒”的说法。史籍中有多处提到仪狄“作酒而美”“始作酒醪”。汉代刘向编订的《战国策》则进一步说明：“昔者，帝女令仪狄作酒而美，进之禹，禹饮而甘之，遂疏仪狄，绝旨酒，曰：‘后世必有以酒亡其国者。’”根据这段记载，可推测情况大体是这样的：舜的女儿令仪狄去酿造美酒，仪狄经过一番努力，造出来的酒味道很好，于是献给禹品尝。禹喝了之后，觉得味道的确很好，但禹认为后世定会有因为饮酒无度而误国的君王，不仅没有奖励仪狄，反而对他不再信任和重用，从此疏远了他，禹自己从此也和美酒绝缘。人们对禹倍加尊崇，推他为廉洁开明的君主；但与此同时，因为“禹恶旨酒”，仪狄被诬陷成了专事谄媚进奉的小人。很多学者据此认为仪狄乃制酒之始祖。

4. 杜康造酒说

1-1 二维码
杜康其人、
杜康墓、
杜康庙和
杜康酒

关于杜康造酒的传说，有资料记载为“有饭不尽，委之空桑，郁结成味，久蓄气芳，本出于代，不由奇方”，即杜康将未吃完的剩饭，放置在桑园的树洞里，剩饭在洞中发酵后，有芳香的气味传出。这段记载流传于后世，杜康便成为能够留心周围的小事，并能及时启动创作灵感的发明家了。

魏武帝曹操在《短歌行》中曰：“何以解忧？唯有杜康。”自此之后，更多的人认为酒由杜康所创。

还有一种说法为“仪狄作酒醪，杜康作秫酒”。这里并无时代先后之分，而是对他们所创的不同的酒的说明。醪是一种糯米经过发酵而成的醪糟儿。秫是高粱的别称。“杜康作秫酒”指的是杜康造酒所使用的原料是高粱。按照这种说法将仪狄或杜康确定为酒的创始人的话，可以说，仪狄是黄酒的创始人，而杜康则是高粱酒的创始人。

二、酒的发展

中国是世界上酿酒历史最悠久、酒业生产最发达的国家之一。千百年来，中国酿酒工艺不断发展，酒的种类繁多。

19 世纪后期，我国开始建设现代化葡萄酒厂。著名实业家、南洋华侨、富商张弼士在山东烟台创办的“张裕酿酒公司”，是我国第一家近代化葡萄酒厂。之后，全国其他地区如北京、天津、青岛、太原也相继建立了葡萄酒厂。但是，由于这一时期葡萄酒主要供洋商、买办等少数人饮用，并没有多大发展。

1900 年，俄国商人最先在我国哈尔滨开办啤酒厂；1903 年，英国和德国商人在青岛联合开办英德啤酒公司；1910 年，英国商人在上海建起啤酒厂，即现在上海啤酒厂的前身。因为当时这些啤酒厂生产的啤酒只供应侨居华人和来华的外国人，加之当时中国人尚未习惯饮用啤酒，制造啤酒用的酒花也完全依靠进口，价格昂贵，所以啤酒的产销量极其有限。

1949 年后，我国酒业生产得到迅速发展，无论是在产量、品质、制作工艺方面，还是在科学研究等方面都有了空前的提高。我国啤酒产量与日俱增，到 1988 年，我国成为仅次于美国、德国的世界第三啤酒产销大国。另外，我国葡萄酒的产销量也得到大幅度的提升，配制酒、药酒的产销量有所提升，品种也不断丰富。

近年来，根据市场的需求，国家不断调整酒类生产规划，提倡大力发展啤酒、葡萄酒、黄酒和果酒产业，同时扩大优质名牌白酒的生产规模，逐步增加低度白酒的生产比例，确定了酿酒业发展的新方向。

任务二　酒品风格

◇ 引例

影响并决定葡萄酒酒体的主要因素

影响并决定葡萄酒酒体的主要因素有以下四个：酒精、浸渍物、酿酒葡萄品种和种植地区气候。

1. 酒精

酒精是首要的决定性因素，它决定了葡萄酒的黏稠度。葡萄酒的酒度越高，黏稠度越高，品尝时酒体在舌面上的口感就越重，酒体就越丰满。酒度高于13.5%的葡萄酒，酒体一般较为丰满厚重。

2. 浸渍物

浸渍物大多是不易挥发的物质，如单宁、甘油、糖分和可溶性风味物质（如果胶、酚类、蛋白质等）以及酸度。前三种成分的含量越高，葡萄酒的酒体就越重；酸度越高，葡萄酒的酒体就会越轻。因此，酸度高的葡萄酒通常酒体偏轻。但也有一些例外。

3. 酿酒葡萄品种

酒体较轻的红葡萄酒是比较少见的。酒体轻的红葡萄酒口感雅致，轻如薄纱，但是，如果缺乏足够的风味，品味起来就容易让人觉得淡薄如水。

酒体较轻的白葡萄酒有雷司令、长相思、灰皮诺、霞多丽和白诗南等。其中，雷司令的高糖分会增加葡萄酒的厚重感，所以酒体也会稍偏重。霞多丽大多比长相思和雷司令的酒体丰满，是酒体较重的白葡萄酒的典型代表，但也受种植地区气候因素的影响。酿酒师在酿制霞多丽时，选择橡木桶发酵、熟化的工艺能够增加葡萄酒的酒体。

总体来说，红葡萄酒的酒体大多比白葡萄酒的酒体丰满。

4. 种植地区气候

葡萄酒的酒体或风格是由多方面决定的，气候的影响也不可小觑。通常，在气候温暖的地区出产的葡萄成熟度高，所以该产区的葡萄酒的酒度也较高，酒体丰满厚重。反之，气候偏冷的地区出产的葡萄酒酒体就较轻。例如，纳帕谷产区的阳光照射充分的赤霞珠，要比气候凉爽的波尔多产区的赤霞珠的酒体更丰满；而在寒冷地区酿造的霞多丽口感爽脆清瘦，与在温暖地区用橡木桶酿造的霞多丽的厚重丰满截然不同。

一款葡萄酒只有酒体与风味、酸度、甜度和酒度达到平衡状态，才称得上是优质的葡萄酒。主要注意的是，酒体的轻或重，与葡萄酒的品质并不直接相关，酒体丰满并不意味着酒质就高。

酒品风格指酒品的色、香、味、体作用于人的感官，并给人留下的综合印象。不同的酒品有不同的风格，同样的酒品也可能有不同的风格。人们品评酒品风格时，通常使用突出、显著、明显、不突出、不明显、一般等词语来形容。

一、酒色

1-2 二维码
评价红酒
酒色的词汇

酒色是指酒品的颜色。酒色具有多种表现形式，色泽纯正的酒品才是上乘佳品。观察、评价酒品的颜色是评酒的一个重要部分。酒色受多种因素影响，如原料、生产工艺、人工或非人工增色等。唐代诗人岑参在《虢州西亭陪端公宴集》一诗中写道：“开瓶酒色嫩，踏地叶声干。”即为对酒色的评价。

二、酒香

1-3 二维码
评价酒香时
使用的术语

酒香也是评价酒品时十分重要的部分，一般都以香气浓郁或清雅来评价佳品。酒品的香气非常复杂，不同的酒品香气各不相同，即使同一种酒品，香气也会有各种各样的变化。在评价酒香时，常对其程度和特点进行评价，一般可以用芳香四溢、玫瑰芳香、馨香四溢、金桂飘香、香苦酸醇、油城墨香、稀香、丹桂飘香等词语来形容。

三、酒味

酒味即酒的味感，是酒品优劣的最重要的品评标准。古今中外的名酒佳酿都具备优美的味道，令饮者赞叹不已、常饮不厌，甚至产生偏爱。唐代诗人杜甫在《绝句漫兴九首》中有“人生几何春已夏，不放香醪如蜜甜”，就体现了杜甫当时对甜味酒的偏爱。

酒的常规口感有酸、甜、苦、涩、辣、咸等，不同的味道源于不同的化学物质。

1. 酸味

不同种类的酒的酸味来自不同的化学物质。白酒中所含的酸味物质极其丰富，主要为己酸、乙酸、乳酸和丁酸。啤酒中含酸类约 100 种。葡萄酒中的酸味一部分来源于葡萄本身，如酒石酸、苹果酸和柠檬酸，另一部分来自酿造过程中产生的琥珀酸、乳酸和醋酸等。黄酒中的有机酸有 10 多种，主要是米、曲及添加的浆水和醇醛氧化产生的。

2. 甜味

白酒中甜味物质的来源较多，有乙醇、多元醇、氨基酸和双乙酰等。啤酒原料里的麦芽含量多就会产生甜味。干型的葡萄酒一般没有甜味，半干型的葡萄酒有一点甜味，半甜型的葡萄酒比较甜。黄酒中以葡萄糖、麦芽糖等为主的糖类有八九种，另外还有发酵中产生的甜味氨基酸和 2,3-丁二醇、甘油以及发酵中遗留的糊精、多元醇等。这些物质都具有甜味。

3. 苦味

白酒中的苦味物质是发酵时酵母代谢的产物，主要来自高级醇、部分醛类、多酚物质和琥珀酸等。啤酒中的啤酒花使啤酒具有独特的苦味和香气，并有防腐和澄清麦芽汁的作用。葡萄酒中的苦味主要来源于酒中的单宁。黄酒的苦味主要来自发酵过程中所产生的某些氨基酸、酪醇、甲硫基腺苷和胺类等。另外，糖色也会带来一定的焦苦味。恰到好处的苦味，可使酒的味感清爽，增添一种特殊的风味。

4. 涩味

白酒中的涩味由醛类、乳酸、异丁醇、异戊醇和酯类等产生。啤酒的涩味主要由啤酒中多酚及其氧化产物鞣酐，达到一定的集合度，超过它的阈值产生的。葡萄酒中的涩味主要来自单宁。葡萄的皮和籽中含有大量单宁，它为葡萄酒带来了立体而富有层次的口感。黄酒的涩味主要由乳酸、酪氨酸、异丁醇和异戊醇等成分构成。适当的涩味能增加酒味的柔和感。

5. 辣味

白酒中的辣味主要来自醛类、杂醇油、硫醇和阿魏酸等。普通啤酒是没有辣味的，辣味实际上并不是一种“味觉”，而是一种刺激(类似于灼烧感)。葡萄酒在发酵时如果感染了杂菌，会产生有害物质，葡萄酒口感就会表现为辣味或其他异味。黄酒中的辣味主要由酒精、高级醇及乙醛等成分构成，以酒精为主。适度的辛辣味有增进食欲的作用。

6. 咸味

白酒和啤酒中若有咸味属非正常口味，因工艺处理不当而产生。咸味通常不是葡萄酒的主体味道，只有出产于一些极其特殊地块中的葡萄酿造的葡萄酒，有时会呈现出微微的咸味。这些咸味物质主要来源于葡萄原料、土壤以及工艺处理。

四、酒体

1-4 二维码
描述葡萄酒
酒体的术语

酒体是对酒品的色泽、香气、口味的综合评价，但不等于评价酒的风格。酒品的色、香、味溶解在水和酒精中，并和挥发物质、固态物质融合在一起，构成了酒品的整体。不论哪一款酒，其酒体风味设计都尤为重要。酒体风味质量标准是根据产品风味、特征形成规律和市场适应度所做出的质量要求，结合工艺技术水平设计出具有典型风味特征的酒类产品的生产全过程的技术标准。在评价酒品的酒体时，常用酒体完满、酒体优雅、酒体娇嫩、酒体瘦弱、酒体粗劣等词语来评述。

因为酒体是个模糊的、感性的概念，而不是一种具体的、可以精确衡量的实物，所以在现实生活中，葡萄酒的酒体从轻到重是一个连续的过渡过程，没有具体的分界线。例如，酒体中等偏高只是用来泛指一系列接近这个标准的葡萄酒。酒体轻盈的葡萄酒酒度大多为5.5%～9%，少数如产自德国摩泽尔的雷司令以及意大利阿斯蒂的微起泡酒莫斯卡托阿斯蒂，以及澳大利亚猎人谷的赛美蓉和葡萄牙的绿酒，酒度在11%左右，酒体也很轻盈。多数酒度为12%～13.5%的葡萄酒酒体适中。

任务三　酒水的分类

◇ 引例

葡萄酒的"新旧世界"

随着葡萄酒的发展，其种类也越来越多。为了更好地区分世界上不同国家葡萄酒的风格，人们根据地域、酿酒历史和酿酒传统等因素，将葡萄酒生产国粗略地分为两大阵营，即葡萄酒的"旧世界"和"新世界"。"旧世界"指的是那些老牌葡萄酒生产国，以欧洲国家为主，如法国、意大利、德国、西班牙和葡萄牙等。"新世界"是指那些最近几个世纪才崛起的葡萄酒生产国，主要是欧洲以外的国家，如美国、澳大利亚、新西兰、南非、智利、阿根廷、日本以及中国等。这两个世界具有各自不同的特性。

首先，葡萄耕种历史不同。"旧世界"葡萄酒生产国大约从4世纪开始种植葡萄，"新世界"葡萄酒生产国则在15世纪以后才开始种植葡萄。"旧世界"葡萄酒生产国葡萄的耕作方式及葡萄酒的酿造工艺与古希腊和古罗马的历史文化有关，其葡萄种植和葡萄酒酿造工艺更趋于传统，葡萄酒更注重表现产地的风土特点。"新世界"葡萄酒生产国多是新大陆的征服者，宗教传教士根据其需要开始栽培葡萄树。18世纪以后，"新世界"葡萄酒生产国的移民者从自己的国家带去了葡萄树，并进行种植，这样便形成了"新世界"的葡萄酒产业。

其次，对葡萄酒产业的规定与限制也不同。"旧世界"葡萄酒生产国很早之前就根据其法律条文制定了制度体系，如葡萄酒的等级制度、葡萄产地的规定、种植葡萄品种等。与此相比，"新世界"葡萄酒生产国对于葡萄品种、葡萄种植、葡萄酒酿造等方面的法律规定不那么严格，酿酒师在酿造葡萄酒时更加自由创新，因此葡萄酒风格更加多样，也相对更加易饮。

最后，在提高葡萄酒质量方法上，"旧世界"葡萄酒生产国主要依靠传统条件（如土壤、气候、地形等传统自然条件），"新世界"葡萄酒生产国则主要依靠引入现代化的酿造技术。

酒水是适于饮用的液体，但是不包括自然界中的水、药水和酒精。按照饮料中是否含有酒精，可以把饮料分为酒精饮料和非酒精饮料两大类。

一、酒精饮料

酒精饮料（alcoholic beverage）就是人们通常所说的酒。国际上规定，酒精饮料是指可供人们饮用的含酒度为0.5%～75.5%的液体。而根据我国现行的国家标准，酒精饮料是指供人们饮用且酒度为0.5%～60.0%的液体。

（一）酒度的表示方法

1-5 二维码
酒度的
换算方法

酒度即酒中乙醇的体积与酒体积的比化为的百分数，以V/V作为酒度的单位。例如，7%（V/V），其意思是100单位体积的酒中含有7单位体积的乙醇，也表示100升酒中含有7升的乙醇。传统上表示酒液中乙醇含量的方法有三种：英制（Sikes）、美制（Proof）、欧洲方式（GL）。从1983年开始，欧洲共同体（包括英国）统一实行GL标准，即按乙醇所占液体容量的百分比作为标准的乙醇含量表现形式。目前国际上大多数国家都沿用此标准，我国也是采用该标准，只有美国和一些拉美国家仍沿用Proof方式表示乙醇含量。

1. 欧洲酒度（GL）

欧洲酒度也称国际标准酒度，由法国著名化学家盖·吕萨克（Gay-Lussac）发明，故缩写为GL。它是指在20℃的条件下，每100毫升酒液中含有的乙醇量。酒度可以用酒精计直接测出。

2. 美制酒度（Proof）

美制酒度是指在华氏60度的条件下，200毫升的酒液中所含有的乙醇量。美制酒度以Proof作为计量单位。

3. 英制酒度（Sikes）

英制酒度是18世纪由英国人克拉克（Clark）创造的一种酒度计算方

法。它是在华氏51度的条件下比较相同容量的水和酒，当酒的重量是水的重量的12/13时，它的酒度定为1 Sikes。

（二）酒精饮料的分类

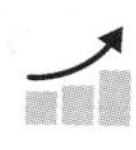

1. 按照酒精含量分类

按照酒精含量的多少，酒水可以分为低度酒、中度酒和高度酒三种类型（见表1-1）。

表1-1　按照酒精含量分类

类型	酒度	常见酒类
低度酒	20%以下	啤酒、葡萄酒、香槟酒和大多数的黄酒和日本清酒等
中度酒	20%～40%	国外的餐前开胃酒（如味美思、茴香酒等）、甜食酒（如波特酒、雪莉酒等）、餐后甜酒（如薄荷酒、橙香酒等），国内的露酒、药酒、竹叶青等
高度酒	40%以上	国外的蒸馏酒大多属于此类，国产白酒如茅台、五粮液、汾酒、泸州老窖等

2. 按照酒的生产工艺分类

酒的生产工艺一般有三种方式：发酵、蒸馏和配制。生产出来的酒也分别被称为发酵酒、蒸馏酒和配制酒（见表1-2）。

表1-2　按照生产工艺分类

类型	特点	常见酒类
发酵酒	以粮谷、水果、乳类及其他可食用植物为主要原料，发酵后产生酒精，再进行直接提取或采用压榨方法制成的酒。酒度一般不超过24%	葡萄酒、啤酒、水果酒、黄酒、米酒等
蒸馏酒	以粮谷、薯类、水果及其他可食用植物为主要原料，经发酵后，用蒸馏法制成的高酒度酒。通常可经过一次、两次甚至多次蒸馏，以取得高浓度、高质量的酒液。酒度通常在28%～60%	国外的白兰地、威士忌、金酒、朗姆酒、伏特加、特其拉酒等，中国的茅台酒、五粮液等
配制酒	以发酵酒、蒸馏酒或食用酒精为酒基（又称基酒），加入可食用的花卉、果实、动植物及药材或其他制品，或以食品添加剂为呈香、呈色及呈味物质进行调配加工而制成的酒。配制酒大多属于中度酒，酒度在20%～40%	国外的味美思（开胃酒）、君度酒（利口酒）和雪莉酒（甜食酒），中国的露酒、药酒等

3. 按照酿制酒水的原料分类

按照酿制酒水的原料，可将酒分为果酒、粮食酒和代粮酒三类（见表 1-3）。

表 1-3 按照酿制酒水的原料分类

类型	特点	常见酒类
果酒	用含有较高糖分的水果为原料，经过发酵或蒸馏等工艺酿制而成的酒品	葡萄酒、苹果酒、白兰地、味美思等
粮食酒	以含有丰富淀粉的粮食为原料，经过发酵或蒸馏等工艺酿制而成的酒品	啤酒、黄酒、中国白酒、威士忌等
代粮酒	用粮食和水果以外的原料，如用奶、蜂蜜、野生植物的根、茎等含糖或含淀粉原料生产的酒，习惯称为代粮酒或者代用品酒。用木薯、糖蜜等为原料生产的酒均为代粮酒	朗姆酒、特其拉酒、马奶酒等

4. 按配餐方式分类

按配餐方式，可将酒分为餐前酒、佐餐酒、甜食酒和餐后酒（见表 1-4）。

表 1-4 按照配餐方式分类

类型	特点	常见酒类
餐前酒	也称开胃酒，是指在餐前饮用的，喝了以后能刺激人的胃口，使人增加食欲的酒。常用药材浸制而成，具有酸、苦、涩的特点，起生津开胃的作用	味美思、比特酒、茴香酒等
佐餐酒	也称餐酒，是指进餐时饮用的各种葡萄酒，是西餐配餐的主要酒类。一般用新鲜的葡萄汁发酵制成，含有酒精、天然色素、脂肪、维生素、碳水化合物、矿物质、单宁酸等营养成分，对人体健康有益	红葡萄酒、白葡萄酒、玫瑰红葡萄酒和含气葡萄酒
甜食酒	在西餐就餐过程中佐助甜食时饮用的酒品。其口味较甜，常以葡萄酒为基酒加葡萄蒸馏酒配制而成	马德拉酒、波特酒、雪莉酒等

续表

类型	特点	常见酒类
餐后酒	指餐后饮用的各种配制酒，如利口酒，是供餐后饮用且含糖分较多的酒类，这类酒较为香甜，具有清新口气、帮助消化的作用各种以果料类、植物类	和其他材料为原料的利口酒、白兰地、餐后鸡尾酒等

二、非酒精饮料

非酒精饮料(non-alcoholic beverage)就是不含酒精的可供饮用的液体，又被称为软饮料。20 世纪 80 年代，我国市场上的饮料种类寥寥无几，饮料对于国人来说还是一种奢侈品。经过多年的发展，现在市场上的饮料种类丰富，品牌众多，饮料的整体销售呈现快速上升的势头，饮料已经从之前的奢侈品变成了如今的家庭必需品。按照我国现行国家标准，非酒精饮料可以分为茶、咖啡、可可、果蔬汁、碳酸饮料、乳酸饮料、矿泉水等几类，这部分内容将在项目八中详细介绍。

任务四　酒水文化

酒标的价值

酒标具有历史价值、文化艺术价值、欣赏娱乐价值和经济价值等。

1. 历史价值

中国酒标是什么时候出现的？要解答这个问题，得从酒旗说起。酒旗，又称酒望、酒帘、青旗。《韩非子》记载："宋人有沽酒者……悬帜甚高。""帜"就是酒旗，可见当时我国劳动人民就已经利用酒旗这种形式来宣传酒类产品了。

唐朝以后，酒旗逐渐发展为一种普通市招，而且样式五花八门。可以说，酒标的前身就是酒旗。随着社会生产力的发展，酒厂的建立、酒品的成批生产，以及酒的流通和贸易，酒标应运而生。酒标是我国酿酒工业发展历史的真实写照，研究酒标对研究中国酒的历史、文化和酿酒企业的产生、发展、分化、组合，以及编写地方志都有重要的参考价值。

虽然我国有几千年的酿酒史，但关于酒品商标的资料却很少，茅台酒的酒标大概是我国最早的酒标。当时的土纸木刻印刷的茅台酒标，形状上窄下宽，类似花瓣的椭圆形，纸上横书印着“贵州省”，立书印着“茅台酒”六个字，格外古朴。

我国第一家啤酒厂是俄国商人1900年在哈尔滨建立的，其使用的酒标应是我国最早的啤酒标。怡和洋行是清末时期我国规模最大的洋行，20世纪30年代，该行在上海经营啤酒业，于是有了“怡和牌”啤酒标。这些历史酒标是酒标中难得一见的珍品，从侧面反映了我国民族工业的发展。

2. 文化艺术价值

酒标是酒的名片，它以优美的设计、各异的图案和不同的色彩，表达了不同的内容和主题，涵盖了丰富的文化艺术信息。它在不同地区、不同时代以不同的内容和形式，将人们不同的思想、审美情趣和情感态度表达和传递出来。

中国酒标反映了中华民族五千年的文化，包括三皇五帝、文化名人、历史事件、传统故事等。如轩辕特曲酒标，画面上有轩辕的石刻立像，侧旁印有“人文初祖”四字；以黄色为主基调，套以红色、黑色，显得庄严肃穆。李白是家喻户晓的酒仙，有“李白斗酒诗百篇”的美谈。我国以“太白”“诗仙”等命名的酒品很多，酒标有数十种。如“真善美”酒标，图案是李白坐在地上喝酒，双手捧着爵形古杯，身旁的酒坛倒了，美酒流了一地而浑然不知，呈现出一位酒仙的纯真世界。酒标也是书画家大显身手的地方，楷、草、隶、篆……各种书体风采各异，给酒标增辉。酒标图案展示着祖国的风景名胜、秀丽山川。从天安门到万里长城，从南岳衡山到西岳华山，从北国冰川到南国椰林，从黄土高坡到长江三峡，从山西的杏花村到贵州的赤水……无不显示着我国的独特风采和民族风情。

3. 欣赏娱乐价值

集藏酒标也是一种高雅的文化娱乐活动。收藏和欣赏酒标，能增长知识，陶冶情操，修身养性，美化生活。国外有啤酒标收藏俱乐部，人数很多。中国杭州有“之江啤园”收藏啤酒标；沈阳有“中国酒迷俱乐部”，内设“酒标分会”。

4. 经济价值

酒标和其他藏品一样，具有经济价值。酒标的经济价值主要取决于制作年代、数量、设计的精美程度，以及人们希望拥有的心理、品相等因素。普通酒标每枚一元到数元、数十元，而历史标、珍品标则可达上千元。

一、酒器

酒器指饮酒用的器具。在中国古代，酿酒业的发展使得不同类型的酒具应运而生。中国人一向注重美食和精美的器皿，饮酒时更注重酒具的精致和适宜性，因此，酒器作为酒文化的一部分，历史悠久，形式多样。

1. 古代酒器

远古时期的人们茹毛饮血，火的使用使人们结束了这种原始的生活方式。农业的兴起使人们不仅有了赖以生存的粮食，还可以随时用谷物酿酒。陶器的出现使人们开始有了炊具，且炊具和专门的饮酒器具被区别出来。在古代，普遍的现象是一器多用。食用的酒具大多是一般的食具，如碗、钵等大口器皿。制作酒器的材料主要是陶器、角器、竹木制品等。

二维码 1-6
中国古代
酒器的分类

2. 现代酒器

现代酿酒技术和生活方式显著地影响了酒器的发展。现代工厂的白酒和黄酒的包装方式主要是瓶装和坛装，啤酒有瓶装、桶装、听装等。近几十年，我国饮用酒类中消耗量较高的仍是白酒，但产量最大的是啤酒，葡萄酒、白兰地、威士忌等消耗量较小。这一时期酒类的消费特点决定了酒具有以下特点。

① 较为普及的是小型酒杯。饮用白酒主要用这种酒杯，酒杯制作材料主要是玻璃、瓷器等。近年也有用玉、不锈钢等做材料的。

② 中型酒杯。这种酒杯既可作为茶具，也可以作为酒具，如啤酒、葡萄酒的饮用器具，材质主要以透明的玻璃为主。

二、酒标

酒标即贴在酒瓶上的标签，相当于每瓶酒的身份证，列明该酒的酒龄、级数、出品酒庄、产地等。酒标是一种知识产权，属于无形资产，是酒厂走向现代化、扩大商品对外贸易和国际交往不可缺少的标记。酒标的设计、印刷和使用，已成为衡量一个国家或地区酿酒业经营管理水平高低的标志。每个国家的制度和文字有所不同，酒标种类繁多，样式各异。

1. 酒标的起源

在中国古代，酒馆为了招揽生意，通常在酒馆前面悬挂块鲜明的青布，上面书写大大的“酒”字，称为酒旗或酒幌，这是酒标的雏形。现代意义的酒标出现在 17 世纪后。早期酒标功能单一，样式简单，多是寥寥几字，最多用些花体或变体的字母修饰。一座酒庄或酒厂的某款酒，除了变化的年份数字，其酒标图案多是不变的。

2. 酒标的内容

我们以葡萄酒的酒标为例进行说明，如图 1-2 所示。

图 1-2　葡萄酒的酒标

虽然酒标所标示的内容不尽相同，但基本上有产地、葡萄品种、年份、装瓶地、分级等要项。一般说来，酒的品质越好，产地标示越精确，有些国家酒标上甚至会详细标示出葡萄园、村庄、区域，以保证葡萄酒的品质。有时葡萄品种与产地名称会同时出现在标签上，葡萄酒的好坏也可由葡萄品种来推断。

另外，葡萄酒的年份也相当重要，它不仅代表了一瓶葡萄酒的酒龄，而且是判断葡萄酒品质好坏的依据。因为年份所指的是葡萄的收获年，不同年份的葡萄成熟度会有差异，而且年份收获的好坏也会影响葡萄酒的寿命。装瓶则分为产地装瓶与酒商装瓶，品质较好、有保证的葡萄酒一般在产地装瓶。不过这并不代表酒商装瓶的产品较差，只要酒商有信誉，也会有好的产品。另外，酒标上通常还会有酒精含量、甜度、检定号码、酒章、商标、优良商品凭证等信息。

三、饮酒风俗

1. 古代饮酒风俗

在我国古代，酒被视为神圣的物质，酒的使用更是庄严之事，在祭祀天地、祭祀宗庙、农事节庆、婚丧嫁娶、迎宾饯行等风俗活动中，都要用酒。无酒不成礼，无酒不成俗，离开了酒，古代的许多风俗活动便无所依托。

2. 现代饮酒风俗

中国人一年中的几个重大节日，都有相应的饮酒活动。如端午节饮菖蒲酒，重阳节饮菊花酒，除夕夜饮年酒。

喜酒：往往是婚礼的代名词，置办喜酒即办婚事，去喝喜酒就是去参加婚礼。

满月酒或百日酒：我国普遍的风俗之一，在孩子满月或百天时，摆上几桌酒席，邀请亲朋好友共贺。

寿酒：中国人有给老人祝寿的习俗，一般 50、60、70 岁等生日，称为大寿，由儿女或者孙子、孙女出面举办酒宴，邀请亲朋好友参加。

上梁酒和进屋酒：在中国农村，盖房是件大事，故在上梁这天，要办上梁酒；举家迁入新居时，又要办进屋酒。

开业酒和分红酒：店铺、作坊置办的喜庆酒。店铺开张、作坊开工之时，要置办酒席，以志喜庆贺；店铺或作坊年终按股份分配红利时，要办分红酒。

壮行酒：也叫"送行酒"，有朋友远行，为其举办酒宴，表达惜别之情。

四、饮酒礼仪

1. 古代饮酒礼仪

二维码 1-7
中国古人
饮酒礼仪

我国古代文人雅士饮酒讲究饮人、饮地、饮候、饮趣、饮禁和饮阑。

饮人，指相饮者应当是风度高雅、性情豪爽、直率的知己故交，正所谓"酒逢知己千杯少"，"狂来轻世界，醉里得真知"。

饮地，指饮酒场所，以花下、竹林、高阁、画舫、幽馆、平畴、名山、荷亭等地为佳。

饮候，指选择与饮地相和谐的清秋、雨霁、积雪、新月、晚凉等富诗情画意之时饮酒。

饮趣，指以联吟、清谈、焚香、传花、度曲、围炉等烘托氛围，提高兴致。

饮禁，指饮酒时有不少禁忌的讲究，如忌苦劝、恶谑、喷秽等，避免饮酒发生不愉快的事情。

饮阑，指酒之将尽，可以相依赋诗，或相邀散步，或“欹枕”养神，或登高，或垂钓。郑板桥有联曰：“酌量饮酒，放胆吟诗。”

2. 现代饮酒礼仪

中国的酒文化博大精深，在迎宾送客、聚朋会友、彼此沟通、传递友情中发挥着独到的作用。酒桌座次有严格的要求，上席中间座位是东道主坐的，右手是贵宾座，即最尊贵的客人，左方次之，两边与对方均是陪客与次要客人。在此需要注意的是，主人就座时需要同其他客人一起，不能单独入席。工作前不得喝酒，以免与人谈话时酒气熏人。休息时喝酒要有节制，以免上班时带有倦容酒态。

二维码 1-8

斟酒礼仪

出席交际酒会时，与会者如果竞相赌酒、强喝酒，喝酒如拼命，劝酒如打架，会把文明礼貌的交际变成粗俗无礼的行为，这是要不得的。席间干杯或共同敬酒一般以一次为宜，不要重复敬酒。勉强别人不但达不到传递敬意的目的，而且会使对方感到为难不悦。碰杯和喝多少亦应随个人之意，那种以喝酒多少论诚意多少的做法是不通情理的。

二维码 1-9

敬酒礼仪

公共场合不宜划拳，家庭私人酒会一般也不宜划拳，如特殊需要应注意不要干扰邻桌，不违主人意愿、聊以助兴即可，但不要作为强行灌酒的手段。醉酒呕吐是十分失礼的，既伤身体，又当众出丑。

忌酒后无德，言行失控。酒能麻醉人的神经，使人思维紊乱，要饮酒适度，忌借酒发疯、胡言乱语。

思考题

二维码 1-10

项目一

思考题

参考答案

1. 简述酒的起源和发展。
2. 总结酒水的分类方法。
3. 酒品风格包括哪些方面？
4. 讲述一个体现酒水文化的典故。

项目二　酒吧认知

本项目目标

知识目标：

1. 掌握酒吧的种类及经营特点；
2. 掌握酒吧的组织结构；
3. 了解酒吧人员配备的影响因素；
4. 了解酒吧不同岗位的岗位职责。

能力目标：

能够根据需求进行酒吧吧台设计和酒吧布局。

情感目标：

1. 培养从顾客需求出发，运用酒吧专业知识，不断推陈出新，为顾客提供更好的酒吧服务与管理，增强为顾客提供专业化服务的意识；

2. 培养从不懈怠、方便顾客、提供优质服务的职业道德与素质。

任务一　酒吧的种类及其经营特点

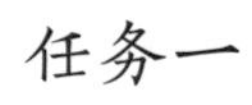

我向往的大堂酒吧

大堂酒吧是酒店提供酒水的主要场所之一，除提供各类酒水品种外，还提供部分食品。大堂酒吧装修讲究，设备齐全，有优秀的调酒师、服务员为顾客提供服务。有时酒吧还配备钢琴或小乐队为顾客演奏助兴。大堂酒吧的服务品质往往是酒店档次的象征。

大堂酒吧是小徐一直向往的工作岗位，能在这么专业的酒吧上岗，他难免有些激动。上班第一天，小徐提前到达大堂酒吧，原以为自己是最早到的，可领班小李早已领取了酒吧钥匙，正打开所有柜门做开吧的准备工作。

小李见小徐到岗，便停下手中的工作，说："小徐，真想不到你能提早到岗，这是个好的开始。现在时间还早，让我给你介绍大堂酒吧开吧前的一些基本工作吧！工作包括到前厅领取大堂酒吧钥匙、清洁酒吧台面、摆放酒水单、摆放调酒用具、摆放酒水、准备冰块、准备调酒装饰物、补充和擦拭酒杯、补充小吃等。今天是你第一天在大堂酒吧上班，对环境还不大熟悉，我觉得你从清洁酒吧台面、补充和擦拭酒杯开始比较合适，待会儿我再向你逐一介绍大堂酒吧中的各种设备和工具，好吗？"

小徐："好的，那我就从清洁吧台开始吧！"

以实习生小徐的身份，认识、了解酒吧的种类及经营特点，学习使用大堂酒吧中的各种设备和工具。

一、酒吧的概念

酒吧是指提供酒水与服务，以营利为目的，有计划经营的一种经济实体，常作为人们休闲、聚会和商务洽谈的场所。酒吧起源于欧洲乡村，在美洲大陆得到发展，并成为经济发达国家和地区的主要休闲场所。"酒吧"一词来源于英语中的"bar"，原义是一种出售饮料或某类饮食的长条柜台，最初出现在路边小店、小客栈、小餐馆中，为顾客提供基本食物及住宿之外的休闲消费服务。随着酿酒业的发展和人们消费水平的不断提高，这种"bar"从客栈、餐馆中分离出来，成为专门销售酒水、供人休闲的地方，它可以附属经营，也可以独立经营。如今，各种各样的酒吧融入开放、现代的都市，已经成为人们生活中的一部分（见图2-1）。

图 2-1　足球主题酒吧

现代酒吧的场所不断扩大，提供的产品也不断增多，除酒品外，还有其他多种无酒精饮料，同时也增加了各种娱乐项目。很多人都喜欢去酒吧消磨时间，这不仅可以消除一天的疲劳，还可以增强社交沟通。酒吧业也越来越受到人们的欢迎，已成为非常有发展前景的服务性行业。

二、酒吧的种类

根据服务方式，酒吧可以分为以下六种类型：立式酒吧、服务型酒吧、鸡尾酒廊、宴会酒吧、歌舞厅酒吧以及其他类型的酒吧。

1. 立式酒吧

立式酒吧实际上是典型的传统酒吧，以提供标准的饮料为主。在立式酒吧里，顾客不需要人员到位服务，而是自己直接到吧台上点取饮料。"立式"并不是指顾客必须站立喝酒，这只是一种传统的习惯上的称呼。在立式酒吧里，有相当一部分顾客坐在吧台前的高脚椅上饮酒，而调酒师则站在吧台里面，面对顾客进行操作。因为调酒师始终处在与顾客的直接接触中，所以也要求调酒师始终保持整洁的仪表、谦逊有礼的态度，当然还必须掌握熟练的调酒技术（见图2-2）。

立式酒吧的调酒师一般都单独工作，调酒师不仅要负责酒类及饮料的调制，还要负责收款工作，同时必须掌握整个酒吧的营业情况，因此，立式酒吧是以调酒师为中心的酒吧。

图 2-2　以调酒师为中心的立式酒吧

2. 服务型酒吧

服务型酒吧是以餐厅和服务员为中心的酒吧(见图 2-3)。与立式酒吧的不同之处在于,服务型酒吧需要通过服务员将酒水端到顾客的面前。这样的酒吧多见于酒店的餐厅、娱乐和休闲型酒吧。在服务型酒吧里,调酒师通常不和顾客直接接触,而是与服务员合作,按顾客的点单配酒,提供各种酒类饮料,再由服务员将酒水端给顾客。由于调酒师不与顾客直接接触,相对来说,服务型酒吧对调酒师的技术要求较低,酒店通常会将一些初学者安排在服务型酒吧中工作。

图 2-3　服务型酒吧

按照经营主体的不同,服务型酒吧可分为主酒吧和水吧。

主酒吧是酒店的代表性酒吧,设施规模大,装潢高档,又不使人感到拘束,顾客能够轻松愉快地品尝各种饮料,设有吧台、大小包房、散席,可接待单独顾客和群体顾客。由于主酒吧以提供酒类为营业主题,营业时间大多从傍晚到深夜,主要特色是酒类品种丰富,可以满足不同人群的需求。除酒水之外,主酒吧也提供简单的菜肴。另外,为了吸引固定的消费群体,主酒吧还积极推行将酒装盘的服务,其服务方法简单,只需要将顾客所点的酒、菜肴送到其座席即可,但为了给顾客营造在音乐伴奏下静静品酒交谈的氛围,服务要安静、高雅。

中西餐厅通常都设有服务型酒吧,又称水吧。一般来说,中餐厅的服务型酒吧设备较简单,调酒师不需要直接与顾客打交道,只要按酒水单供应即可,酒水供应以中国酒为主。西

餐厅中的服务型酒吧要求较高，主要供应数量多、品种全的餐酒（葡萄酒），且因红、白餐酒的存放温度和方法不同，需要配备餐酒库和立式冷柜。在高星级饭店的经营管理中，西餐厅的酒库非常重要，西餐酒水配餐的格调和水准均在这里体现出来。

3. 鸡尾酒廊

鸡尾酒廊又称鸡尾酒座，通常带有咖啡厅的形式特征，格调和装饰布局也与之相似，比立式酒吧更具有舒适自如的氛围。酒廊内设有桌椅及雅座，供顾客聚会用，除供应各种鸡尾酒和清凉饮料外，还备有精美小食（见图 2-4）。

鸡尾酒廊一般有两种形式：一是设在酒店的大堂内，主要为大堂的顾客提供服务，供应混合饮料；另一种是音乐厅酒吧，包括歌舞厅和 KTV 厅、综合音乐厅等。鸡尾酒廊一般有音乐伴奏或其他形式的娱乐，还提供舞池供顾客跳舞，对灯光、音响、家具等方面要求较高，顾客一般停留时间较长。鸡尾酒廊较为特殊，需要有多名酒吧服务员，有时会用数个吧台，每一个吧台有一位酒吧服务员为顾客服务，通常情况下，服务员也兼任收银员。有些鸡尾酒廊有专职的收银员收款，酒吧服务员的职责主要是清洗、摆放玻璃杯和提供各种饮品。

图 2-4 上海苏宁环球万怡酒店大堂酒吧

4. 宴会酒吧

宴会酒吧又称临时性酒吧，是为开展各种宴会临时设立的。宴会酒吧的大小和造型由各种宴会或酒会的规模和形式决定，其最大的特点是临时性强，供应酒水的品种随意性较大，且宴会酒吧的营业时间灵活，服务员工作内容相对集中，对服务速度要求高，宴会酒吧的工作人员必须事前做充分的准备工作，如布置酒台，准备酒水、酒杯、冰块、调酒工具等，营业结束后还要做好整理工作和结账工作（见图 2-5）。

外卖酒吧是宴会酒吧中的一种特殊形式，在有外卖时临时设立。例如有的公司举办开业酒会，场地设在本公司内，酒吧的服务人员需要将酒水和各种器具准备好，带到该公司指定的场内设置酒吧，提供酒水服务。

图 2-5 宴会酒吧

5. 歌舞厅酒吧

歌舞厅酒吧经营各种酒品、冷热饮料、小食，往往设有乐队、舞池、卡拉 OK、时装表演等，其吧台在总体设计中所占空间较小，舞池较大。歌舞厅酒吧气氛活跃、热烈，年轻人较喜欢这类刺激、开放型酒吧，顾客对歌舞厅酒吧的要求不局限于酒水方面，他们对服务设施等其他方面的要求也很高。歌舞厅酒吧的服务员除了为顾客提供常规服务外，还是酒水的促销人员，通常情况下也兼任收银员（见图 2-6）。

图 2-6 歌舞厅酒吧（演艺吧）

6. 其他类型的酒吧

一些酒店还会根据自身的功能需求和经营特点，设置各种酒吧及经营酒水的设施（见图 2-7）。比如：游泳池酒吧，为游泳顾客提供酒水服务；客房小酒吧，在房间内的小酒柜和小冷藏箱里存放各种酒水和小食品，以方便住店顾客随时取用；绅士酒吧，是男士专用的酒吧，顾客大都是酒店非住宿的顾客，是男士专用的社交场所；会员制酒吧，原则上是取得了会员资格的人及其家属才能消费的酒吧，但是有的酒店为了照顾住宿顾客，也对酒店的住宿顾客开放，这种酒吧实行限量饮酒制度，正式的招待会等社交活动一般在这里举行。娱乐室也是

一种常见的酒吧类型，其供应以酒类为主的混合饮料，一般设置在视野好的酒店最高层，中央设有舞台，顾客可以在轻松的氛围中品酒；另一种娱乐室是以茶为主体的饮茶室，顾客座席配备茶几，强调使用高级的餐具和豪华的设施与空间，同时提供酒精类饮品，便于顾客进行商谈或与朋友畅谈，这种营业内容决定了其消费标准较高。

图 2-7　清吧

三、酒吧的经营特点

1. 综合服务

酒吧并非仅提供饮品，更重要的是综合服务，包括环境服务和人际服务。环境服务就是要使酒吧的环境带给顾客一种兴奋、愉悦的感受，让顾客身在其中、受其感染，达到放松、享受的目的。人际服务是指通过服务人员对顾客所提供的服务，形成顾客与服务人员之间的一种和谐、轻松、亲切的关系。服务人员应把握顾客的心理，做到恰到好处地为顾客提供服务，让顾客感到自然、舒适。

2. 以营利为目的

酒吧经营是以获得利润为目的的，这要求经营者从管理和服务中获得效益，把握投入与产出的关系，养成注重成本的意识。

酒吧的成本包括酒水等原材料费用，调酒师、服务人员、财务人员等人事费用，桌椅等固定资产费用，酒单、票据、酒杯等易耗品费用，桌布、餐巾、制服等装饰用品费用，以及一些间接成本。酒吧经营活动的目的就是营利，不管营业额有多高，如果成本过高，都可能降低利润。销售是为了增加附加价值，必须使顾客感到物有所值，这样酒吧才能正常运作。但要注意的是，酒吧不能因一时的利益而侵犯顾客的消费权益，或违反国家的有关法律法规，在追求利润的同时，应把握好长远利益。

3. 具有计划性

酒吧作为一种企业的经营行为，必须有计划性。管理者应有计划性，事先做好调查和预测，才能适应市场竞争环境，以实现企业的经营目标。

四、酒吧的酒水文化

适当饮酒可以使人兴奋，减轻甚至消除人们日常生活中的压力。饮用酒水讲究的是以酒佐食助饮，酒水的营养价值学说更是确立了酒水在人类饮食中的地位，酒的开胃功能、药用功能、助兴功能和礼仪用途等学说，构成了酒水佐食、佐饮的理论基础，并发展成为饮食文化的重要组成部分。

1. 酒水具有一定的营养价值

酒水是一种饮料，少量饮用对人体健康有一定的益处，尤其是低度酒品。例如，葡萄酒中含有丰富的营养成分，其中包含大量的维生素 A、维生素 B、维生素 C 和葡萄糖，以及钙、磷、镁、钠、钾、铁、铜、锰、锌、碘等矿物质元素，另外酒中的醇类物质可以提供人体所需的热能。各种酒类、果汁、咖啡、乳类等饮料因具有不同的营养价值，受到人们的认可和喜爱。

2. 酒水具有开胃功能

酒中的酒精、维生素 B2、酸类物质等都具有明显的开胃功能，能刺激和促进人体消化酶的分泌，增加口腔中的唾液、胃囊中的胃液以及鼻腔中的湿润程度。适当、适时、适量饮用酒水，可以增进食欲，并将食欲保持相当长的时间。无论是中式宴会还是西式宴会，菜肴往往都很丰盛，在宴会开始和进行中，饮用适量的低糖、低酒精、少气体的酒水，可以让顾客保持良好的食欲。

3. 酒水能调节就餐气氛

酒在人们的社会交往中一直占有重要地位。它不仅具有纯香气味，还能丰富人们的生活；凡是重大活动，包括且不限于祭祀、喜事、丧事以及其他社会交往活动等，人们都要饮酒。

古人祭天、祭祖,没有酒就表达不了诚意;庆祝胜利或国家交往,没有酒就体现不出隆重;新婚嫁娶更是离不开酒,人们把参加婚礼统称为“喝喜酒”,没有酒,活动显得冷冷清清,没有喜庆气氛。

4. 酒吧是提供精神服务和享受的场所

酒吧提供的产品以酒为主,在酒吧适当饮酒可以使人感觉愉快,舒缓人们日常生活中的压力,酒吧同时还是现代人社交、休闲、娱乐的场所,人们去酒吧消费的另一目的在于社交、聚会、沟通感情、放松紧张的工作情绪、庆贺某一件喜事或者合作成功。酒是酒吧经营的“灵魂”,酒吧业是获取利润较高的行业之一,酒吧酒水的毛利率可以达到70%以上,远高于一般食品。以烈性酒为例,其销售价格往往比进价高很多,而顾客更愿意在酒吧消费,这是由于人们对酒吧精神方面的需求远大于物质方面的需求,酒吧本身的设施和服务也能满足人们的这种需求。按照马斯洛的需求层次理论,酒吧满足的是人们超越生理和安全需求的社交和归属需求。随着现代社会经济的发展,人们生活水平的不断提高,物质生活的满足必然带来精神需求的增加,而酒吧是一个“使人愉快、兴奋的场所”,是一个提供精神服务和享受的场所。当然,酗酒也会使人的工作和生活能力降低,对人产生负面影响,我们提倡的是适度饮酒。

任务二 酒吧设计

◇ 引例

有趣的酒吧

飞鸟酒吧:巴格达有一家酒吧饲养了30只美丽的小鸟,一走进酒吧,人们就会陶醉在悦耳的鸟声中。顾客进餐完毕,这些小鸟便会将桌上的剩菜一一啄光。

喝不醉酒吧:意大利米兰有家喝不醉酒吧,实行分档次服务,酒吧有专门的调酒师,对每个档次的顾客供酒都有科学定量,并配有各种饮料、食品,顾客可随意品尝。由于是定量供酒,顾客一般不会喝醉。

读书酒吧:在美国俄亥俄州的乔保德城,有20家酒吧以世界文坛大作家的名字命名,顾客可根据自己崇拜的作家挑选酒吧,一边喝酒一边读书。

热带园林动物酒吧：美国芝加哥有家热带园林动物酒吧，四周是郁郁葱葱的人造热带雨林，酒吧门口有鹦鹉欢迎顾客，酒吧内有各种仿真的电子动物，形态逼真。

一、酒吧经营氛围营造

氛围是指在一定环境中给人某种强烈感觉的精神表现或景象。酒吧的氛围就是指酒吧的顾客所面对的环境。酒吧的氛围主要包括四个方面：一是酒吧结构设计与装饰；二是酒吧的色彩和灯光；三是酒吧的音乐；四是酒吧的服务活动。营造酒吧氛围的主要目的在于影响消费者的心境。优良的酒吧氛围能给顾客留下深刻而美好的印象，从而激励消费者的惠顾动机和消费行为。

酒吧氛围的营造是酒吧吸引目标市场的有效手段。酒吧氛围设计既要考虑消费者的共性，又要考虑目标顾客的个性。针对目标市场特点进行有效设计，是占有目标市场的重要条件之一。

酒吧的氛围可影响顾客的逗留时间，可调整客流量及酒吧的消费环境。以音乐为例，轻慢柔和的音乐可使顾客的逗留时间加长，从而达到增加消费额的目的；活泼明快的音乐，可以刺激顾客加快消费速度。在音乐设计方面，营业高峰时间，顾客多的情况下，酒吧可以用相对明快节奏的音乐，以提升客流量，调整经营及服务环境；在营业低谷时间，顾客较少的情况下，酒吧可以用节奏舒缓的音乐，争取延长每个顾客的停留时间以增加销售收入。

酒吧的氛围对酒吧经营的影响是非常直接的，酒吧的色彩、音响、灯光、布置及活动等方面的最佳组合是影响酒吧经营氛围的关键因素。

二、酒吧形象的定位

在做酒吧营销计划时，首先要选择市场，确认目标顾客群，然后根据目标顾客群的需要，设计产品和服务、分析市场环境、树立酒吧形象。如果这些基本要素得到确认，那么酒吧在吸引顾客和销售产品方面的问题也就迎刃而解。

1. 确定目标顾客群

不同类型顾客的心境、口味、兴趣、背景以及生活格调各不相同，虽然不同类型的个体偶尔也会交叉，但总的来说，这些顾客类型之间是不兼容的。划分顾客群的标准主要有生活格调、兴趣、年龄、工资水平、家庭情况、职业及社会地位等。另外，共同的兴趣(如足球、爵士乐)也可以形成更具体的子群。对任何酒吧来讲，其经营者都应该把主要精力放在单一的目标顾客群体上，并使整个酒吧的经营活动都围绕这个群体进行。当然，酒吧也可以同时接待两个或两个以上的不同顾客群体。通常情况下，只要把不同的目标顾客分开，就可以同时为他们服务。例如，可以在同一间酒吧的不同房间或不同楼层内为不同的顾客提供服务。

2. 设计酒吧产品

酒吧在选定了目标顾客群之后，就应努力了解顾客的需要，尽量满足顾客的需求，包括外在的需求和潜在的需求。然后，根据顾客需求设计酒吧的产品和服务，包括酒吧的地点、设施设备、气氛环境、饮品食品、服务项目、营业时间和收费标准等。由于顾客的类型不同，他们的期望也会有所不同，但是不论对于哪一类顾客，都应让他们感觉到酒吧提供的产品和服务物有所值。

3. 分析市场环境

酒吧选址时要注意选择与目标市场邻近的地点，同时注意所选地点是否存在竞争等问题，并着手了解所选地点及邻近地段是否存在足够的潜在顾客市场。酒吧负责人要调查此地的所有酒吧，研究它们的产品，估计其销售量，并把这些酒吧与自己的构想进行对比，考虑存在的竞争和市场潜力，判断此地是否还有发展空间，同时对所选地区及目标市场进行财务可行性分析。

4. 树立酒吧形象

酒吧要在市场中树立自己的形象，扩大酒吧的知名度，增强吸引力，就要使目标市场的顾客了解其经营理念、服务思想、品牌特色、酒水品种。这就必须通过一定手段向顾客展示自己的产品，吸引顾客，从而使顾客从视觉、行为和观念上认同酒吧。

三、酒吧整体设计

1. 酒吧的空间设计

空间设计是酒吧环境设计的重要内容。结构和材料构成空间，采光和照明展示空间，装饰为空间增色。在日常经营中，以空间容纳人、组织人，以空间的布置因素影响人、感染人，这是作为既满足人的物质要求，又满足人的精神要求的建筑的本质特性。不同的空间形式具有不同的风格，能够营造不同的氛围。严谨规整的几何形式空间如方形、圆形、八角形等，能够营造端正、平稳、庄重、肃穆的氛围；不规则空间则更容易营造随意、自然、无拘无束、流畅的氛围；封闭式空间能够营造内向、肯定、宁静、隔世的氛围；开放式空间则容易营造自由、流通、爽朗的氛围；大空间给人以宏伟、开阔、热情好客、被接纳的感觉；高耸的空间给人以崇高、神秘、肃穆之感；低矮的空间让人感到温暖、亲切、富有人情味等。

适宜的室内空间会让人感觉亲切、舒适，在空间设计中可以采用一些有效的方法来改变室内空间效果。如过高的空间，可以通过安装镜面、吊灯等，使空间在感觉上变得低而亲切；低矮的空间，通过加强线条的运用，使其变得舒适、高爽、无压抑感。人流不多时，空荡荡的空间会让人无所适从，而客流高峰时人流拥挤的空间也会使人烦躁，因此可以在大的门厅空间中分隔出适度的小空间，形成相对稳定的分区，可以提高空间的实际效益。一个美好的空间设计和环境创造，会让人在心理上产生动态和动感的联想，在满足使用功能要求的同时，给人以艺术上高层次的享受。装饰和装修应服从空间结构，从空间出发，墙面的位置和虚实、隔断的高矮、天棚的升降、地面的起伏以及对应采用的色彩和材料、质感等因素，都是设计构思的依据，采光和照明的设计、灯具类型和造型的选择、家具及其摆设的位置、绿化处理等，都可以作为组织诱导空间和形成幻觉空间的因素。装饰和装修可以起到调整空间比例、修正空间尺度的作用。如图 2-8 所示。

图 2-8　酒吧空间设计

在考虑酒吧空间设计时，最核心的问题是针对酒吧的经营特点、经营目的以及目标顾客的特点进行设计。针对高档次、高消费水平的顾客设计的高雅型酒吧，空间设计应以方形为主要结构，采用宽敞、高耸的空间作为设计原则，用服务面积除以座位数来衡量人均占有空间，高雅、豪华型酒吧的人均占有面积可达 2.6 平方米。针对以寻求刺激、兴奋为目的的目标顾客设计的刺激型酒吧，空间设计和布置应给人以随意的感觉，同时要注意舞池位置及大小，应将其列为空间布置的重点因素。针对以谈话、聚会、约会为目的的目标顾客设计的温情型酒吧，空间设计应采用圆形或弧形结构，体现随意性的原则，天棚可以低矮一些，人均占有空间可小一些，但单独的桌台之间应有相对的距离感，椅背设计可高一点。

2. 酒吧门厅设计

在酒吧氛围设计中，门厅是一个重要且相对特殊的部分。门厅是交通枢纽，它会使人们对酒吧产生先入为主的印象，门厅的设计应给顾客留下最好的印象，一般来说，最规范的入口门厅从主入口起就应直接延伸，使顾客一进门就马上看到吧台、操作台。

门厅本身具备一种宣传作用，外观上应非常吸引人。门厅一般有交通、服务和休息三种功能，是顾客产生第一印象的重要空间，是多功能的共享空间，是顾客最初对酒吧氛围进行感受及定位的地方，因此，门厅是酒吧必须进行重要设计和重点装饰的场所。

酒吧门厅的布置既要能营造温暖、热烈、深情的接待氛围，又要美观、朴素、高雅，不宜过于复杂。设计门厅时还要求根据酒吧的大小、结构、家具装饰色彩等选用合适的植物及容器。要注意的是，在摆放植物时，不能妨碍顾客走动，也不能妨碍服务员提供快捷的服务。门厅是酒吧内重要的交通枢纽，人流频繁，来去匆匆，不宜让顾客过久停留，所以厅内应采用大效果、观赏性的艺术陈设，一些技艺精湛、精雕细刻、内容丰富而需要细加欣赏的艺术品不宜在此处陈设。

在灯光设计上，无论是何种格调的门厅，都适宜采用明亮、舒适的灯光，形成明亮的空间，以产生一种凝聚的效果。

门厅中的主要家具是沙发，可根据需要在休息区域内将沙发排列组合，既可以固定性、常规性地布置于某一区域，也可以根据柱子的位置设置沙发，但其形式和大小要以不妨碍人员走动为前提，并要与门厅的大空间相协调。

门厅的背景音乐力求沉静、愉快，以减少顾客的疲劳感，并调节和激发顾客的“无害快感”。在民族乐曲中，《江南好》《喜洋洋》《春天来了》《莫愁啊莫愁》《假日的海滩》《锦上花》等都有舒缓情绪、消除疲劳、愉悦宾客的作用。

与门厅相协调且同样重要的是外部招牌及标志的设置，它是吸引目标顾客最重要的部分，因此要根据目标顾客的特殊心理需求来设计。比如：高雅型酒吧应为半敞开式大门窗，灯光色彩宜多且较为明快，但不应有太多的闪烁，给顾客以庄重的感觉，招牌一般采用铜质精致的门匾；刺激型酒吧则宜采用封闭或半封闭型门窗，一般采用大招牌以显示不拘一格的风格，招牌的灯光色彩可以多但不需要太明亮，灯光可以不断闪烁，以激发顾客的兴奋感，并有意使乐曲或多或少地传出以吸引顾客；温情型酒吧应采用半封闭型门窗，其招牌一般为中等尺寸，色彩不需要很多且有较小幅度闪烁。

酒吧设计不是简单的表面装饰材料的粘贴、连接，而是根据其功能分区、不同标志及文化色彩设计出一个适合顾客特殊需求的厅内装饰。酒吧门厅的风格并不需要特别突出，但要以大方的线条和色彩勾画出一个美妙的厅内空间。

3. 酒吧的吧台设计

1)吧台结构

酒店中的酒吧一般设在大门附近，顾客容易发现并到达。酒吧也可设在宾馆顶楼或餐厅旁边。酒吧设计要高雅舒适，装潢要美观大方，家具要讲究实用，氛围要亲切柔和，给顾客一种宾至如归的感觉。调酒台最好用彰显华贵、沉着、典雅气质的高级大理石装饰。但由于大理石也给人一种冷冰冰的感觉，大部分酒吧吧台用木料或金属做框架，外包深色的硬木。酒吧吧台的设计要从设备、墙壁、地板、天花板、灯光照明及窗户和一些装饰物等方面着手进行。

世界上没有完全相同的两个酒吧。尽管酒吧的布置因目标市场、功能、空间、环境等不同而各有特色，但其在特定程度上遵循一定的规律。

2)吧台设计要求

(1)要设置在视觉显著处。即顾客在刚进入酒吧时便能看到吧台的位置，感觉到吧台的存在。吧台是整个酒吧的中心，是酒吧的总标志，顾客希望尽快知道他们所享受的饮品及服务是从哪里提供的。所以，一般来说，吧台应设置在显著的位置，如距门近处、正对门处等。

(2)要方便服务顾客。即吧台设置对酒吧中任何一个角度的顾客来说都能得到快捷的服务，同时也便于服务人员的服务活动。

(3)要合理布置空间。即既使一定的空间多容纳顾客，又使顾客并不感到拥挤和杂乱无章，同时还要满足目标顾客对环境的特殊要求。如果吧台在入口的右侧，较吸引人的设置是将吧台放在距门口几步的地方，而在左侧的空间设置半封闭式的火车座。同时应注意，吧台设置处要留有一定的空间以利于服务，这一点往往被一些酒吧所忽视，以至于服务人员与顾客争占空间，并存在着服务时由于拥挤将酒水洒落的危险。

(4)要了解吧台结构。因酒吧的空间形式、结构特点各不相同，吧台最好由经营者设计，所以经营者必须了解吧台结构。

3)吧台设计类型

(1)直线形吧台。直线形吧台可凸入室内，也可凹入房间的一端，其长度没有固定尺寸，一般认为，一个服务人员能有效控制的最长吧台是 3 米，如果吧台太长，服务人员数量就要增加。直线形吧台如图 2-9 所示。

(2)马蹄形吧台。马蹄形吧台又称“U”形吧台。吧台伸入室内，一般安排 3 个或更多的操作点，其两端抵住墙壁，在“U”形吧台的中间可以设置一个岛形储藏室，用来存放用品。

(3)环形吧台。环形吧台(或中空的方形吧台)中部有个“中岛”，供陈列酒类和储存物品用。这种吧台的好处是能够充分展示酒类，也能为顾客提供较大的空间；其缺点是使服务难度增大，若只有一个服务人员，则他必须同时照看四周，这样就会导致服务区域不能在有效的控制中。环形吧台如图 2-10 所示。

此外，还有半圆形、椭圆形、波浪形(见图 2-11)等类型的吧台。

图 2-9 直线形吧台

图 2-10 环形吧台

图 2-11 波浪形吧台

4)吧台设计注意事项

(1)酒吧由前吧、操作台(中心吧)及后吧三部分组成。

(2)吧台高度为1～1.2米,但这种高度标准并非绝对,应随调酒师的平均身高而定。

(3)前吧下方的操作台,高度一般为76厘米,但也非一成不变,应根据调酒师身高而定。一般其高度应在调酒师手腕处,这样比较省力。操作台通常包括下列设备:三格洗涤槽(具有初洗、刷洗、消毒功能)或自动洗杯机、水池、按水槽、酒瓶架、杯架,以及饮料或啤酒配出器等。

(4)后吧高度通常为1.75米以上,但顶部不可高于调酒师伸手可及处;下层一般为1.1米左右,或与吧台等高。后吧实际上起着储藏、陈列的作用,后吧上层的橱柜通常陈列酒具、酒杯及各种酒瓶,有为配置混合饮料所需的各种酒,下层的橱柜存放红葡萄酒及其他酒吧用品,安装在下层的冷藏柜则多用于冷藏白葡萄酒、啤酒及各种水果原料。通常情况下,后吧还应有制冰机。

(5)前吧至后吧的距离,即调酒师的工作走道,一般为1米左右,且不可有其他设备向走道凸出。顶部应装有吸塑板或橡皮板顶棚,以保证酒吧调酒师的安全。走道的地面铺设塑料或木头条架,或铺设橡垫板,以减少调酒师因长时间站立而产生的疲劳感。

(6)服务型酒吧中,服务员的走道应相应增宽,可达3米,因为餐厅中时常有宴会业务,饮料、酒水供应量变化较大,而较宽的走道便于在供应量较大时堆放各种酒类、饮料、原料等。

4. 酒吧装饰与陈设

室内装饰和陈设对酒吧氛围的营造起重要的作用,酒吧设计者可以通过装饰和陈设的艺术手段来创造合理、完美的室内环境,以满足顾客的物质和精神生活需要。装饰和陈设是实现酒吧氛围艺术构思的有力手段,不同的酒吧空间应具有不同的氛围和艺术感染力的构思目标。

酒吧室内装饰和陈设可分为两种类型,一种是满足生活功能所必需的日常用品设计和装饰,如家具、窗帘、灯具等;另一种是满足精神方面需求的单纯起装饰作用的艺术品,如壁画、盆景、工艺美术品等的装饰布置。具体来讲,酒吧室内装饰与陈设应着重考虑装饰材料。

酒吧环境设计的形象给人的视觉和触觉,在很大程度上取决于装饰所选用的材料。全面综合地考虑不同材料的特征,巧妙地运用材料的特征,可较好地达到室内装饰的效果。应注意的是,高级材料的堆砌并不能体现高水平的装饰艺术。比如,在高大宽敞的门厅内,四壁和柱子从底到顶贴满深色大理石,虽材料昂贵,但给人的感觉则并不那么美妙,反而让人产生一种阴森冷酷的寒意。

任务三 酒吧服务岗位职责

引 例

笑迎宾客服务

为使酒吧服务和管理正常、高效，必须建立科学合理的组织结构，配备相应的岗位人员，并确定各岗位的工作职责，做到合理分工、相互协作。那么，一个酒吧应该配置哪些岗位，各配备多少人手，各岗位员工的工作职责又是什么呢？

实习生小徐对酒吧服务岗位的岗位职责不是很明白，向领班小李求教。小李说，你刚来这边没几天，我们先从初级服务员的工作开始吧。顾客到来时，要热情问候。同餐厅服务一样，礼貌地引领顾客至其满意的座位。酒吧服务中，不管哪位顾客要酒，酒吧服务员都必须动作优雅、笑脸相迎、态度温和，以此显示自重及对顾客的尊重。呈递酒单时先要向顾客问候，然后将酒单放在顾客的右边。如果是单页酒单，应将酒单打开后递上；如果是多页酒单，可合拢递上，同时将今日特色酒和特别介绍推荐给顾客参考。仔细地倾听、完整地记下顾客提出的各项具体要求，特别要留心顾客的细小要求，如“不要兑水”“多加些冰块”等。一定要尊重顾客的意见并严格按照顾客的要求去做。给顾客开票时，站在顾客右边记录，上身略前倾，保持适当的距离，手中拿笔和单据，神情专注。不可把票簿和笔放在客台上书写。写完后，要把顾客所点饮料、食品等重复一遍，并表示谢意。当顾客对选用哪种酒或饮料及小吃拿不定主意时，可热情推荐。

以实习生小徐的身份，体会酒吧服务岗位工资职责。

一、酒吧的组织结构

一般根据酒店的类型和规模确定酒店中酒吧的组织结构。通常，小型的酒店只设立一个酒吧，而中型和大型的酒店会设立几个不同规模和类型的酒吧。在酒店中，酒水部从属于餐饮部，酒水部一般可以设立酒水部经理，或者由餐饮部副经理兼任，全权负责整个酒店酒水饮料的供应和酒吧的运转与管理，并向餐饮部经理汇报。

有些酒店不设酒水部，酒吧作为独立的单位，从属于餐饮部。可设酒吧主管主持日常运转工作，同时将酒吧与服务分开，另设服务主管，与酒吧主管平行。

酒吧的组织应具有一定的灵活性和科学性。此外，为了确保酒吧的服务质量，规定酒吧各类工作人员的职责是必要的，并且要认真执行。

由于各酒店的档次及餐厅规模不同，酒吧的组织结构可根据实际需要制定或改变，部分四星级或五星级酒店会设立酒水部，管辖范围包括舞厅、咖啡厅、大堂吧等，部分酒店酒吧经理兼管咖啡厅。

一般酒吧的组织结构如图 2-12 所示。

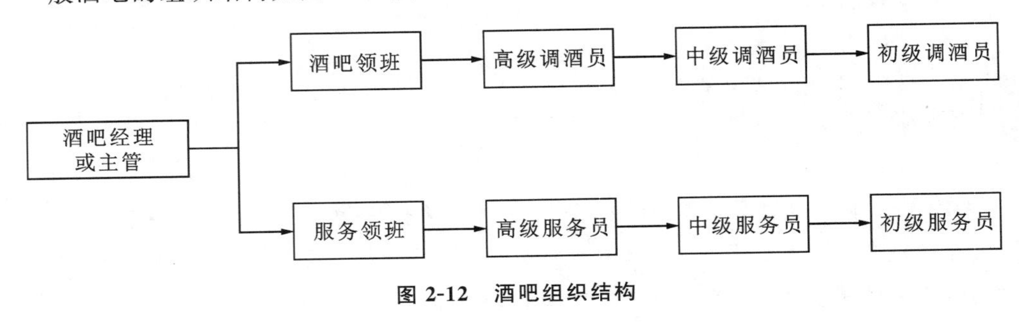

图 2-12　酒吧组织结构

二、酒吧各部门的岗位职责

1. 酒吧/酒水部经理的岗位职责

酒水部经理的岗位职责如表 2-1 所示。

表 2-1　酒水部经理的岗位职责

岗位名称	酒水部经理	所属部门	餐饮部
直属上级	餐饮总监	直属下级	酒水部副经理/主管
岗位职责	按照本部门各项业务指标要求，对酒水部的各项管理工作承担责任，确保酒吧工作顺利进行。		
工作内容	1. 在餐饮总监的领导下，对酒水部进行全面管理。 2. 检查各酒吧每日工作情况，保证各酒吧处于良好的工作状态和营业状态。 3. 制定各酒吧的对客服务规程并督导员工认真执行。 4. 配合成本会计加强酒水成本控制，熟悉酒水的来源、品牌及规格，控制酒水的进货、领取、保管和销售，控制酒水出品的分量和数量，检查出品的质量，防止浪费，减少损耗，降低成本。 5. 根据需要调动员工和安排员工工作。 6. 制订员工培训计划，培训本部门主管、领班和员工的酒水知识、服务技能、调酒技能，加强员工技能和素质培训，确保提供优质服务。		

续表

工作内容	7. 保持良好的客户关系，正确处理顾客的投诉。 8. 制定设备保养、酒水及物资管理制度，掌握酒吧的设备、用具的数量，做好保养工作，保证酒吧正常运行。 9. 检查和督促酒水部主管严格履行其职责，提高工作效率，按质按量按时完成工作任务。 10. 按需要预备各种宴会酒水并安排酒吧设备工作，检查各项任务的落实情况，重要宴会、酒会到现场指挥和督促。 11. 审核、签署酒吧各类领货单、维修单、酒水调拨单等。 12. 不断鼓励鸡尾酒创新，定期策划、开展酒水促销活动，丰富酒水品种，提高酒水盈利水平。 13. 及时完成上级布置的各项任务。

2. 酒吧/酒水部领班的岗位职责

酒水部领班的岗位职责如表 2-2 所示。

表 2-2　酒水部领班的岗位职责

岗位名称	酒水部领班	所属部门	餐饮部
直属上级	酒水部主管	直属下级	酒水员、服务员、实习生
岗位职责	协助酒水部主管对酒吧的日常工作进行管理，贯彻执行酒水部主管布置的工作任务，做好沟通工作。		
工作内容	1. 在酒吧经理的指导下，负责酒吧的日常运转工作。 2. 贯彻落实已定的酒水控制政策与程序，确保各酒吧的服务水准。 3. 与顾客保持良好的关系，协助营业推销。 4. 协助酒水部主管，定期为员工进行业务培训。 5. 检查督促开档、收档的工作。 6. 营业期间，现场督促酒水员的出品质量是否符合规格，并检查其工作效率。 7. 检查酒吧内的卫生状况以及员工的仪容仪表。 8. 负责酒水盘点和酒吧物品管理工作，负责每天的营业记录和酒吧的盘点工作，申领日常酒水及用品。 9. 控制酒水仓库平衡数，控制酒水的损耗，降低成本。 10. 定期检查酒吧内设备、设施，做好日常保养工作。 11. 与酒吧厅面服务人员保持良好的合作，互相协调，做好酒水的供应工作。 12. 完成上级布置的其他任务。		

3. 酒吧/酒水部调酒师（酒水员）的岗位职责

调酒师（酒水员）的岗位职责如表 2-3 所示。

表 2-3　调酒师(酒水员)的岗位职责

岗位名称	酒水部调酒师	所属部门	餐饮部
直属上级	酒水部领班	直属下级	
岗位职责	执行上级分配的工作,按时按质按量地完成任务。		
工作内容	1.熟练掌握酒吧内的各种工具、器皿及设备的使用方法。 2.不断提高自己的业务水平,认识、了解所供酒水的特性和饮用形式,通过培训,掌握一定的酒水知识、服务技能和调酒技术。 3.懂得一些基本的服务知识,善于向顾客推销酒水,努力做好服务接待工作。 4.做好营业前的准备工作和营业后的收尾工作。 5.直接听取顾客点单,或接受服务员的订单,规范出品。 6.根据领班的分配,完成每天的清洁卫生工作。 7.负责核对和清点营业前后的酒水数。		

4. 酒吧/酒水部服务员的岗位职责

酒水部服务员的岗位职责如表 2-4 所示。

表 2-4　酒水部服务员的岗位职责

岗位名称	酒水部服务员	所属部门	餐饮部
直属上级	酒水部领班	直属下级	
岗位职责	执行上级分配的工作,按时按质按量地完成任务。		
工作内容	1.负责营业前的各项准备工作,确保酒吧正常营业。 2.按规定和程序向顾客提供酒水服务。 3.负责酒吧内的清洁卫生工作。 4.协助调酒师进行销售盘点工作,做好销售记录。 5.负责酒吧内各类服务用品的申请、领用和管理。		

三、酒吧的人员配备

1. 人员构成

酒吧的人员构成通常由酒店中酒吧的数量决定。一般情况下,每个服务型酒吧配备调酒师和实习生 4～5 人;酒吧可根据座位数来配备人员,一般 10～15 个座位配备 1 位服务员。以上配备为两班制所需要的人数，一班制时人数可减少。例如，某酒店共有各类酒吧5个，其人员配备为：酒吧经理1人，酒吧副经理1人，酒吧领班2～3人，调酒师14～16人，实习生4～5人。

2. 人员数量

人员配备可以根据不同的营业状况做出相应的调整，需要考虑酒吧的营业时间、酒吧的营业状况两个因素。酒吧的营业时间一般是上午11时至凌晨1时，上午顾客很少，下午顾客也不多，傍晚至午夜是营业高峰时间。酒吧的营业状况主要看每天的营业额以及供应酒水的杯数。一般约30个座位的立式酒吧每天配备调酒师4～5人，鸡尾酒廊或服务型酒吧每50个座位每天配备调酒师2人，餐厅或咖啡厅每30个座位配备调酒师1人。营业清闲段，可相应减少人员配备，营业繁忙时，可按每日供应100杯饮料配备调酒师1人的比例进行配备。

3. 工作安排

可以按照酒吧日工作量的多少来安排人员。上午一般是开吧和领货，可以少安排人员；晚上营业繁忙，要多安排人员。在交接班时，上下班的人员必须有半小时到1小时的交接时间，进行酒水清点和办理交接班手续。酒吧采取轮休制度，可在节假日繁忙时安排加班，在平常清闲时间安排补休。工作量特别大或者营业超计划时，可安排调酒师加班加点，同时给予足够的补偿。

◇ 思考题

1. 简述酒吧的概念。
2. 说明酒吧的种类。
3. 说明酒吧的经营特点。
4. 简要介绍吧台的设计主要有哪些形式。
5. 画出酒吧的组织结构。
6. 决定酒吧人员配备的因素有哪些？
7. 列出酒吧不同岗位的岗位职责。
8. 不定项选择题。

(1)服务型酒吧的人员配备数量一般是(　　)。

A. 4～5人　　　　B. 2～3人

C. 1人　　　　D. 6～7人

(2)定期为员工进行业务培训的是酒吧岗位中的(　　)。

A. 主管　　　　B. 领班

C. 调酒师　　D. 服务员

(3)酒吧形象定位,应首先考虑(　　)。

A. 确定目标客户　　B. 设计酒吧产品

C. 分析市场环境　　D. 树立酒吧形象

(4)BAR 的种类有(　　)、立式酒吧、服务型酒吧、宴会酒吧等。

A. 歌舞厅酒吧　　B. 经营性酒吧

C. 台式酒吧　　D. 鸡尾酒廊

(5)酒吧是提供(　　),以营利为目的,做有计划经营的一种经济实体。

A. 服务及菜肴　　B. 菜肴及饮品

C. 娱乐及饮品　　D. 服务及饮品

二维码 2-1
项目二
思考题
参考答案

项目三　酒吧设备、调酒用具认知

◇ 本项目目标

知识目标：

1. 掌握酒吧设备、调酒用具、杯具的名称；
2. 熟悉酒吧设备的使用方法；
3. 掌握酒吧调酒用具的使用方法、保管知识；
4. 掌握酒吧杯具的种类、形状、特点和使用要求以及保管等知识。

能力目标：

掌握酒吧设备、调酒用具的名称和使用方法。

情感目标：

树立专业意识，培养持续努力、从不懈怠、方便顾客、优质服务的职业道德和素质。

任务一 酒吧常用设备认知

◇ 引例

酒吧制冰机的清洗程序

酒吧制冰机的清洗程序分为如下步骤。

第一步，断电。即关掉制冰机的电源。

第二步，清理冰块。用冰铲铲出所有冰块，放于清洁的容器中。

第三步，配药。配制巴氏与60℃热水的溶液，比例为1∶(600～700)。

第四步，清洁。

① 用长把毛刷蘸上配制好的溶液，彻底刷洗制冰机内部。

② 用抹布蘸上配好的溶液擦拭制冰机小窗户、门及外部。

③ 用皮管接冷水彻底冲刷制冰机内各处，达到洁净无异物。

④ 用净水抹布擦拭制冰机小窗户、门以及制冰机外部，达到洁净无异物。

第五步，抛光。

① 喷不锈钢清洁保护剂于制冰机外部。

② 用干净抹布顺一个方向擦拭制冰机外部，直至光亮。

第六步，检查。检查制冰机内外清洁是否达到上述标准。

第七步，放回冰块。将铲出的冰块放回制冰机内。

第八步，通电。关闭制冰机小窗户和门，接通电源开关，使制冰机恢复工作。

酒吧常用设备包括制冷设备、清洗设备和酒水制作设备。

一、制冷设备

1. 冰箱

冰箱是酒吧中用于冷冻酒水饮料、保存适量酒品和其他调酒用品的设备(见图3-1)。柜

内温度要求保持在4℃～8℃。冰箱内部分层、分隔，以便存放不同种类的酒品和调酒用品。通常白葡萄酒、香槟、玫瑰红葡萄酒、啤酒等需放入柜中冷藏。

图 3-1 酒吧冰箱

2. 葡萄酒柜

葡萄酒柜是一种模仿葡萄酒自然储藏条件设计出来的酒柜储藏设备，与酒窖拥有恒温特性一样，葡萄酒柜也拥有保存红酒的理想环境，具有恒温、恒湿等特点。如图3-2所示。

3. 制冰机

制冰机是酒吧中制作冰块的机器(见图3-3)，可自行选用不同的型号。冰块形状也可以分为四方体、圆体、扁圆体和长方条等多种。一般来说，四方体的冰块用起来较好，不容易融化。

图 3-2 葡萄酒柜

图 3-3 制冰机

4. 扎啤机

扎啤机也叫啤酒售酒器，它由制冷机、扎啤桶、二氧化碳气瓶组成。它的工作原理是用二氧化碳气瓶里的高压二氧化碳气体把扎啤桶里的啤酒压出，使啤酒进入制冷机，然后从出酒嘴流出（见图 3-4）。通过扎啤机制冷的啤酒清凉、口感好。

图 3-4　扎啤机

二、清洗设备

清洗设备一般为洗杯机。洗杯机中有自动喷射装置和高温蒸汽管。一般将酒杯放入杯筛中，再放进洗杯机里，调好程序，按下电钮，即可清洗。有些较先进的洗杯机还有自动输入清洁剂和催干剂装置（见图 3-5）。

图 3-5　洗杯机

三、酒水制作设备

1. 沙冰搅拌机

沙冰搅拌机是一种广泛应用于制作冰沙饮料的小型电器，可以在制作鸡尾酒、冰镇卡普奇诺、冰糕、奶昔、酸奶、雪碧士多草莓冰、浓味香蕉奶昔、椰香菠萝冰、橙蜜木瓜沙冰、鲜什果沙冰等冰饮时提供冰沙（见图 3-6）。

2. 半自动咖啡机

半自动咖啡机是相对于全自动咖啡机而言的。“自动”是指填豆、压粉之后只需要旋一下旋钮或者按一下按键，即可得到心仪的咖啡。而“半”是因为咖啡机不能磨豆，只能用咖啡粉。严格来说，半自动咖啡机才称得上是专业咖啡机。因为一杯咖啡的品质不但与咖啡豆（粉）的品质有关，还与咖啡机本身有关，更与煮咖啡者的技术有关。而所谓的技术，无非是温杯、填粉、压粉。半自动咖啡机需要操作者自己填粉和压粉。每个人的口味不同，对咖啡的要求自然不同。而半自动咖啡机可以通过操作者自己选择粉量的多少和压粉的力度来提供口味各不相同的咖啡，故被称为真正专业的咖啡机。半自动咖啡机如图 3-7 所示。

图 3-6　沙冰搅拌机

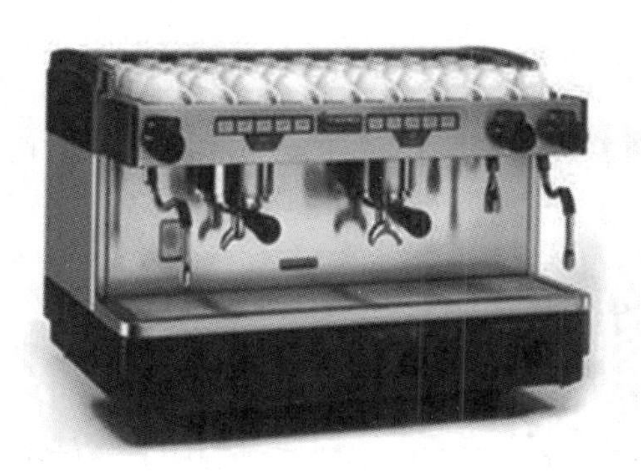

图 3-7　半自动咖啡机

3-1 二维码
酒吧冰箱的
使用与维护

3-2 二维码
酒吧葡萄
酒柜的
使用与维护

3-3 二维码
酒吧制冰机的
使用与维护

3-4 二维码
酒吧生啤机的
使用与维护

3-5 二维码
酒吧洗杯机的
使用与维护

3-6 二维码
酒吧电动
搅拌机的
使用与维护

任务二 常用调酒用具认知

◇引例

调酒工具和载杯的消毒方法

调酒工具和载杯的消毒方法采用煮沸消毒法、蒸汽消毒法及远红外线消毒法。

1. 煮沸消毒法

煮沸消毒法是公认的简单、可靠的消毒方式。将需要消毒的调酒工具和载杯放入水中，将水加热，煮沸后持续2～5分钟就可以达到消毒的目的。注意：要将调酒工具和载杯全部浸没在水中，消毒时间是从水沸腾开始计算的，水沸腾后中间不能降温。

2. 蒸汽消毒法

消毒柜上插入蒸汽管，通过90℃的热蒸汽对调酒工具和载杯进行杀菌消毒，消毒时间为10～15分钟。注意：消毒前须检查消毒柜的密封性能是否完好，尽量避免消毒柜漏气，调酒工具和载杯之间要留有一定的间隙，以利于蒸汽在调酒工具和载杯间流通。

3. 远红外线消毒法

远红外线消毒法是使用远红外线消毒柜，在120℃～150℃的持续高温下消毒15分钟，基本可以达到消毒杀菌的目的。远红外线消毒法既卫生方便，又易于操作，广受饭店和酒吧的青睐。

一、常用调酒工具

在吧台里，调酒师会频繁用到的基础调酒工具主要有以下几种。

1. 酒吧匙

酒吧匙也称“吧匙”或“长柄匙”，它一边是匙，另一边是三尖装饰叉，中间制成螺旋状，方便在手指间旋转。它一般有大小两种型号,是用于搅拌饮品和叉取水果罐(或瓶)内的樱桃或橄榄等水果的一种不锈钢制品(见图 3-8)。

2. 量酒器

量酒器又称盎司器,是一种用来计量酒水容器的金属杯(见图 3-9)。它由不同容量的上下两个杯子结合而成,有许多不同的组合,如 45 毫升与 30 毫升、30 毫升与 25 毫升、25 毫升与 14 毫升等。一般洋酒的调制,以 45 毫升与 30 毫升的组合较为常用。不过,调制高酒度的烈酒时,25 毫升与 14 毫升的组合即已够用。

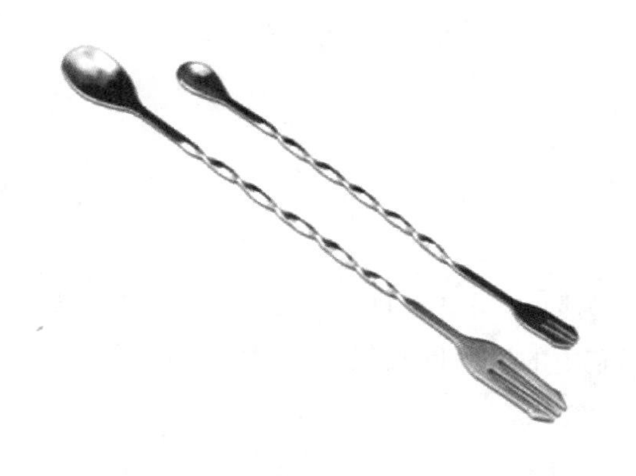

图 3-8 酒吧匙

图 3-9 量酒器

3. 摇酒壶

它主要用来摇混含有果汁、奶油、蛋、酒类等不易混合物的鸡尾酒,是调酒工作不可缺少的主要器具,分为雪克壶(见图 3-10)和波士顿摇酒壶(见图 3-11)两种。目前常用的调酒壶都是不锈钢制品。雪克壶也称为日式、英式、老式或三段式摇酒壶,主要由壶身、过滤网、壶盖三部分组成,容量分为 250 毫升、350 毫升、550 毫升、750 毫升。波士顿摇酒壶也称美式或花式调酒壶,主要由金属壶身(也叫"听壶")和上盖玻璃杯两部分组成,使用它将酒体倒入杯中时,需要将过滤器盖在听壶上面以阻止冰块流出。

4. 调酒杯

有些酒类不适宜使用调酒壶摇混,此时亦可使用调酒杯代替(见图 3-12)。调酒杯一般由玻璃或水晶制成。在调酒杯中加入冰块时,用酒吧匙搅拌可使酒体混合、降温、稀释。调酒杯经常用来做干马天尼(Dry Martini)或曼哈顿(Manhattan)等类的鸡尾酒。

图 3-10　雪克壶

图 3-11　波士顿摇酒壶

5. 滤冰器

调酒杯调制完成的鸡尾酒倒入酒杯饮用时，为防止冰块随酒液一起滑落酒杯中，需使用滤冰器（见图 3-13）。滤冰器的过滤功能与调酒壶中的过滤网相似。一般滤冰器都是由不锈钢制成的。

图 3-12　调酒杯

图 3-13　滤冰器

6. 碾压棒

碾压棒主要用于捣碎水果和果皮油，以及调配鸡尾酒的风味（见图 3-14）。碾压棒的材质分木质、不锈钢和塑料三种。

7. 水果刀

水果刀(见图 3-15)主要用来切装饰配料。鸡尾酒大都需要水果切片(如菠萝、橙子、柠檬、香蕉等切片)来装饰,故需要用到水果刀。水果刀在使用前务必用水洗干净,使用过后仍需如此,再用干净的口布擦干。一般推荐用直刃水果刀,因为直刃水果刀的处理效果干净、利落。

图 3-14　碾压棒

图 3-15　水果刀

8. 冰夹

冰夹主要用来夹冰块(见图 3-16)。调制鸡尾酒时,时常需要添加冰块,使用冰夹夹冰块既方便又干净。

9. 碎冰锥

碎冰锥的主要用途是插碎冰块(见图 3-17)。有些鸡尾酒适合添加碎冰,此时便需使用碎冰锥。

图 3-16　冰夹

图 3-17　碎冰锥

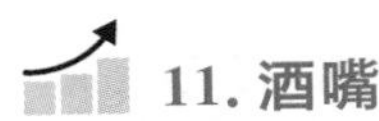

10. 搅拌棒（调酒棒）

搅拌棒(调酒棒)用来搅拌鸡尾酒,亦可用来弄碎杯内的砂糖、果肉等(见图 3-18)。搅拌棒的材质种类很多,有不锈钢制、玻璃制、木制、塑胶制等。调制高酒精含量的鸡尾酒时,最好避免使用木制或塑胶制搅拌棒。

11. 酒嘴

酒嘴是专门为花式调酒而设计的(见图 3-19)。它安装在酒瓶口上,用来控制倒出的酒量,使调酒表演更加连贯、顺畅。酒嘴材质有不锈钢和塑料两种,出酒口向外插入瓶口即可使用。

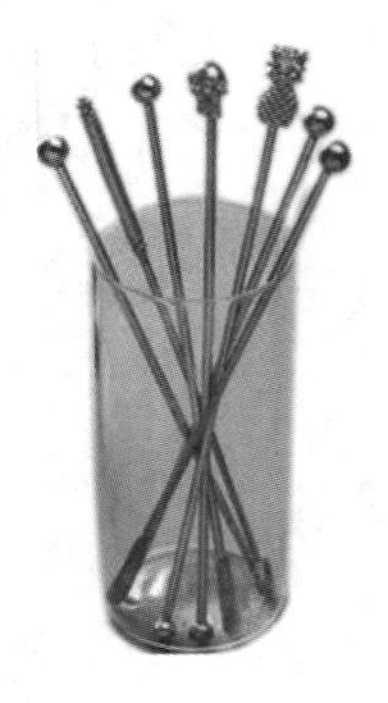

图 3-18　搅拌棒(调酒棒)

图 3-19　酒嘴

12. 榨汁器

榨汁器主要用来榨取新鲜的果汁和蔬菜汁的工具(见图 3-20)。榨汁器的种类很多,一般以手动榨汁机、不锈钢榨汁机为主。

图 3-20　榨汁器

二、酒吧常用载杯

酒吧用来载装酒的杯子称为酒吧载杯，简称酒杯。如果把一款鸡尾酒比作一幅图画，酒水是图画的颜料，而酒杯就是图画的画框。一般要根据酒水的色泽、酒品的名称和内涵、辅助材料的形态来选取合适的酒杯，以达到良好的视觉效果和愉悦心灵、情感的目的，充分展现和传达酒的魅力。

（一）酒杯的类型

一般说来，酒杯包括杯缘、杯体、杯脚及杯底四个部分。根据酒杯有无杯脚和杯脚高矮情况，可以将酒杯分为三种类型：平底无脚杯、矮脚杯和高脚杯。酒杯常见类型如表 3-1 所示。

表 3-1　酒杯常见类型

类型	外形特点	常见品种
平底无脚杯	平底无脚杯杯体有直的、外倾的、曲线形的，酒杯的名称通常由所装饮品的名称来确定	古典杯、海波杯、柯林杯、烈酒杯、皮尔森啤酒杯、生啤杯、宾治盆
矮脚杯	杯脚矮，粗壮而结实	飓风杯、白兰地杯、爱尔兰咖啡杯、波可杯
高脚杯	杯脚修长，光洁而透明	葡萄酒杯、鸡尾酒杯、雪莉酒杯、玛格利特杯、郁金香形香槟杯、笛形香槟杯、浅碟形香槟杯、利口酒杯、波特酒杯

（二）酒吧常用载杯

1. 古典杯

古典杯又称老式酒杯或岩石杯，原为英国人用来饮用威士忌的，也常用于盛放鸡尾酒，现多用此杯盛放加冰的烈性酒。古典杯呈直筒状或喇叭状，杯口与杯身等粗或稍大，无脚，容量为 6～8 盎司（180～240 毫升）。古典杯如图 3-21 所示。

2. 海波杯

海波杯又叫“高球杯”(见图 3-22),为大型、平底的直身杯,多用于盛放长饮类鸡尾酒或软饮料,一般容量为 8～12 盎司(240～360 毫升)。

图 3-21　古典杯

图 3-22　海波杯

3. 柯林杯

柯林杯又称“长饮杯”(见图 3-23),其形状与海波杯相似,只是比海波杯细而长,其容量为 12 盎司(360 毫升),标准长饮杯的杯高与底面周长相等。长饮杯常用于调制“汤姆柯林”一类的长饮,其他长饮混合酒也可以用这种杯子,饮用时通常要插入吸管。

4. 飓风杯

飓风杯(见图 3-24)是粗犷型长饮酒杯的代名词,一般是矮脚杯,杯身上大下小,收腰、底厚,容量为 12～14 盎司(360～420 毫升),主要盛放长饮类饮料。

图 3-23　柯林杯

图 3-24　飓风杯

5. 白兰地杯

图 3-25 白兰地杯

白兰地杯容量规格为 224～336 毫升，为净饮白兰地时使用。把杯子横放在桌子上，如果杯肚里盛装的酒液刚好为 1 盎司（30 毫升），说明是标准的法国生产的白兰地杯。白兰地杯如图 3-25 所示。

6. 葡萄酒杯

葡萄酒杯为无色透明的高脚杯，杯口稍向内。葡萄酒杯又分白葡萄酒杯和红葡萄酒杯。白葡萄酒杯一般容量为 168 毫升，用于喝白葡萄酒（见图 3-26）；红葡萄酒杯一般容量为 224 毫升，用于饮用红葡萄酒和用其制作的鸡尾酒（见图 3-27）。

图 3-26 白葡萄酒杯

图 3-27 红葡萄酒杯

7. 鸡尾酒杯

鸡尾酒杯是高脚杯的一种（见图 3-28）。杯具呈三角形，杯底有尖形和圆形两种，杯脚修长或圆粗，杯身光洁而透明，杯具的容量为 3～6 盎司（90～180 毫升），其中 4.5 盎司（135 毫升）容量的用得最多。鸡尾酒杯专门用来盛放各种短饮。

8. 烈酒杯

烈酒杯也称“一口杯”或“子弹杯”，是指一口就能喝光的小容量杯子，其容量规格一般为 1 盎司（30 毫升）、1.5 盎司（45 毫升）、2 盎司（60 毫升）三种。烈酒杯用于盛装各种烈性酒（白兰地除外）和舒特系列鸡尾酒，一般为无色透明的酒杯（见图 3-29）。

图 3-28 鸡尾酒杯

图 3-29 烈酒杯

9. 雪莉酒杯

雪莉酒杯类似鸡尾酒杯，细长而精致，容量为 2 盎司（60 毫升），用于盛装雪莉酒（如图 3-30 所示）。

10. 玛格利特杯

玛格利特杯为高脚、宽酒杯，其造型特别，杯身呈梯形状，并从上到下逐渐缩小至杯底，用于盛装玛格利特鸡尾酒或其他长饮类鸡尾酒，容量为 7～9 盎司（210～270 毫升）。玛格利特杯如图 3-31 所示。

图 3-30 雪莉酒杯

图 3-31 玛格利特杯

11. 香槟杯

香槟杯用于盛装香槟酒，用其盛放鸡尾酒也很普遍。其容量为 4.5～9 盎司（135～270 毫升），以 4 盎司（120 毫升）的香槟杯用途最广。香槟杯主要有以下两种杯型：一是浅碟形香槟杯，外形为高脚、宽口、杯身低浅，可用于盛装鸡尾酒或软饮料，还可以叠成香槟塔（见图 3-32）；二是郁金香形香槟杯，外形是高脚、长杯身，呈郁金香形，可用于盛放香槟酒，供顾客细饮慢啜，并欣赏酒的气泡在杯中起伏（见图 3-33）。

图 3-32　浅碟形香槟杯

图 3-33　郁金香形香槟杯

12. 利口酒杯

利口酒杯为小型高脚杯，杯身呈管状，用来盛装五光十色的利口酒、彩虹酒等，也可以用于盛装伏特加酒、朗姆酒、特其拉酒等净饮，其容量规格为 30 毫升（见图 3-34）。

13. 皮尔森啤酒杯

皮尔森啤酒杯容量规格为 228 毫升，供顾客喝啤酒用（见图 3-35）。在酒吧中，女士们常用这种酒杯喝啤酒。

图 3-34　利口酒杯

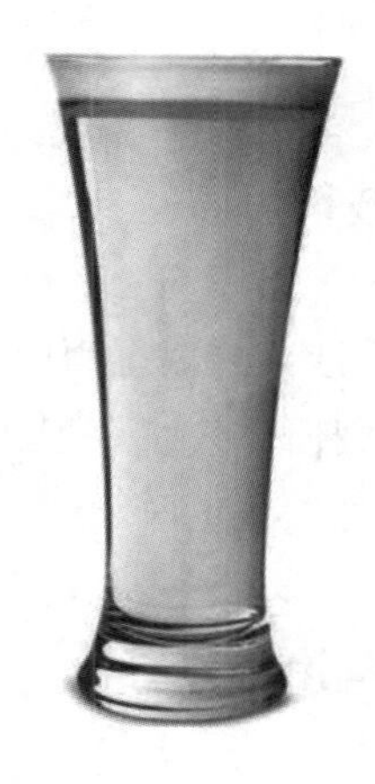

图 3-35　皮尔森啤酒杯

14. 生啤杯

生啤杯容量规格为336～504毫升，在酒吧中一般喝生啤酒用(见图3-36)。

15. 波特酒杯

波特酒杯是饮用波特酒时使用的杯子，与葡萄酒杯相似，容量规格为2盎司(60毫升)左右(见图3-37)。

图3-36　生啤杯

图3-37　波特酒杯

16. 爱尔兰咖啡杯

爱尔兰咖啡杯是调制爱尔兰咖啡的专用杯，容量为6盎司(180毫升)，形状近似葡萄酒杯。在杯身七分满处有一条金线，意思为咖啡倒入至此线处，上部即可漂浮奶油(见图3-38)。

17. 波可杯

波可杯是冰沙系列鸡尾酒的专用杯，也可用于盛装长饮类鸡尾酒。波可杯拥有类似飓风杯的凹槽碗状杯体，容量一般为13.25盎司(400毫升)，宽的环状杯缘适合添加新鲜水果作为装饰物(见图3-39)。

18. 宾治盆

宾治盆即调制宾治酒时使用的大型容器，有玻璃材质的、银质的，也有不锈钢材质的，便于多种果汁、酒类的混合以及宾治酒的分杯(见图3-40)。

图 3-38　爱尔兰咖啡杯

图 3-39　波可杯

图 3-40　宾治盆

3-7 二维码
调酒工具和
载杯的
清洗消毒及
注意事项

◇ 思考题

1. 熟悉酒吧设备的使用和保养方法。
2. 熟悉并掌握主要调酒用具及其使用方法。
3. 请举例说明酒吧常见载杯有哪些类型，外形各有何特点。
4. 设计调制一款酒水，并说明需要用到的调酒工具和载杯。

二维码 3-8
项目三
思考题
参考答案

项目四　初识鸡尾酒

◇ 本项目目标

知识目标：

1. 掌握、熟记基础调酒技巧的操作要领；
2. 掌握各类鸡尾酒冰块的制作方法；
3. 掌握调酒服务的操作流程；
4. 熟记经典鸡尾酒的配方；
5. 能讲述经典鸡尾酒的故事。

能力目标：

1. 能独立规范地完成基础调酒技巧的操作；
2. 能制作鸡尾酒冰块；
3. 能根据国际调酒师协会标准进行经典鸡尾酒的调制与服务。

情感目标：

培养工匠精神和创新能力。

任务一 鸡尾酒概述

◇引例

鸡尾酒的发展

大多数学者认为现代鸡尾酒只有100多年的历史。现代鸡尾酒的发展与美国有着莫大的关系，美国是当之无愧的世界鸡尾酒中心。工业的兴起使城市化进程加快，为释放压力、调整心情，越来越多的人走进了酒吧，这直接促进了鸡尾酒的发展。

19世纪末至20世纪初，当时只在美国国内流行的鸡尾酒酒度较高，是专属于上流社会男士的饮品。1920—1933年是美国的禁酒时期，酒吧关门歇业，为满足人们的饮酒需求，商家在酒中加入果汁等辅料，降低酒度，以应对相关人员的检查。之后饮用鸡尾酒蔚然成风，女士们也参与进来，禁酒时期反倒成了鸡尾酒发展的黄金时代。此后，一大批美国鸡尾酒调酒师到欧洲发展，鸡尾酒很快在欧洲广为流传。

第二次世界大战之后，鸡尾酒的流行有两个值得记载的事件：一是出于政治和军事目的，美国为欧亚许多国家提供了大量的经济和军事援助，四处派军，伴随着美国大军的脚步，鸡尾酒迅速走向世界；二是第二次世界大战后的一段时间内，世界上流行以胜者为尊的美国文化，美国式的消费方式引领潮流，鸡尾酒成为风靡世界的酒精饮料。

现代鸡尾酒经过100多年的发展，大致经过了初创期、兴盛期、扩张期和普及期等四个阶段，成为具有文化内涵、充满艺术色彩、兼有多元化属性的世界性酒品。目前调酒行业最为权威的国际组织是1951年2月24日在英国成立的国际调酒师协会(简称IBA)，它为鸡尾酒的普及和光大做出了杰出贡献，使鸡尾酒的发展从无序变为有序。为弘扬鸡尾酒文化，1955年首届鸡尾酒调酒大赛(简称ICC)成功举办。鸡尾酒发展日益多元化。1950年前后，日本鸡尾酒时代开始。1960年后，女性成为增强鸡尾酒影响力的巨大力量。1970年后，受海外旅行热的影响，世界上出现了热带鸡尾酒。1980年后，鸡尾酒逐渐成为一种美化生活、丰富人们情感交流和交际的媒介，成为一种文化现象和时尚生活方式。

一、鸡尾酒的起源与内涵

4-1 二维码
鸡尾酒的
文化特质

鸡尾酒的出现几乎和酒的历史一样久远。人们酿出了美酒之后，自然会想出各种各样的享用方法。古埃及人在啤酒中掺入蜂蜜来饮用；古罗马人也将一些混合物掺到葡萄酒中饮用；古代中国人最早将酒用水冷却后饮用；中世纪的欧洲人将药草和葡萄酒放在锅里，加热后饮用。只是在这个时期，鸡尾酒的名称尚未诞生。

关于鸡尾酒名称的起源有 20 多种说法，但其内容大多与公鸡羽毛有关，而且多源自美国，所以许多人认为鸡尾酒起源于美国。

第一次有关“鸡尾酒”的文字记载是 1806 年，在美国的一本叫《平衡》的杂志中，详细地解释了鸡尾酒，说鸡尾酒是一种由几种烈酒混合而成的，并加糖、水或冰块、苦味酒的提神饮料。

1862 年，由托马斯撰写的第一本关于鸡尾酒的专著——《如何调配饮料》出版。托马斯是鸡尾酒发展的关键人物之一，他遍访欧洲大小城镇，搜集整理鸡尾酒配方，并开始混合调配饮料。从那时起，鸡尾酒开始进入酒吧，并逐渐成为流行的饮料。

鸡尾酒的英文写法为“cocktail”，由“cock”（公鸡）和“tail”（尾）两词组成，故译成“鸡尾酒”实在是再恰当不过了。简单来说，鸡尾酒是一种含酒的混合饮品，这是鸡尾酒的广泛定义。美国的《韦氏词典》里这样注释：鸡尾酒是一种量少而冰镇的酒，以烈性酒、葡萄酒为基酒，再配以其他的辅料（如果汁、鸡蛋、苦酒、糖等）用搅拌法或摇晃法调制而成，最后饰以柠檬片或薄荷片。

现代鸡尾酒如图 4-1 所示。

图 4-1　现代鸡尾酒

二、鸡尾酒的基本构成

鸡尾酒是一种混合饮品，但并非所有的混合饮品都是鸡尾酒。一款色、香、味、形俱佳的鸡尾酒通常是由基酒、辅料、附加料、冰块、载杯、装饰物六部分构成的。

（一）基酒

基酒又名底料或主料，在鸡尾酒中起决定性的作用，是鸡尾酒中的“当家”要素。作为基酒的酒须是蒸馏酒、酿造酒、混成酒中的一种或几种，一般采用前两种。基酒中常见的有金酒、伏特加、威士忌、朗姆酒等，使用最多的是金酒。完美的鸡尾酒需要能够容纳各种加香、呈味、调色的材料，与各种成分充分混合，达到色、香、味、形俱佳的效果。调酒时，基酒的用量在1～3盎司(30～90毫升)，这体现了科学饮酒、艺术饮酒的原则。这个用量对于正常人来说是在可以接受的科学计量范围内的。常用基酒如图4-2所示。

图4-2 常用基酒

（二）辅料

辅料又名副料或配料，是鸡尾酒中除了基酒以外用得最多的基本成分。鸡尾酒的辅料有两大类：含酒精的辅料和不含酒精的辅料。能否和基酒相融合，是辅料最重要的取舍标准。好的辅料能扮演好配角的角色，陪衬出基酒的内在美，从而达到水乳交融，色、香、味、形俱佳的目的。

1. 含酒精辅料的选取

含酒精的辅料与基酒搭配调酒，在鸡尾酒中经常应用。在调制冷却型鸡尾酒时，先将各种配制酒适当冰镇一下，效果会更好，风味尤佳，也可利用利口酒自身丰富多彩的色泽，依据含糖量高低，调出多姿多彩的彩虹类鸡尾酒。

2. 不含酒精辅料的选取

常用的不含酒精的辅料主要是各类果蔬汁、碳酸饮料、增味剂、水等。果蔬汁包括各种瓶装、罐装和现榨的果蔬汁;碳酸饮料包括雪碧、可乐、苏打水、汤力水、干姜水等;增味剂包括各种糖浆、蜂蜜、柠檬水、酸甜汁、蛋清、蛋黄等;水包括凉开水、矿泉水、蒸馏水、纯净水等。

（三）附加料

附加料在鸡尾酒中使用量很少,主要起调色或者调味作用。常用的附加料有红石榴汁、辣椒油、胡椒、豆蔻等。

（四）冰块

冰块在鸡尾酒中起到冰镇作用,使酒品能保持原有的风味,主要有方冰、圆冰、碎冰、薄片冰、细冰等。

（五）载杯

根据饮料来选择用杯的大小、形状等。

（六）装饰物

装饰物主要起点缀、增色作用。装饰物的颜色和口味应与鸡尾酒酒液保持和谐一致,从而使其外观色彩缤纷,给顾客赏心悦目的艺术感受。对于经典的鸡尾酒,其装饰物的构成和制作方法是约定俗成的,应保持原貌,不得随意改变。而对于创新的鸡尾酒,装饰物的使用则不受限制,调酒师可充分发挥想象力和创造力。当然,对于不需要装饰的鸡尾酒品,加以装饰则是画蛇添足,会破坏酒品的意境。鸡尾酒的装饰物如图 4-3 所示。

图 4-3 鸡尾酒的装饰物

任务二　鸡尾酒的命名

引例

按饮用时间和场合将鸡尾酒分类

按饮用时间和场合，可以将鸡尾酒分为以下类型。

1. 清晨鸡尾酒

清晨人们大多情绪不高，可饮用一杯蛋制鸡尾酒，以饱满的精神投入一天的工作、学习和生活。

2. 餐前鸡尾酒

餐前鸡尾酒即正餐前饮用的鸡尾酒，目的是滋润喉咙，增进食欲。其甜味不强烈，口味偏酸，略苦，如马天尼、曼哈顿就属于此类。

3. 餐后鸡尾酒

正餐之后喝鸡尾酒，目的是清新口气和促进消化。它主要是用利口酒调制的口味甘甜浓重的鸡尾酒，例如青草猛、黄金梦等，也可在热咖啡中加入适当的白兰地或者威士忌调制出含酒精的咖啡饮料，如皇室咖啡、爱尔兰咖啡等。

4. 晚餐鸡尾酒

晚餐鸡尾酒是在晚餐时饮用的鸡尾酒，一般口味偏辣，例如天使、宝石等。

5. 俱乐部鸡尾酒

俱乐部鸡尾酒在一些酒会中使用率偏高。这种鸡尾酒可以代替凉菜或者汤类。此类鸡尾酒色彩鲜艳、营养丰富，略带刺激性，有利于活跃气氛，也可用作佐餐。这类鸡尾酒有很多，如金汤力、红粉佳人、自由古巴等。

6. 香槟鸡尾酒

香槟鸡尾酒主要是以香槟为原料调制而成的。其风格清爽、典雅，通常在一些庆祝活动、婚宴中饮用。香槟鸡尾酒有很多，如含羞草等。

7. 季节鸡尾酒

季节鸡尾酒有适合春、夏、秋、冬不同季节饮用和一年四季皆宜饮用的鸡尾酒之分。例如，在炎热汗多的夏季，饮用冰镇长饮，可消暑解渴；而在寒冷的冬季，比较适合饮用短饮或者酒精含量高的鸡尾酒。

如果把鸡尾酒比作一个庞大的家族，其中每一个成员的名字就如其中的“百家姓”，都有各自的渊源，特色风格相似的鸡尾酒又自成体系，形成了相对稳定、个性突出的分类。鸡尾酒的命名和调制之间也存在着紧密的联系。

4-2 二维码
长饮和短饮

鸡尾酒的命名五花八门，虽然带有许多难以捉摸的随意性和文化性，但也有一些可遵循的规律，也可从中粗略地认识鸡尾酒的基本结构和酒品风格。

一、根据鸡尾酒的基本成分命名

B&B：由白兰地和香草利口酒混合而成，其命名采用两种原料酒名称的缩写而合成。

宾治鸡尾酒：宾治鸡尾酒名为“punch”，起源于印度，“punch”一词来自印地语“panch”（五），有五种原料混合配制而成之意（见图 4-4）。

香槟鸡尾酒：该类鸡尾酒主要以香槟、葡萄汽酒为基酒，添加苦精、果汁、糖等调制而成，其命名较为直观地体现了酒品的风格。

金汤力鸡尾酒：金酒加汤力水兑饮（见图 4-5）。

图 4-4　宾治鸡尾酒

图 4-5　金汤力鸡尾酒

根据鸡尾酒的基本结构与调制原料命名鸡尾酒范围广泛，直观鲜明，能够增加饮者对鸡尾酒风格的认识。除上述列举的鸡尾酒之外，诸如特吉拉日出、葡萄酒冷饮、爱尔兰咖啡等均采用这种命名方法。

二、根据鸡尾酒的创造典故命名

以人名、地名、公司名命名鸡尾酒反映了一些经典鸡尾酒产生的渊源，让人了解鸡尾酒的一些相关历史典故。

1. 以人名命名

人名一般指创制某种经典鸡尾酒调酒师的姓名和与鸡尾酒结下不解之缘的历史人物。基尔(Kir,又译为吉尔),该酒于1945年由法国勃艮第地区第戎市市长卡诺·基尔先生创制,是以勃艮第阿利高(白葡萄品种)白葡萄酒和黑醋栗利口酒调制而成的。再如,亚历山大鸡尾酒是一款名副其实的皇家鸡尾酒,19世纪中叶,为了纪念英国国王爱德华七世与皇后亚历山大的婚礼,调酒师将该鸡尾酒作为给皇后的献礼。它象征着爱情的甜美与婚姻的幸福,非常适合热恋中的情侣饮用(见图4-6)。此外,较为著名的与人名相关的鸡尾酒还有玛格丽特、血玛丽、红粉佳人、黑俄罗斯(见图4-7)、教父、秀兰·邓波儿、巴黎人等。

图 4-6　亚历山大

图 4-7　黑俄罗斯

2. 以地名命名

鸡尾酒是世界性的饮料,以地名命名鸡尾酒,饮用各具地域和民族风情的鸡尾酒,犹如环游世界。新加坡司令(Singapore Sling)是由华裔原籍海南岛的严崇文酒保于1910年至1915年间发明的。当时他在新加坡的莱佛士酒店工作,应顾客要求改良琴汤尼这种调酒,调出了一种口感酸甜的酒,后来一炮而红(见图4-8)。所谓的“Sling”指的是一种传统的、流行于美国的混合饮料,一般由烈酒、水和糖冲调而成,而“Sling”也被巧妙地按谐音被翻译为“司令”。与地名相关的鸡尾酒典型的有马提尼、蓝色夏威夷(见图4-9)、阿拉斯加、环游世界(见图4-10)、布朗克斯、横滨、长岛冰茶、代其利等。

图 4-8　新加坡司令

图 4-9　蓝色夏威夷

图 4-10　环游世界

3. 以公司命名

4-3 二维码
青草蜢
鸡尾酒的典故

为了倡导酒品最佳的饮用调配方式，生产商通常将鸡尾酒等混合饮料的配方印于酒瓶副标签口或单独印制手册，以扩大企业在市场中的份额。例如，百家地鸡尾酒必须使用百家地公司生产的朗姆酒调制该鸡尾酒，1933 年美国取消禁酒法，当时设在古巴的百家地公司为促进朗姆酒的销售设计了该酒品。此外，以公司命名的还有阿梅尔·皮孔、飘仙一号等。

三、根据鸡尾酒的特点与风格命名

根据鸡尾酒色、香、味、装饰效果等特点来命名可以使人产生无限的遐想，并能够在酒品和人类复杂的情感、客观事物之间建立某种联系，以产生耐人寻味的效果。

1. 以鸡尾酒的色泽命名

鸡尾酒悦人的色泽大多数来自丰富多彩的配制酒、葡萄酒、糖浆和果汁等，比较突出的例子如：以红色命名的红粉佳人、红狮、红衣主教、红色北欧海盗等；以蓝色命名的蓝色夏威夷、蓝月亮、蓝色珊瑚礁、蓝魔等；绿色在鸡尾酒中有的也称为青色，如绿帽、青草蜢（见图 4-11）、绿眼睛、青龙等。色彩的迷幻和组合也是鸡尾酒命名的要素之一，例如彩虹鸡尾酒、万紫千红等。

图 4-11　青草蜢

2. 以鸡尾酒的口感命名

“sour”称为“酸酒”，可分短饮酸酒和长饮酸酒两类。酸酒类饮料基本是以烈性酒为基酒，如威士忌、金酒、白兰地等，以柠檬汁或青柠汁和适量糖分为辅料调制而成。长饮酸酒是以烈性酒兑以苏打水调制而成的，以降低酒品的酸度。常见的酸酒有威士忌酸酒（见图 4-12）、白兰地酸酒（见图 4-13）、杜松子酸酒等。

图 4-12　威士忌酸酒

图 4-13　白兰地酸酒

3. 以鸡尾酒的香型命名

鸡尾酒的综合香气效果主要来自基酒和提香辅料中的香气成分，这种命名方法常见于中华鸡尾酒，如桂花飘香（桂花陈酒）、翠竹飘香（竹叶清香）、稻香（米香型小曲白酒）等。

四、根据鸡尾酒的人文特质命名

鸡尾酒的自然属性使鸡尾酒充满生命力，而鲜明的人文属性包括情感、联想、象征、典故等，时间、空间、事物、人物等都成了鸡尾酒形象设计、命名取之不竭的源泉。

1. 以空间命名

以空间命名的鸡尾酒，将大千世界中的天地之气、日月星辰、风雨雾雪、名山秀水、繁华都市、乡野村落等捕捉于杯中，融入酒液，从而使人的精神超越时间、空间的界限，产生神游之感。这种鸡尾酒包括上文所提及的以地名命名的著名鸡尾酒，再如永恒的威尼斯、卡萨布兰卡、伦敦之雾、跨越北极、万里长城、雪国、海上微风、飓风（见图 4-14）等。

2. 以万物命名

大自然中的花鸟鱼虫，尽显生活的闲情逸致；草长莺飞，激发起内心情感的萌发……所有这些为鸡尾酒的创作和命名提供了广博的素材。鸡尾酒的命名及其让人产生的联想和创造的情境，愈发提升了生活的艺术性。如百慕大玫瑰、三叶草、枫叶、含羞草、小羚羊、勇敢的公牛、蚱蜢、狗鼻子、梭子鱼、老虎尾巴、金色拖鞋、唐三彩、雪球、螺丝钻（见图 4-15）、猫眼石、翡翠等。

图 4-14　飓风

图 4-15　螺丝钻

3. 以时间命名

以时间命名的鸡尾酒往往是为了纪念某一特别的日子及印象深刻的人物、事件和心情等。如美国独立日（见图 4-16）、狂欢日、20 世纪、初夜、静静的星期天、蓝色星期一、六月新娘、圣诞快乐、未来等。

4. 以人类情感命名

以人类情感命名，喜怒哀乐跃然于酒中，载情助兴。如少女的祈祷、天使之吻、恼人的春心、灵感、金色梦想等。

5. 以外来语的谐音命名

外来语谐音大都来自某民族语汇中对某一事物或状态的俚语、昵称等，从而使鸡尾酒更具民族化。如扎扎(Zaza)、琪琪(Chi-chi)(见图 4-17)、老爸爸(Papa)等。

鸡尾酒命名的直观形象性、联想寓意性和典故文化性是任何单一酒品的命名都无法比拟和涉及的，鸡尾酒命名所产生的情境是鸡尾酒文化的重要组成部分，也是其艺术化酒品特征的显现。

图 4-16　美国独立日

图 4-17　琪琪

任务三　鸡尾酒的调制方法

引例

鸡尾酒的特点

鸡尾酒经过 200 多年的发展，已不再是若干种酒及酒精饮料的简单混合物。鸡尾酒种类繁多、配方各异，都是由各调酒师精心设计的佳作，其色、香、味、形兼备，盛载考究，装饰华丽，使人有享受、快慰之感。现代鸡尾酒应具有以下特点。

1. 符合鸡尾酒的内涵

鸡尾酒由两种或两种以上的非水饮料调和而成，其中至少有一种为酒精性饮料。柠檬水、中国调香白酒等不属于鸡尾酒。

2. 花样繁多、调法各异

用于调酒的原料有很多类型，各酒所用的配料种数也不相同，如两种、三种甚至五种以上。即便以流行的配料种类确定的鸡尾酒，各配料在分量上也会因地域不同、人的口味各异而有较大变化，从而冠以新的名称。

3. 具有刺激性

鸡尾酒具有一定的酒精浓度，从而具有刺激性。适当的酒精浓度可使饮用者紧张的神经得以和缓，肌肉得到放松。

4. 能够增进食欲

鸡尾酒能够增进食欲。饮用后，由于酒中含有的微量调味饮料（如酸味、苦味等饮料）的作用，饮用者的食欲会有所增进。

5. 口味优于单体组分

鸡尾酒必须有卓越的口味，而且这种口味应该优于单体组分。品尝鸡尾酒时，舌头的味蕾要充分扩张，才能尝到刺激的味道。如果过甜、过苦或过香，就会影响品尝风味的能力，降低酒的品质。

6. 冷饮性质

鸡尾酒需足够冷冻。像朗姆类混合酒，用沸水调节器配制，自然不属于典型的鸡尾酒。当然，也有些酒种既不用热水调配，也不强调加冰冷冻，但某些配料是温的，或处于室温状态，这类混合酒也应属于广义的鸡尾酒范畴。

7. 色泽优美

鸡尾酒应具有细致、优雅、匀称、均一的色调。常规的鸡尾酒有澄清透明的或浑浊的两种类型。澄清型鸡尾酒应是色泽透明的，除极少量因鲜果带入的固形物外，没有其他沉淀物。

8. 盛载考究

鸡尾酒应由式样新颖大方、颜色协调得体、容积大小适当的载杯盛载。装饰品虽非必需品，但对于酒而言，犹如锦上添花，使之更有魅力。况且，某些装饰品本身也是调味料。

一、英式调酒

英式调酒是一门技术，也是一种文化。它是技术与艺术的结晶，是一项专业性很强的工作。调酒为人们提供了视觉、嗅觉、味觉和精神等方面的享受。酒的色、香、味、格等方面是体现调酒师技术水平高低的重要标准。英式调酒师的工作环境大都是中高档高雅舒适且安静的酒吧,这些酒吧大多数都播放或现场演奏高雅经典流行的萨克斯钢琴音乐、小提琴音乐,主要接待和服务上流社会有品位的人士。英式调酒的调制方法通常有以下几种。

1. 摇和法

摇和法也称"摇晃法"或"摇荡法",其制作过程是先将冰块放入调酒壶,接着加入各种辅料和配料,再加入基酒,然后盖紧调酒壶,双手(或单手)执壶摇晃片刻(一般为5～10秒,至调酒壶外表起霜时停止)。摇匀后,立即打开调酒壶用滤冰器滤去残冰,将饮料倒入鸡尾酒杯中,用合适的装饰物加以点缀即为成品,如红粉佳人。具体过程如图4-18至图4-22所示。值得注意的是,有汽酒水不宜加入调酒壶摇晃,而应在基酒等材料摇混均匀后,再行加入。

图4-18　加入冰块

图4-19　将辅料配料、基酒放入壶中

图4-20　摇至壶外起霜

图4-21　将摇均匀的酒水滤入载杯中

图4-22　在杯口挂上杯饰即成

2. 调和法

调和法也称“搅拌法”，其制作过程是先将冰块或碎冰加入酒杯（载杯）或调酒杯，再加入基酒和辅料，用调酒棒或调酒匙沿着一个方向轻轻搅拌，使各种原料充分混合后加装饰物点缀而成。如在调酒杯中调制的鸡尾酒，也须滤冰后倒入合适的载杯，然后加以装饰，如清凉世界。具体过程如图 4-23 至图 4-26 所示。

图 4-23　依次将冰块、酒水原料加入调酒杯中

图 4-24　将调酒匙背贴杯壁顺时针搅动

图 4-25　过滤冰块，把酒液倒入载杯中

图 4-26　加上杯饰即成

3. 搅合法

搅合法的调制过程是先将碎冰、辅料和配料、基酒等放入电动搅拌机中，开动搅拌机运转 10 秒左右，使各种原料充分混合后倒入合适的载杯（无须滤冰），再用装饰物加以点缀，如绿野仙踪。具体过程如图 4-27 至图 4-29 所示。

图 4-27　将碎冰、辅料、基酒等加入电动搅拌机

图 4-28 将搅拌混合好的成品倒入载杯中

图 4-29 加上杯饰，插入吸管与搅棒

4. 兑和法

兑和法的调制过程是将配方中的酒水按不同密度（含糖量）逐一慢慢地沿着调酒棒或调酒匙倒入酒杯，然后加以装饰点缀而成。具体过程如图 4-30 至图 4-32 所示。兑和法主要用于调制各款彩虹鸡尾酒。调制时要求酒水之间不混合，层次分明，色彩绚丽。调制的关键是熟悉各种酒水的密度，应将密度大的酒水先倒入杯中，密度小的后加入，如 B52 鸡尾酒。

图 4-30 准备好酒水、配料和载杯

图 4-31 将不同比重酒水依次缓缓流入载杯中

图 4-32 酒水倒完即成

二、花式调酒

花式调酒也称“美式调酒”。国际上的花式调酒师主要是学习、研究各种调酒动作和表演技巧，例如使用酒瓶和调酒杯的各种调酒表演技巧等，还会经常在调酒动作表演的过程中加入一些舞蹈、杂技、魔术等来活跃酒吧的气氛，酒的色、香、味、格等好像并不重要了（见图 4-33 和图 4-34）。花式调酒师的工作环境是一些演艺酒吧或者一些中低档的酒吧，这些酒吧主要以节目表演为主，有些慢摇吧、迪吧，主要接待和服务社会大众人士。

图 4-33 调酒师甩瓶

图 4-34 调酒师点火

任务四 鸡尾酒的装饰

引例

装饰是鸡尾酒的重要部分

一杯美好的鸡尾酒，应具备三个条件，即基酒与配料的正确选用、装饰物的恰当使用，以及杯皿的正确使用。

一杯鸡尾酒能否给人带来好的初印象，装饰在其中起着很大的作用。鸡尾酒的装饰，大部分都色彩艳丽、造型美观，使被装饰的酒更加妩媚艳丽、光彩照人。通常鸡尾酒的装饰材料以各类水果为主，如樱桃、菠萝、橙子、柠檬等。不同的水果原材料，可构成不同形状与色泽的装饰物，但在使用时要注意，其颜色和口味应与酒质保持和谐一致，并力求其外观色彩缤纷、能引起视觉注意，同时应伴以多样化的创作，为顾客提供赏心悦目的美酒艺术享受。

使用装饰物时，可尽情地运用想象力，使各种原材料灵活地组合变化。装饰对所创造的饮品的整体风格、外在魅力有着重要影响。只有通过调酒师的精心制作、装饰，一款鸡尾酒才能成为色、香、味俱佳的特殊饮品。

一、鸡尾酒装饰物的类型

4-4 二维码
酒吧常用
标准装饰物

可以用来装饰鸡尾酒的原料有很多，无论是水果、花草，还是一些饰品、杯具等，都可以作为鸡尾酒的装饰物。目前较为流行的鸡尾酒的装饰物有以下几种类型。

1. 水果类

如柠檬、樱桃、香蕉、草莓、橙子、菠萝、苹果、西瓜和哈密瓜等。

2. 蔬菜类

如小洋葱、青瓜和芹菜等。

3. 花草类

如玫瑰、热带兰花、蔷薇和菊花等。

4. 饰品类

如花色酒签、花色吸管和调酒棒等。

5. 酒杯类

如各种异型酒杯。

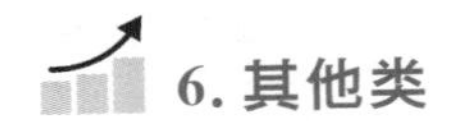

6. 其他类

如糖粉、盐、豆蔻粉和肉桂棒等。

二、鸡尾酒的装饰类型

1. 杯口装饰

杯口装饰绝大部分是用水果制作而成的，其特点是漂亮、直观，给人以活泼、自然、赏心悦目的感觉。它既是装饰品，又是美味的佐酒品。

2. 盐边、糖边

对于某些酒（如玛格丽特等），这种装饰是必不可少的。其做法是，将柠檬皮或橙皮夹着杯口转一圈，使杯口湿润，然后在盐粉或糖粉里蘸一蘸。它既美观，又是不可缺少的调味品（见图 4-35）。

图 4-35　盐边、糖边装饰

4-5 二维码
鸡尾酒装饰
一般规律

3. 杯中装饰

杯中装饰大部分是由水果制成的，适用于澄清的酒体。它普遍具有装饰和调味的双重作用。

4. 调酒棒

调酒棒大多花色繁多、做工精细。它对美酒具有点缀的作用，同时又是非常漂亮的实用品。

5. 酒杯

品种各异、晶莹剔透的酒杯，既是酒具，也是美酒很好的衬托品，如图 4-36 所示。

图 4-36　鸡尾酒酒杯

任务五　鸡尾酒创作案例

引例

鸡尾酒的品尝步骤

一名合格的调酒师，特别是出色的调酒师，不但要懂得鸡尾酒的调制，还要会品尝和鉴赏调制好的鸡尾酒。品尝分为三个步骤：观色、嗅味和品尝。

1. 观色

调好的鸡尾酒都有一定的颜色，通过观色可以初步判断配方比例是否准确。例如，红粉佳人调好后呈粉红色，青草蜢调好后呈奶绿色，干马天尼调好后清澈透明如清水一般。如果颜色不符合要求，就不能出售给顾客，必须重新制作。如彩虹鸡尾酒，只从观色便可断定其是否合格，任意一层混浊了都不能再出售。

2. 嗅味

嗅味是用鼻子去闻鸡尾酒的香味，但在酒吧进行时不能直接拿起整杯酒来嗅味，要用酒吧吧匙。凡鸡尾酒都有一定的香味，首先是基酒的香味，其次是所加进的辅料酒或饮料的香味，如果汁、甜酒、香料等各种不同的香味。

3. 品尝

品尝鸡尾酒不能大口饮用，而要小口小口地喝，喝入口中要停顿一下再吞咽，如此细细地品尝，才能分辨出多种不同的味道。

一、鸡尾酒的创作条件

一款色、形、味俱全的上品鸡尾酒，可视为一件精美的艺术品，从中能够寻求到无限的美的享受。

(1)创作思路。像时装一样，鸡尾酒也要经常推陈出新。据统计，全世界鸡尾酒的配方已达上万种，每年由著名调酒师新创作并推广的配方就达几百种。所以，新的调酒思路也是调酒师所追求的新的境界。

(2)鸡尾酒品种创新，要求调酒师具备一定的调酒经验和酒水知识，并且对酒水及相关时尚事物有比较深刻的研究。

(3)新创作的鸡尾酒，应以顾客能接受为第一标准。一款好的鸡尾酒，主要是给顾客饮用，获得顾客的欣赏才能逐渐流行。

(4)要根据顾客的来源和顾客的口味创作鸡尾酒。

(5)创作时要遵守调制原理及步骤，特别是调制中国酒时，要注意味道搭配，同时还要注意配方的简约性，配方如果太复杂，就会难以记忆与调制，妨碍鸡尾酒的推广与流行。

(6)新创作的鸡尾酒通常是以“酒吧特饮”的形式推销给顾客的。鸡尾酒应通过不断筛选，逐渐成熟并受顾客欢迎，形成真正流行的特色品种。

二、经典鸡尾酒创作案例介绍

1. 血玛丽（亦称血腥玛丽）鸡尾酒的创作

16 世纪中叶，英格兰女王玛丽一世心狠手辣，为复兴天主教，残酷迫害了国内很多新教徒，英国人乔治·乔瑟尔就据此设计了血腥玛丽鸡尾酒(见图 4-37)。这种鸡尾酒由伏特加、番茄汁、柠檬片、芹菜根混合制成，鲜红的番茄汁看起来很像鲜血，使人联想到当年的屠杀，故而以此命名。这款酒在地下酒吧非常流行，称为“喝不醉的番茄汁”。

2. 曼哈顿鸡尾酒的创作

1840 年，有个名叫甘曼的人，因负伤走进美国西部马里兰州的一家酒店。该店调酒师见他伤势很重，便赶紧倒了一杯威士忌酒，加了些糖浆给他提神。这种新型调和酒自此以后便很受顾客欢迎，传到纽约更添加了苦艾酒，并冠以市中心区“曼哈顿”这个名称，流行至今(见图 4-38)。

图 4-37　血腥玛丽

图 4-38　曼哈顿

3. 玛格丽特鸡尾酒的创作

具有墨西哥风格的玛格丽特鸡尾酒诞生于 1949 年的全美鸡尾酒大赛上，创作者是洛杉矶的调酒师简·杜雷萨。杜雷萨年轻时和他的恋人玛格丽特一起去打猎，结果恋人身中流弹而亡。杜雷萨一直无法忘记死去的恋人，23 年后他怀着悲痛的心情创作了这一杯耐人寻味的玛格丽特鸡尾酒。杯边上的盐有如伤心的泪水，让人难以忘怀，柠檬的气味和特其拉的刚烈代表着调酒师悲痛的程度。细细品尝，顾客或许能感受到这份思念的情怀。玛格丽特如图 4-39 所示。

图 4-39　玛格丽特

4. 彩虹鸡尾酒的创作

传说在 19 世纪，由美国伊利诺伊州到法国表演的舞蹈团的舞步和衣着，震撼了那些蜂拥而至的绅士淑女们。沉醉在舞蹈家舞姿中的巴黎子弟，看过这些舞蹈之后，眼前总是浮现色彩斑斓的舞衣，便从酒中寻找相应感情的体现，获得灵感，调出了彩虹鸡尾酒(见图 4-40)。这种新款鸡尾酒，本身其实含有“美国的女子光看外表就觉得非常迷人”的意境。在设计该款新型鸡尾酒时，创作者首先在自己心里唤起曾经体验过的感情，在唤起这种感情之后，将其用动作、线条、色彩等表象来传达。这在最能从酒的色彩组合、变化而焕发美感的彩虹鸡尾酒的设计中，可以说极有说服力。调制这类酒，只要功夫够，就能调出犹如舞蹈家罕见的舞步且让人觉得艳丽非凡的鸡尾酒。

图 4-40　彩虹鸡尾酒

◇ 思考题

1. 简述鸡尾酒的起源和内涵。
2. 常见的鸡尾酒基酒有哪些？
3. 说出三种以鸡尾酒的基本成分命名的鸡尾酒。

4. 说出七种以典故命名的鸡尾酒。
5. 说出六种以鸡尾酒特点与风格命名的鸡尾酒。
6. 说出八种以鸡尾酒的人文特质命名的鸡尾酒。
7. 说出英式调酒方法有哪几种。
8. 说出六种鸡尾酒装饰物。
9. 设计调制一款鸡尾酒，要求用摇和法调制，用鸡尾酒杯做载杯，用红樱桃做装饰。

二维码 4-6
项目四
思考题
参考答案

项目五　认识发酵酒

本项目目标

知识目标：

1. 掌握葡萄酒、啤酒、黄酒、清酒的生产工艺及特点；
2. 掌握香槟酒的起源、分类及命名；
3. 了解啤酒的起源、制作原料及生产工艺；
4. 了解中外著名啤酒；
5. 掌握发酵酒的常见类别；
6. 掌握不同发酵酒的饮用及服务方法、步骤和标准。

能力目标：

1. 熟悉葡萄酒的历史、分类和制造工艺；
2. 了解法国葡萄酒的划分等级和著名品牌；
3. 清楚葡萄酒酒标的含义；
4. 熟悉葡萄酒的最佳饮用温度和菜肴搭配；
5. 了解中国著名葡萄酒产区、名品及其特点；
6. 熟悉中国黄酒的起源、产地、特点及主要品牌及故事；
7. 熟练、准确地根据顾客的要求进行发酵酒的调制和服务。

情感目标：

培养吃苦耐劳、持之以恒的服务品质。

发酵酒是将含有淀粉和糖质的酿酒原料，经过糖化和液化处理后，发酵而产生的含有酒精的饮料。其生产过程包括糖化、发酵、陈酿、过滤、杀菌等多个步骤。发酵酒的主要酿制原料是水果或谷物。发酵酒的特点是营养价值高，酒精含量低，适量饮用有益于身体健康。依据原料的不同，发酵酒可分为水果类发酵酒、谷物类发酵酒和其他类发酵酒等类型（见表 5-1）。

表 5-1 发酵酒的类型

类型	内涵	主要代表酒品
水果类发酵酒	以水果为主要原材料酿制而成的酒品	葡萄酒、山楂酒、苹果酒、橘子酒等
谷物类发酵酒	以富含淀粉质的粮食类作物如大麦、稻米等为主要原材料酿制而成的酒品	啤酒、中国黄酒、日本清酒等
其他类发酵酒	除了使用谷物、水果以外，以其他原材料作为酿酒原料的发酵酒品	以蜂蜜为原材料的蜜酒、以牛奶为原材料的奶酒等

任务一 认识葡萄酒

引例

葡萄酒的功效

目前世界上许多国家都生产葡萄酒。最著名的生产国有法国、德国、意大利、美国、西班牙、葡萄牙和澳大利亚等。葡萄酒是人们日常饮用的低酒精饮品，通常酒中的乙醇含量低。葡萄酒含有丰富的营养素，主要包括维生素B、维生素C和矿物质，饮用后可帮助消化并具有滋补强身的功能。医学界认为葡萄酒中含有治疗心血管疾病的有效物质，常饮少量红葡萄酒能减少脂肪在动脉血管上的沉积。葡萄酒对防止风湿病、糖尿病骨质疏松症等都有一定的效果。因此葡萄酒越来越受到各国人民的青睐，用途也愈加广泛。在欧洲、大洋洲和北美国家，葡萄酒主要用于佐餐，因此葡萄酒又称为餐酒。目前葡萄酒不仅作为餐酒，有些品种还作为开胃酒和甜点酒。

一、葡萄酒概述

（一）葡萄酒的含义及发展历史

1. 葡萄酒的含义

二维码 5-1
决定葡萄酒
质量的因素

葡萄酒是以葡萄为原料，经发酵方法制成的发酵酒。此外，以葡萄酒为主要原料，加入少量白兰地或食用酒精的配制酒也常称为葡萄酒，但是这类酒加入了少量蒸馏酒，因此不是纯发酵酒，应属于配制酒范畴。

2. 葡萄酒的发展历史

经考古学家考证，葡萄酒文化可以追溯到公元前 4 世纪。

二维码 5-2
酿酒的
葡萄品种

葡萄酒的演进、发展和西方文明的发展紧密相连。葡萄酒大约源自古代的新月沃土（今伊拉克一带的两河流域）。后来怀有领土野心的古代航海民族——从最早的腓尼基（今叙利亚）人一直到后来的古希腊、古罗马人，不断将葡萄树种与酿酒的知识散布到地中海，乃至整个欧洲大陆。

西罗马帝国（今天的法国、意大利北部和部分德国地区）里的基督教修道院，详细记载了关于葡萄的收成和酿酒的过程。9 世纪，统治西罗马帝国的查理曼大帝也影响了此后的葡萄酒发展。查理曼大帝预见并规划了法国南部到德国北部葡萄园遍布的远景，位于勃艮第产区的可登-查理曼顶级葡萄园也曾经是他的产业。

大英帝国在伊丽莎白一世女皇的统治下，其海上贸易将葡萄酒从欧洲多个产酒国家带到英国。英国对烈酒的需求，亦促成了雪莉酒、波特酒和马德拉酒类的发展。

目前全球葡萄种植区主要分布在北纬 30 度～52 度和南纬 15 度～42 度的区域内，北纬有葡萄牙、西班牙、法国、德国、意大利、中国、美国等国家，南纬主要有南非、澳大利亚、新西兰、智利、阿根廷等国家。

（二）葡萄酒酿造的基本工艺流程

常见的三种葡萄酒类型分别是红葡萄酒、白葡萄酒和桃红葡萄酒。红葡萄酒为采用红葡萄和黑葡萄酿制的葡萄酒，一般利用果汁、果皮，有时连枝一起进行发酵。这样将赋予红葡萄酒以色素和单宁酸，使它们在木桶中继续发生变化，使之日臻完美。白葡萄酒采用白葡萄（青色或黄色）和红葡萄酿制，但以红葡萄酿制时必须先将果汁榨出，在发酵前除去果皮，以避免酿出的酒染上果皮的色素，而白葡萄只能酿制白葡萄酒。桃红葡萄酒采用红葡萄酿制，初期保持果皮一起发酵，在适当时间除去果皮，然后继续发酵至完整的过程，因此，它的单宁酸不多，较为干口，而果皮则赋予酒液粉红色的色泽和品相。

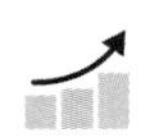

1. 红葡萄酒的酿造过程

红葡萄酒的酿造过程如图 5-1 所示。

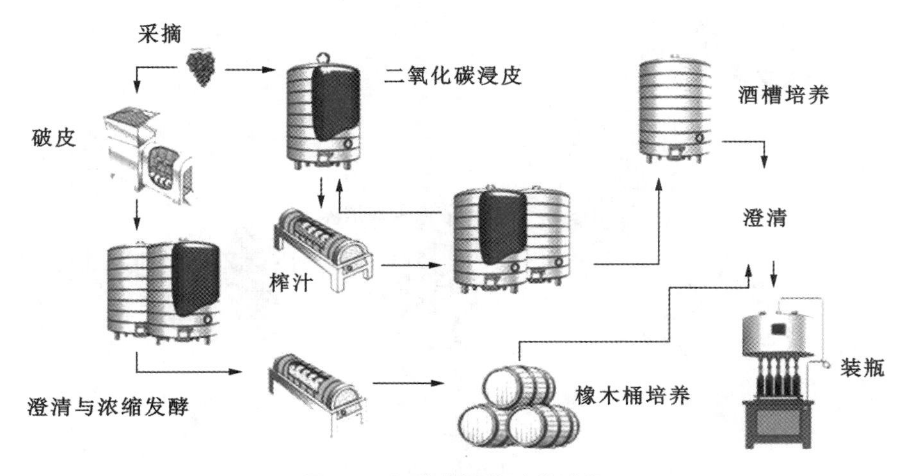

图 5-1　红葡萄酒的酿造过程

（1）采摘。在葡萄采摘的过程中，最重要的是抓准时机，在葡萄成熟度完美的时候采摘。

（2）破皮。红葡萄酒的颜色和口味结构主要来自葡萄皮中的红色素和单宁，所以必须先破皮，让葡萄汁和皮充分接触以释放出这些酚类物质。为延迟发酵，也有酒庄不破皮去梗，而直接用整串葡萄进行酿造。

（3）浸皮与发酵。破皮去梗后，将葡萄汁和皮一起放入自动控温的不锈钢酒槽中，一边发酵一边浸皮。浸皮的时间越长，释入酒中的酚类物质及香味物质越浓。当酒精发酵完成，浸皮达到预期的程度时，就可以把葡萄酒导引到其他酒槽，这部分成为自流酒。葡萄皮的部分还含有少量的葡萄酒，需经过榨汁取得。

（4）榨汁。葡萄皮榨汁后所得的榨汁酒一般比较浓厚，单宁和红色素的含量高，酒精含量反而较低。酿酒师通常会保留一部分榨汁酒，将其添加进自流酒中，以混合成更均衡丰富的葡萄酒。

（5）酒槽培养。酒精发酵后，只要环境合适，葡萄酒会在培养槽中开始乳酸发酵，并且进入培养的阶段。红葡萄酒的培养过程主要是为了让其原本较粗涩的口感变得柔和，香气变得更丰富，有更细腻均衡的风味。此外，该培养过程也可以让酒质更稳定。

（6）橡木桶培养。橡木桶不仅可以为葡萄酒增添来自木桶的香气，还提供了葡萄酒缓慢氧化的储存环境，让红酒变得更圆润和谐。为避免桶内的葡萄酒因蒸发产生的空隙加速氧化，每隔一段时间须进行添桶的工作。

(7)澄清。红葡萄酒是否清澈，跟葡萄酒的品质没有太大的关系。但为了美观，或使葡萄酒的结构更稳定等，通常酿酒师会从过滤、凝结澄清与换桶等方法中，选择适当的澄清法。

(8)装瓶。这是葡萄酒生产的最后一个工序，必须保持清洁，防止酵母菌、醋酸菌或其他细菌的污染。这些细菌虽然对人体无害，但会影响酒的外观，同时破坏酒的味道。

2. 白葡萄酒的酿造过程

白葡萄酒的酿造过程如图 5-2 所示。

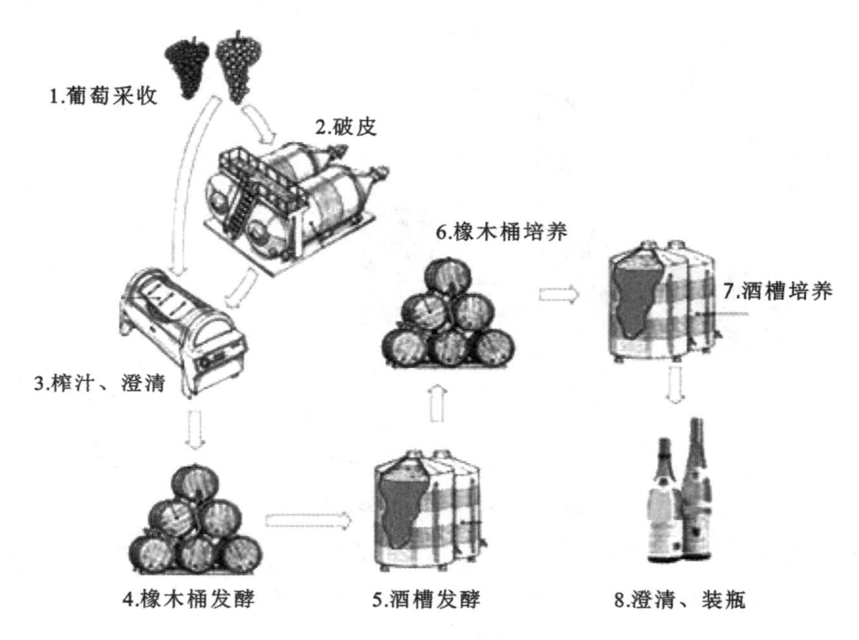

图 5-2　白葡萄酒的酿造过程

(1)葡萄采收。白葡萄容易氧化，因此采收时需尽量保持果粒完整。

(2)破皮、榨汁。白葡萄榨汁前通常会先进行破皮的程序以方便压榨，有时也会进行去梗的程序，不过将整串葡萄直接压榨，品质更好。用红葡萄酿造的白葡萄酒则一定要直接榨汁。为了避免将葡萄皮、梗和籽中的单宁和油脂榨出，压榨时压力必须温和平均，而且不要过分翻动葡萄渣。

(3)澄清。发酵前，须先去除葡萄汁中的杂质。澄清后的葡萄汁则依酒庄的选择放入橡木桶或酒槽中进行发酵。

(4)橡木桶发酵。传统白葡萄酒发酵是在橡木桶中进行的，由于橡木桶容量小、散热快，虽无冷却设备，但控温效果却相当好。此外，在发酵过程中，橡木桶的香气会溶入葡萄酒中，使酒香更丰富。清淡的白葡萄酒一般不太适合用这种方法发酵，酿制的成本也相当高。

(5)酒槽发酵。白葡萄酒发酵须缓慢进行，温度必须控制在 18℃～20℃，以保留葡萄原有的香味且使其更加细腻。发酵完成之后，白葡萄酒的乳酸发酵和培养可依酒庄喜好在橡木桶或是酒槽内进行。酿造甜白葡萄酒时，在糖分完全发酵成酒精之前，通过添加二氧化硫或降低温度终止发酵，即可在酒中保留糖分。

(6)橡木桶培养。经橡木桶发酵后，酒变得更圆润。由于桶壁会渗入微量的空气，经橡木桶培养的白葡萄酒颜色较为金黄，香味更趋成熟。

二维码 5-3
葡萄酒的
其他分类

(7)酒槽培养。乳酸发酵会使酒变得更稳定。由于白葡萄酒比较脆弱，培养的过程须在密封的酒槽中进行。乳酸发酵会减弱白葡萄酒的新鲜酒香以及酸味。

(8)澄清、装瓶。先除去失活的酵母和碎葡萄屑等杂质，然后用换桶、过滤、离心分离器和黏合过滤等方法进行澄清，然后装瓶。

3. 起泡酒的酿造过程

起泡酒的酿造过程如图 5-3 所示。

图 5-3 起泡酒的酿造过程

(1)采收。葡萄不用太熟就可采收，这时候葡萄皮的颜色不深，所以即使是酿造白起泡酒，黑葡萄或白葡萄都适合。采收时应注意保持葡萄的完整。

(2)榨汁。为避免葡萄汁氧化及释放出红葡萄的颜色,通常使用完整的葡萄串直接榨汁,榨汁的压力必须非常轻柔。不同阶段榨出的葡萄汁会分别酿造,先榨出来的糖分和酸味比较高,之后的葡萄汁酸味较低,也比较粗犷。

(3)发酵。起泡酒的发酵和酿造白葡萄酒的发酵方法类似,宜低温缓慢进行。其香气主要来自瓶中的二次发酵和培养,通常会使用较中性的酵母,以免香气太重。

(4)酒槽培养与调配。乳酸发酵和去酒石酸化盐后,进行酒液澄清。混合不同产区和年份的葡萄酒,由酿酒师调配出特定的品牌风味。

(5)瓶中二次发酵及培养。将添加了糖和酵母的葡萄酒装入瓶中后封瓶,在低温的环境下发酵,10℃左右最佳,以酿造出细致的气泡。发酵结束后直接进行数月或数年的瓶中培养。

(6)人工(或机器)摇瓶。传统方法是由摇瓶工人每日旋转八分之一圈,且抬高倒插于"人"字形架上的瓶子。约三周后,所有的沉积物会完全堆积到瓶口,以利于酒渣的清除。现已有摇瓶机器代替人工摇瓶。

(7)开瓶去酒渣。较现代的方法是将瓶口插入－30℃的盐水中,让瓶口的酒渣结成冰块,然后再开瓶,利用瓶中的压力把冰块推出瓶外。

(8)加糖与封瓶。去酒渣的过程会损失一小部分气泡酒,必须再补充,同时还要依不同甜度的气泡酒加入不同分量的糖,例如,干型的糖分每升在 15 克以下,半干型介于 33～50 克,甜型则在 50 克以上。由于压力大,气泡酒必须使用直径更大的软木塞来封瓶,而且还要用金属线圈固定住。一般起泡酒的外包装如图 5-4 所示。

图 5-4　一般起泡酒的外包装

（三）葡萄酒的分类

葡萄酒可以按其色泽和含糖量进行不同的划分，分别如表5-2和表5-3所示。

表5-2　葡萄酒按色泽分类

类型	特点
白葡萄酒	选择白葡萄或浅红色果皮的酿酒葡萄，皮汁分离后取其果汁发酵酿制而成。酒色近似无色，有浅黄带绿、浅黄或禾秆黄，颜色过深的不符合白葡萄酒色泽要求
红葡萄酒	选择皮红肉白或皮肉皆红的酿酒葡萄，皮汁混合发酵后分离陈酿而成。酒色应呈自然宝石红色、紫红色或石榴红色等，失去自然感的红色不符合红葡萄酒色泽要求
桃红葡萄酒	选用皮红肉白的酿酒葡萄，皮汁短期混合发酵，达到色泽要求后进行皮渣分离，再继续发酵，陈酿成为桃红葡萄酒。这类酒的色泽是桃红色、玫瑰红或淡红色

表5-3　葡萄酒按含糖量分类

类型	特点
干葡萄酒	含糖量在4克/升以下，一般尝不出甜味
半干葡萄酒	含糖量为4～12克/升，有微弱的甜味
半甜葡萄酒	含糖量为12～50克/升，有明显的甜味
甜葡萄酒	含糖量为50克/升以上，有浓厚的甜味

（四）葡萄酒储藏时间与开瓶后的存放

1. 储藏时间

葡萄酒并非越陈越好，因为葡萄酒有生命周期，装瓶后仍有轻微发酵。葡萄酒的陈酿包括橡木桶中的陈酿及装瓶后的继续发酵两个过程。一般而言，除非陈年佳酿，其他的酒皆应在保质期内喝完，白葡萄酒应在出厂后6个月内喝完，红葡萄酒应在2年内喝完。储藏时间的长短取决于酒中单宁的含量，单宁多则储藏时间长。通常好酒可以储藏15～25年，一般的酒可以储藏3～5年。

二维码5-4
葡萄酒
储藏条件及
要领

2. 开瓶后的存放

二维码 5-5
葡萄酒
酿酒年份

开瓶后的酒应该将软木塞塞回，放冰箱直立摆放。通常，开瓶后在冰箱中白葡萄酒可保存一周，红葡萄酒可保存两三周。开瓶后的起泡酒除塞紧瓶口外，还应用铁丝扎住，放冰箱低温冷藏，并在一周内喝完。

（五）葡萄酒的品评

1. 葡萄酒的最佳饮用温度

二维码 5-6
葡萄酒
病酒识别

(1)干型、半干型白葡萄酒为 8℃～10℃。

(2)桃红葡萄酒和轻型红酒为 10℃～14℃。

(3)利口酒为 6℃～9℃。

(4)鞣酸含量低的红葡萄酒为 15℃～16℃。

(5)鞣酸含量高的红葡萄酒为 16℃～18℃。

2. 葡萄酒的品评

二维码 5-7
葡萄酒与
菜肴搭配

葡萄酒的品评步骤如图 5-5 所示。

(1)观色。

干白葡萄酒：麦秆黄色，透明、澄清、晶亮。

甜白葡萄酒：麦秆黄色，透明、澄清、晶亮。

干红葡萄酒：近似红宝石色或本品种的颜色(不应有棕褐色)，透明、澄清、晶亮。

甜红葡萄酒(包括山红葡萄酒)：红宝石色，可微带棕色或本品种的正色，透明、晶亮、澄清。

(2)摇杯和闻香。

轻轻摇动酒杯，将杯中的酒摇醒，使酒散发出香味。

干白葡萄酒：有让人感觉新鲜、愉悦的葡萄果香(品种香)，兼具优美的酒香。果香和酒香和谐、细致，令人清新、愉快，不应有醋的酸味。

二维码 5-8
葡萄酒
服务

甜白葡萄酒：有让人感觉新鲜、愉悦的葡萄果香(品种香)，兼具优美的酒香。果香和酒香配合和谐、细致、轻快，不应有醋的酸味。

干红葡萄酒：有让人感觉新鲜愉悦的葡萄果香及优美的酒香，香气协调、馥郁、舒畅，不应有醋的酸味。

甜红葡萄酒(包括山葡萄酒):有愉悦的果香及优美的酒香,香气协调、馥郁、舒畅,不应有醋味及焦糖气味。

(3)品尝。

干白葡萄酒:完整和谐、轻快爽口、舒适洁净,无橡木桶味及异杂味。

甜白葡萄酒:甘绵适润、完整和谐、轻快爽口、舒适洁净,不应有橡木桶味及异杂味。

干红葡萄酒:酸、涩、甘、和谐、完美、丰满、醇厚、爽利、浓烈幽香,不应有氧化感及橡木桶味和异杂味。

甜红葡萄酒(包括山葡萄酒):酸、涩、甘、甜、完美、丰满、醇厚、爽利、浓烈香馥、爽而不薄、醇而不烈、甜而不腻、馥而不艳,不应有氧化感、过重的橡木桶味和异杂味。

图 5-5　葡萄酒的品评步骤

二、法国葡萄酒

(一)法国葡萄酒的起源

法国得天独厚的气候条件,有利于葡萄生长,但不同地区,气候和土壤也不尽相同,因此法国能种植几百种葡萄(最有名的品种有酿制白葡萄酒的霞多丽和苏维浓,酿制红葡萄酒的赤霞珠、希哈、佳美和海洛)。

法国葡萄酒的起源,可以追溯到公元前 6 世纪。当时腓尼基人和克尔特人首先将葡萄种植和酿造技术传入现今法国南部的马赛地区,葡萄酒成为人们佐餐的奢侈品。公元前 1 世纪,在罗马人的大力推动下,葡萄种植业很快在法国的地中海沿岸地区盛行,饮用葡萄酒成为时尚。然而在此后的岁月里,法国的葡萄种植业却几经兴衰。

92 年,罗马人逼迫高卢人摧毁了大部分葡萄园,以保护亚平宁半岛的葡萄种植和酿酒业,法国葡萄种植和酿造业出现了第一次危机。280 年,罗马皇帝下令恢复种植葡萄的自由,葡萄种植和酿造进入重要的发展时期。1441 年,勃艮第公爵禁止良田种植葡萄,葡萄种植和酿造业再度萧条。1731 年,路易十五国王部分取消上述禁令。1789 年,法国大革命爆发,葡萄种植不再受到限制,法国的葡萄种植和酿造业终于进入全面发展的阶段。历史的反复、求生存的渴望、文化的熏染以及大量的品种改良和技术革新,推动法国葡萄种植和酿造业日臻完善,最终使法国成为制造世界葡萄酒极品的神圣殿堂。

（二）法国葡萄酒的等级划分

法国拥有一套严格和完善的葡萄酒分级与品质管理体系。在法国，葡萄酒划分为以下四个等级（见图 5-6）。

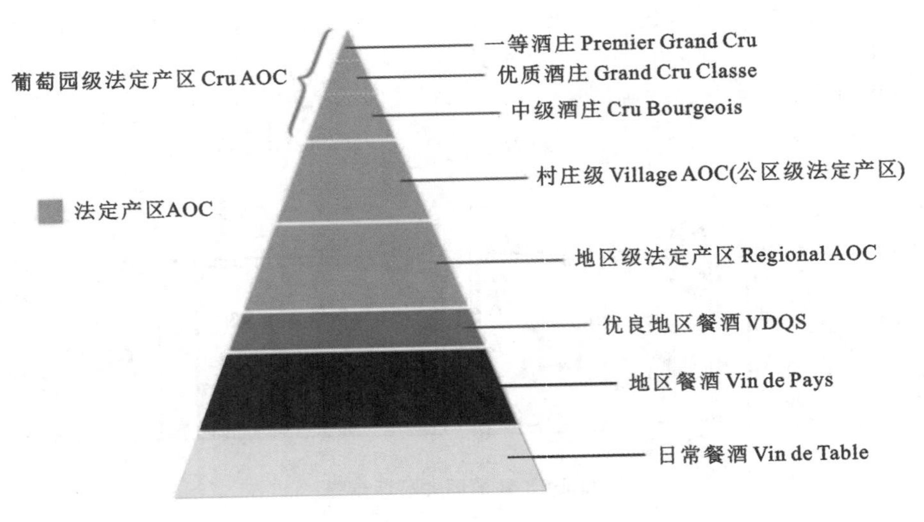

图 5-6　法国葡萄酒等级划分

1. 日常餐酒

日常餐酒用来自法国单产区或数个产区的酒调配而成，产量约占法国葡萄酒总产量的 38%。日常餐酒品质稳定，是法国普通民众餐桌上最常见的葡萄酒。此类酒最低酒精含量不低于 8.5%或 9%，最高则不超过 15%。酒瓶标签标示为 Vin de Table。

2. 地区餐酒

地区餐酒由最好的日常餐酒升级而成。法国绝大部分的地区餐酒产自南部地中海沿岸。其产地必须与标签上所标示的特定产区一致，而且要使用被认可的葡萄品种。最后，还要通过专门的法国品酒委员会核准。酒瓶标签标示为 Vin de Pays+产区名。

3. 优良地区餐酒

优良地区餐酒等级处于地区餐酒和法定产区葡萄酒之间，产量只占法国葡萄酒总产量的 2%。这类葡萄酒的生产受到法国原产地名称管理委员会的严格控制。酒瓶标签标示为 Appellation+产区名+Qualite Superieure。

4. 法定产区葡萄酒

法定产区葡萄酒简称 AOC，是最高等级的法国葡萄酒，产量大约占法国葡萄酒总产量的 35%。其使用的葡萄品种、最低酒精含量、葡萄培植和修剪方式，以及酿制方法等都受到最严格的监控。只有通过官方分析和化验的法定产区葡萄酒才可获得 AOC 证书。正是这种非常严格的规定确保了 AOC 等级的葡萄酒始终如一的高贵品质。在法国，每一个大的产区里又分很多小的产区。一般来说，产区越小，葡萄酒的质量也会越高。酒瓶标签标示为 Appellation＋产区名＋Controlee。

（三）法国葡萄酒主要产区

1. 波尔多地区

波尔多地区是法国最受瞩目也是最大的 AOC 等级葡萄酒产区。从一般清淡可口的干白酒到顶级城堡酒庄出产的浓重醇厚的高级红酒都有出产。该区所产红葡萄酒无论在色、香、味还是在典型性上均属世界一流，以味道醇美、柔和、爽净而著称，加之怡人的果香和永存的酒香，而被冠以“葡萄酒王后”的美誉。波尔多区葡萄酒产区主要有莫多克分区（红葡萄酒）、圣・爱美里昂分区（红葡萄酒）、葆莫罗尔分区（红葡萄酒）、格哈夫斯分区（红葡萄酒和白葡萄酒）、索特尼分区（甜白葡萄酒）等。

二维码 5-9
莫多克
分区
（红葡萄酒）

2. 勃艮第地区

勃艮第地区出产举世闻名的红、白葡萄酒，这里有相当久远的葡萄种植传统，每块葡萄园都经过精细的分级。最普通的等级是 Bourgogne，之上有村庄级 Communal、一级葡萄园 Ler cru 以及最高的特级葡萄园 Grandcru。由北到南分，主要产区有夏布利、科多尔、布娇莱、布利付西等。

三、其他国家的葡萄酒

（一）德国葡萄酒

1. 德国葡萄酒概况

德国是世界著名的葡萄酒生产国，其白葡萄酒生产量占全国葡萄酒生产量的2/3以上，而红葡萄酒生产量则只占全国总产量的一小部分。德国以迟摘葡萄为原料生产的葡萄酒在世界上享有很高声誉。德国白葡萄酒味道干爽、甜酸适宜，品质极佳。近年来，德国葡萄酒在市场上加强了营销，一些厂商将德语商标变为英语，将烦琐的德文简化。1992年，德国葡萄酒协会通过了约30项的新守则，加强对葡萄酒质量的管理。新守则严格限制葡萄品种，防止滥用新培育的杂交葡萄，减少使用化学肥料和杀虫剂。

2. 德国葡萄酒的发展

据考证，1世纪起，罗马人开始在今德国领域种植葡萄。最早的葡萄园在莱茵河西部，至3世纪扩大到莫泽尔地区。中世纪，德国的葡萄园主要通过教堂和僧侣的细心管理得以扩大。15世纪，德国葡萄的种植面积达到历史最高点，是现在种植面积的4倍。当时，德国种植的葡萄品种有希尔文纳葡萄、马斯凯特葡萄和凯米尔葡萄等。1435年，雷司令葡萄首先在莱茵高地区种植，然后扩大到莫舍河附近。当时葡萄园采用混合种植方法，一个葡萄园同时种植各种葡萄。

17世纪，由于葡萄酒生产量过多，以及啤酒加入竞争，德国葡萄酒价格大跌。德国开始将不适宜种植葡萄的土地改作他用，其葡萄酒的质量不断提升。17世纪初期，教堂的牧师颁布法令，规定必须以雷司令葡萄代替原来的葡萄品种。

1720年，雷司令葡萄首先在斯考拉丝·约翰内斯堡葡萄园单独种植。1753年，一个偶然的机会，德国人发现了贵腐葡萄。成熟的葡萄由于被耽搁而晚收，大量的贵腐霉菌侵袭了葡萄，造成葡萄脱水，却使葡萄的糖分和酸度增高，产生浓郁的香气。1755年，德国首次生产了以贵腐葡萄为原料制成的葡萄酒。

19世纪，德国葡萄酒发展进入了黄金时代，莱茵法尔兹、莫泽尔-萨尔-鲁瓦尔和莱茵高地区成为德国著名葡萄酒区。1921年，莫舍河地区萨尼希村的波卡斯泰勒葡萄庄园开发了德国最早的特级半干葡萄酒。20世纪80年代，德国的干白葡萄酒的生产量不断提升。

3. 德国著名葡萄酒生产地

莱茵河和莫泽尔地区的河岸及其周围地区是德国主要葡萄酒产地。两河流域的丘陵地带生长着茂密的葡萄。

（二）美国葡萄酒

1. 美国葡萄酒概况

目前美国已成为世界上的葡萄酒生产大国，其葡萄栽培技术和酿酒技术都居于世界前列。多年来，美国加利福尼亚州的葡萄种植业、酿酒业与加利福尼亚大学密切合作，以科学方法改良葡萄种植和酿技术，使葡萄栽培技术与葡萄酒生产工艺不断提高，从而吸引了世界各地酒厂技术人员和学者到加利福尼亚州参观学习。

美国葡萄酒常以葡萄名、生产地名及商标名命名。美国葡萄酒管理机构规定，葡萄酒标签上的地名表明75%以上的葡萄来自该地区；标签上的年份表明该酒所用的葡萄必须有95%以上是该年收获的。标签上印有“Estate Bottled”字样，说明该酒从葡萄栽培、生产至装瓶全部工作均在一个葡萄庄园完成。以著名葡萄名称命名的葡萄酒，必须有75%以上的成分是标签注明的葡萄。以著名地区命名的葡萄酒如加州波根第酒，必须保证其风味和级别。以商标命名的葡萄酒可以用不同地区的葡萄酒勾兑。商标上印有美国生产，说明这种酒是美国各地葡萄酒掺配而成。美国葡萄酒多以葡萄名命名。常见的葡萄酒有夏维安白葡萄酒、赤霞珠红葡萄酒、霞多丽白葡萄酒、千里白葡萄酒等。

2. 美国葡萄酒的发展

美国葡萄酒生产有悠久的历史，从1769年起，美国的修道院修士们就从加利福尼亚州南部到北部建立了葡萄园。那时美国使用本地种植的葡萄，葡萄酒质量较差。1830年，美国开始引进优质葡萄。19世纪后期，葡萄的根瘤病和20世纪初期美国的禁酒令严重影响了当时葡萄酒的生产。1946年，乔义·赫兹建立了赫兹葡萄酒厂，而迪科·克拉夫在1965年建立了霞龙葡萄园。罗伯特·曼德维在1966年离开家族酒厂，开办了自己的葡萄酒厂。当时加利福尼亚州不论是在葡萄的种植面积还是在其种植的品种方面，都取得了极大的发展。加利福尼亚州主要种植的葡萄品种有赤霞珠和霞多丽。

3. 美国著名葡萄酒生产地

美国著名葡萄酒生产地有加利福尼亚州和纽约州。加利福尼亚州位于美国西南部、太平洋东海岸的狭长地带，四周为山脉，中央为谷地，具有夏干、冬湿的独特气候类型，为优质葡萄的理想产区。美国90%的葡萄酒在加州酿造，主要产区为纳帕山谷、索罗马山谷和俄罗斯河山谷。

（三）澳大利亚葡萄酒

1. 澳大利亚葡萄酒概况

澳大利亚人认为，一瓶葡萄酒就是“一瓶阳光”，这充分说明澳大利亚人日常生活离不开葡萄酒。澳大利亚的葡萄酒制造业不仅保持了欧洲传统酿酒工艺，近年来还采用了先进的酿造方法和现代化的酿酒设备，生产大众化的优质葡萄酒。一些葡萄酒从葡萄进厂发酵到成为成品酒只需 8 周，不经过橡木桶熟化的过程。这样制作的葡萄酒口味柔和，果香丰富，口感清新，极易入口。许多欧洲人评价澳大利亚的葡萄酒厂实际上是精炼厂，那些由不锈钢组成的先进设备向传统的橡木桶提出了挑战。

澳大利亚最大的葡萄酒厂每年生产约 7000 万升的葡萄酒，相当于英国葡萄酒年产量的 3 倍。相关数据显示，2002 年，澳大利亚葡萄酒的出口量比上一年增加 15%，收入创历史最高纪录，达 24 亿澳元。出口增幅较大的国家主要有美国、英国和其他欧洲国家，特别是对美国的出口增长幅度较为明显，2002 年对美国出口上升了 55%，总量为 1.736 亿升，同期对英国和其他欧洲国家的出口总量是 2.897 亿升，增幅为 11.2%。澳大利亚是葡萄酒大国，尽管在 2001 年世界葡萄总产量下降了 2%，但是澳大利亚的葡萄产量却超过了德国，从第 11 位上升至第 10 位。目前，澳大利亚成为世界第六大葡萄酒生产国。

2. 澳大利亚葡萄酒的发展

澳大利亚葡萄酒有 200 余年历史。澳大利亚第一批葡萄树在 1788 年由英国人带入，种植在悉尼附近的农场。1791 年，菲利普总督种植了 3 亩葡萄园。后来，许多人开始种植葡萄，开设葡萄酒作坊。其中比较有名的是约翰·马可阿瑟船长，当时他在悉尼附近种植了 30 亩葡萄，将葡萄园命名为康顿花园。1822 年，格丽格瑞·伯莱克兰德首次将 136 升葡萄酒通过水路运到伦敦，赢得英国皇家艺术和制造业二等奖。5 年后，他又通过水运向伦敦送去 1800 升葡萄酒，获得女神金奖。从 20 世纪开始，澳大利亚葡萄酒出口量稳步增长，平均每年出口约 4500 万升。

第二次世界大战后，澳大利亚每年葡萄酒产量约为 11700 万升。由于澳大利亚葡萄产区多数位于赤道以南 31 度至 38 度之间，葡萄收成好的年份多，又由于澳大利亚葡萄产区的气候与欧洲许多著名葡萄产区相似，澳大利亚的葡萄风味和质量都是上乘的。后来欧洲移民不断增加，带来葡萄种植技术和葡萄酒酿造技术，使澳大利亚葡萄酒业飞速发展。从 1994 年开始，澳大利亚平均每年生产 5027 亿升葡萄酒，其中 36%的产量向 77 个国家出口。

3. 著名葡萄酒生产地

澳大利亚著名葡萄酒生产地有西澳大利亚地区、南澳大利亚地区、新南威尔士地区和维多利亚地区。南澳大利亚地区位于澳大利亚中南部，与其他州比起来，它的面积不算大，但其葡萄酒产量却占了整个澳大利亚葡萄酒产量的一半以上，它有三个有名的产区：柯娜瓦拉产区、麦克威产区和阿德莱德产区。

四、中国葡萄酒

（一）中国葡萄酒概况

中国人很早就开始酿制葡萄酒。根据文献记载，我国葡萄栽培有2000多年历史。近年来中国葡萄酒业迅速发展，许多国际著名的葡萄酒商与中国葡萄酒业合作，生产具有法国、意大利和德国风味的葡萄酒。目前中国葡萄酒在颜色、透明度、香气、味道、酒精含量、糖含量、酸含量等方面都有严格的规定。

（二）中国葡萄酒的历史和发展

据考证，我国在西汉时期就已开始种植葡萄并生产葡萄酒了。司马迁在《史记》中首次记载了葡萄酒。公元前138年，外交家张骞奉汉武帝之命出使西域，看到“宛左右以蒲陶为酒，富人藏酒至万馀石，久者数十岁不败。俗嗜酒，马嗜苜蓿。汉使取其实来，于是天子始种苜蓿、蒲陶肥饶地。及天马多，外国使来众，则离宫别观旁尽种蒲陶、苜蓿极望”（《史记·大宛列传》）。这里的大宛是古西域的一个国家，位于中亚费尔干纳盆地。这一史料充分说明我国在西汉时期已从邻国学习并掌握了葡萄种植和葡萄酒酿造技术。《吐鲁番出土文书》中有不少史料记载了4—8世纪吐鲁番地区葡萄园种植、经营、租让及葡萄酒买卖的情况。从这些史料中可以看出，当时葡萄酒的生产规模是较大的。这一时期，西域的葡萄及酿造葡萄酒的技术引进中原后，促进了中原地区葡萄栽培和葡萄酒酿造技术的发展。

东汉时，葡萄酒仍非常珍贵，《太平御览》卷972引《续汉书》云：“扶风孟佗以葡萄酒一斗遗张让，即以为凉州刺史。”足以说明当时葡萄酒的珍贵程度。

相较于黄酒，葡萄酒的酿造过程简单，但是由于葡萄原料的生产有季节性，终究不如谷物原料那么方便，葡萄酒的酿造技术在我国并未得到大面积推广。在历史上，葡萄酒的生产一直是断断续续维持下来的。在唐朝和元朝，葡萄酿酒的方法被引入中原地区，而以元朝时规模为最大，其生产主要集中在新疆一带。元朝时，在今山西太原一带也有过大规模的葡萄种植和葡萄酒酿造产业，但当时的汉民族对葡萄酒的生产技术基本上是不得要领的。

汉朝虽然曾引入葡萄种植及葡萄酒生产技术，但却未使之传播开来。汉之后，中原地区不再种植葡萄，一些边远地区常以贡酒的方式向后来的历代皇室进贡葡萄酒。唐朝，中原地区对葡萄酒已是一无所知。唐太宗从西域引入葡萄，《南部新书》记载：“太宗破高昌，收马乳蒲桃种于苑，并得酒法。仍自损益之，造酒成绿色，芳香酷烈，味兼醍醐，长安始识其味也。”

唐朝是我国葡萄酒酿造史上的辉煌时期，此时葡萄酒的酿造已经从宫廷走向民间。13

世纪，葡萄酒成为元朝的重要商品，大量葡萄酒在市场销售。意大利传教士马可·波罗在《马可·波罗游记》中记载了山西太原的葡萄园和葡萄酒销售的情景。据宋朝类书《册府元龟》卷 970 记载，高昌故址在今新疆吐鲁番东约 20 公里，当时其归属一直不定。唐朝时，葡萄酒表现出强大的影响力，从高昌学来的葡萄栽培技术及葡萄酒酿法在唐朝延续了较长的时间，以至在唐朝的许多诗句中，葡萄酒的名称屡屡出现。王翰《凉州词》中有："葡萄美酒夜光杯，欲饮琵琶马上催。"刘禹锡也曾作诗赞美葡萄酒："自言我晋人，种此如种玉。酿之成美酒，令人饮不足。"白居易、李白等也都曾作吟咏葡萄酒的诗。当时胡人还在长安开设酒店，销售西域的葡萄酒。元朝统治者对葡萄酒非常喜爱，规定祭太庙必须用葡萄酒，并在今山西太原、江苏南京开辟葡萄园，至元年间还在宫中建造葡萄酒室。

明朝李时珍在《本草纲目》中多处谈及葡萄酒的酿造方法和葡萄酒的药用价值。明朝徐光启的《农政全书》中记载了我国栽培的葡萄品种："水晶葡萄，晕色带白，如著粉；形大而长，味甘。紫葡萄，黑色，有大小二种，酸甜二味：绿葡萄，出蜀中，熟时色绿。至若西番之绿葡萄，名兔睛，味胜糖蜜，无核，则异品也。琐琐葡萄，出西番，实小如胡椒。"

1892 年，爱国华侨实业家张弼士从国外引进品种葡萄，聘请奥地利酿酒师，在山东烟台建立了中国第一家新型的葡萄酒厂——张裕酿酒公司。目前，随着人们生活水平的提高和饮食习惯的变化，我国葡萄酒的需求量逐年增加。

（三）中国葡萄酒主要产地

1. 渤海湾产区

渤海湾产区包括华北北半部的昌黎、蓟州区丘陵山地、天津滨海区、山东半岛北部丘陵等。渤海湾产区受海洋性气候影响，热量丰富，雨量充沛，年降水量 560～670 毫升。这里土壤类型复杂，有沙壤、海滨盐碱土和棕壤。优越的自然条件使这里成为我国著名的葡萄酒产地，其中昌黎的赤霞珠、天津滨海区的玫瑰香、山东半岛的霞多丽和品丽珠等葡萄都在国内负有盛名。渤海湾产区是我国较大的葡萄酒生产区。该产区有著名的中国长城葡萄酒有限公司、天津王朝葡萄酿酒有限公司、青岛华东葡萄酿酒有限公司、青岛东尼酿酒有限公司、烟台蓬莱阁葡萄酒有限公司、烟台威龙葡萄酒股份有限公司、烟台张裕葡萄酿酒股份有限公司和青岛威廉彼德酿酒有限公司等。

2. 河北产区

河北产区包括宣化、涿鹿、怀来。这里地处长城以北，光照充足，热量适中。昼夜温差大，夏季凉爽，气候干燥，雨量偏少，年平均降水量 410 毫升，土壤为褐土，质地偏沙，多丘陵山地，十分适于葡萄的生长。传统的龙眼葡萄是这里的特产。近年来已推广赤霞珠和甘美等著名葡萄品种。河北产著名的葡萄酿酒公司有北京葡萄酒厂、北京红星酿酒集团有限公

司、秦皇岛葡萄酿酒有限公司和中化河北地王(集团)公司等。

3. 山西产区

山西产区包括汾阳、榆次和清徐西北山区。这里气候温凉，光照充足，年平均降水量450毫升。土壤为沙壤土，含砾石。葡萄栽培在山区，着色极深。近年来赤霞珠和美乐葡萄也开始用于酿酒。山西产区著名的葡萄酒厂有山西杏花村葡萄酒有限公司、山西太极葡萄酿酒公司等。

4. 宁夏产区

宁夏产区包括贺兰山东部的广阔平原。这里天气干旱，昼夜温差大，年平均降水量为180～200毫升。土壤为沙壤土，含砾石。这里是西北新开发的最大的葡萄酒基地，目前种植有著名的赤霞珠和美乐葡萄。宁夏产区著名的葡萄酒厂有宁夏玉泉葡萄酒厂等。

5. 甘肃产区

甘肃产区包括武威、民勤、古浪、张掖，是我国新开发的葡萄酒产地。这里气候阴凉干燥，年平均降水量110毫升。由于热量不足，冬季寒冷，适于早中熟葡萄品种的生长。近年来该地区种植黑比诺、霞多丽等葡萄。甘肃产区著名的葡萄酒厂有甘肃凉州葡萄酒业有限公司等。

6. 新疆产区

新疆产区为新疆吐鲁番盆地周围地区。这里四面环山，热风频繁，夏季温度极高，达45℃以上，雨量稀少，全年仅有16毫升，是我国无核白葡萄生产和制干基地。该地区种植的葡萄含糖量高、酸度低、香味不足，制成干味酒，品质欠佳；而制成甜葡萄酒具有特色，品质优良。新疆产区著名的葡萄酒厂有新疆伊珠葡萄酒股份有限公司、新疆天塞酒庄有限责任公司、新疆楼兰酒业有限公司等。

7. 河南与安徽产区

河南与安徽产区包括黄河故道的安徽萧县，河南兰考、民权等县，这里气候偏热，年降水量800毫升以上，并集中在夏季，因此葡萄生长旺盛。近年来通过引进赤霞珠等晚熟葡萄，改进栽培技术，葡萄酒品质不断提高。该产区著名的葡萄酒厂有安徽古井双喜葡萄酒有限责任公司、河南民权五丰葡萄酒有限公司等。

8. 云南产区

云南产区包括云南高原海拔1500米的弥勒、东川、永仁及与四川交界处的攀枝花，土壤多为红壤和棕壤。这里光照充足、热量丰富、降水适时，在上年11月至下年6月有明显的旱季。云南弥勒降水量为330毫升，四川攀枝花为100毫升，适合葡萄生长和成熟。云南产区著名的酿酒公司有云南高原葡萄酒公司等。

五、香槟酒

香槟酒是世界上富有吸引力的葡萄酒类型，是一种高级的酒精饮料。

（一）香槟酒的起源

二维码 5-10
香槟酒的
年份、
甜度划分、
品质鉴别

据说在18世纪初，Dom Perignon修道院葡萄园的负责人贝力农因为某一年葡萄产量减少，就把还没有完全成熟的葡萄榨汁后装入瓶中贮存。其间葡萄酒受到不断发酵过程中所产生的二氧化碳的压迫，变成了发泡性的酒。由于瓶中充满了气体，在拔除瓶塞时会发出悦耳的声响。香槟酒也因此成为圣诞节等喜庆活动中不可或缺的酒。“香槟”是法文“Champagne”的音译，意思是香槟省。香槟省位于法国北部，气候寒冷且土壤干硬，阳光充足，这里种植的葡萄适宜用来酿造香槟酒。

二维码 5-11
香槟酒的
饮用与服务

由于因产地命名，只有法国香槟省所产葡萄生产的气泡葡萄酒才能称“香槟”，其他地区产的此类葡萄酒只能叫“气泡葡萄酒”。根据欧盟的规定，欧洲其他国家的同类气泡葡萄酒也不得叫“香槟”。

（二）香槟酒的生产工艺

香槟酒酿造工艺复杂而精细，具有独到之处。

每年10月初，葡萄采摘下来后经过挑选并榨汁，汁液流入不锈钢酒槽中澄清12小时后装桶，进行第一次发酵。第二年春天，把酒装入瓶中，而后放置在10℃的恒温酒窖里，开始长达数月的第二次发酵。

翻转酒瓶是香槟酒酿造过程中的一个重要环节。翻转机或人工每天转动八分之一圈，使酒中的沉淀物缓缓下沉至瓶口（见图5-7）。六周后，打开瓶塞，瓶内的压力将沉淀物冲出。为了填补沉淀物流出后酒瓶中的

空缺,需要加入含有糖分的添加剂。添加剂的多少决定了香槟酒的三种类型:原味、酸味和略酸味。而后再封瓶,使其继续在酒窖中缓慢发酵。这个过程一般为3~5年。香槟酒的重要特点之一是由不同年份的多种葡萄汁配制而成,如将紫葡萄汁和白葡萄汁混合在一起,还将不同年份的同类酒掺杂在一起。至于混合的方法、配制的比例,则是各家酒厂概不外传的秘诀。

图 5-7 人工翻转酒瓶

(三)香槟酒的分类

依据其原料葡萄品种可分为两类:用白葡萄酿造的香槟酒称“白白香槟”,用红葡萄酿造的香槟酒称“红白香槟”。

(四)香槟酒品评

观色:色鲜明亮,协调,有光泽;透明澄清,澈亮,无沉淀,无浮游物,无失光现象。
听声:打开瓶塞时声响清脆,响亮。
闻香:有果香,酒香柔和,轻快,没有异味。
尝味:前味醇正,协调,柔美,清爽,香馥;后味杀口,轻快,余香,有独特风味。

(五)世界著名香槟酒

世界著名香槟酒有堡林爵(Bollinger)(见图 5-8)、海德西克(Heidsieck Monopole)、梅西埃(Mercier)、库克(Krug)(见图 5-9)、莫姆(Mumm)、泰汀歇(Tittingter)等。

图 5-8 堡林爵香槟酒

图 5-9 库克香槟酒

任务二　认识啤酒

引例

啤酒的起源与发展

在所有与啤酒有关的记录中，数伦敦大英博物馆内“蓝色纪念碑”的板碑记载最为古老。这是公元前3000年左右，住在美索不达米亚地区的幼发拉底人留下的文字。从文字的内容可以推断，啤酒已经走进了他们的生活，并极受欢迎。另外，在公元前1700年左右制定的《汉谟拉比法典》中，也可以找到和啤酒有关的内容。由此可知，在当时的巴比伦，啤酒已经在人们的日常生活中占有很重要的地位了。公元前600年左右，新巴比伦王国已有啤酒酿造业的同业组织，并且开始在酒中添加啤酒花。

同时，古埃及人也和苏美尔人一样，生产大量的啤酒供人饮用。公元前300年左右的《亡灵书》里，曾提到酿啤酒这件事，而金字塔的壁画上也处处可以看到大麦的栽培及啤酒酿造的情景。

由石器时代初期的出土物品，我们可以推测，在今德国附近的地方有过酿造啤酒的文化。但是，当时的啤酒和现在的啤酒大异其趣。据说，当时的啤酒是用未经烘烤的面包浸水，由它发酵而成的。

啤酒这种初期的发酵饮料一直沿用古法制作，人们在长期的实践过程中发现，制作啤酒时，如果要让它准确且快速地发酵，只要在酿造过程中添加含有酵母的泡泡就行了，但是要将本来浑浊的啤酒变得清澈且带有一些苦味，得花费相当大的心思。到了7世纪，人们开始添加啤酒花。到15～16世纪，啤酒花已普遍用在啤酒酿造中了。中世纪，由于流行的“啤酒是液体面包”，“面包为基督之肉”等观念，教会及修道院都盛行酿造啤酒。在15世纪末期，以慕尼黑为中心的巴伐利亚部分修道院开始用大麦、啤酒花及水来酿造啤酒，从此之后啤酒花成为啤酒不可或缺的原料。16世纪后半期，一些移民到美国的人士也开始栽培啤酒花并酿造啤酒。进入19世纪后，冷冻机的发明，科学技术的推动，使得啤酒酿造业借着近代工业的帮助而扶摇直上。

啤酒是用麦芽、啤酒花、水、酵母发酵而成的含二氧化碳的低酒精饮料的总称。我国规定：啤酒是以大麦芽(包括特种麦芽)、水为主要原料，加啤酒花，经酵母发酵酿制而成的、含二氧化碳的、起泡的、低酒度(3.5%～4%)的各类熟鲜啤酒。

一、啤酒的酿造原料

(一)大麦

大麦是酿造啤酒的重要原料，但是必须将其制成麦芽方能用于酿酒。大麦在人工控制和外界条件下发芽和干燥的过程即称为麦芽制造。大麦发芽后称绿麦芽，干燥后称麦芽，麦芽是发酵时的基本成分，被认为是“啤酒的灵魂”。麦芽决定了啤酒的颜色和气味。

(二)酿造用水

啤酒酿造用水相对于其他酒类酿造用水的要求要高得多，特别是用于制麦芽和糖化的水与啤酒的质量密切相关。啤酒酿造用水量很大，对水的要求是水中不含妨碍糖化、发酵以及有害于啤酒色、香、味的物质，为此，很多厂家采用深井水，如无深井水，则采用离子交换机和电渗析方法对水进行处理。

(三)啤酒花

啤酒花是啤酒生产中不可缺少的原料(见图5-10)。啤酒花作为啤酒工业的原料开始使用于英国，人们使用它的主要目的是利用其苦味、香味、防腐力和澄清麦汁的特性。

图5-10 啤酒花

（四）酵母

酵母的种类很多，用于啤酒生产的酵母叫作啤酒酵母。啤酒酵母可分为上发酵酵母和下发酵酵母两种。上发酵酵母应用于上发酵啤酒的发酵，发酵产生的二氧化碳和泡沫如细泡漂浮于液面，最适宜的发酵温度为10℃～25℃，发酵期为5～7天。下发酵酵母在发酵时悬浮于发酵液中，发酵终了，凝聚而沉于底部，发酵温度为5℃～10℃，发酵期为6～12天。

二、啤酒的酿造工艺

啤酒的酿造工艺如图5-11所示。

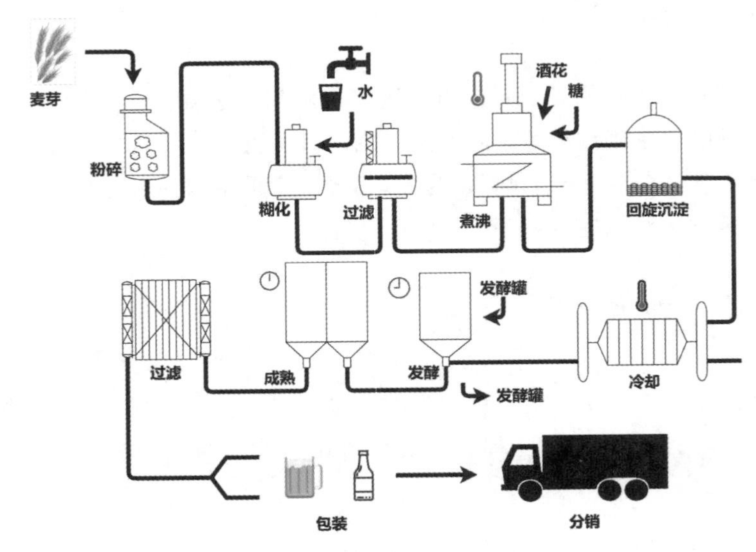

图 5-11　啤酒的酿造工艺

（一）选麦育芽

二维码 5-12
啤酒的
分类

精选优质大麦清洗干净，在槽中浸泡3天后送出芽室，在低温潮湿的空气中发芽一周，接着再将这些嫩绿的麦芽在热风中风干24小时，这样大麦就具备了啤酒所必需的颜色和风味。

（二）制浆

将风干的麦芽磨碎，加入温度适合的热水，制造麦芽浆。

（三）煮浆

将麦芽浆送入糖化槽，加入米淀粉煮成的糊，加温，这时麦芽酵素充分发挥作用，把淀粉转化为糖，产生麦芽糖汁液，过滤之后，加啤酒花煮沸，提炼出芳香和苦味。

（四）冷却

将煮沸的麦芽浆冷却至5℃，然后加入酵母进行发酵。

（五）发酵

麦芽浆在发酵槽中经过8天左右的发酵，大部分糖和酒精都被二氧化碳分解，生涩的啤酒诞生。

（六）陈酿

经过发酵的深色啤酒被送进调节罐中低温（0℃以下）陈酿2个月，陈酿期间，啤酒中的二氧化碳逐渐溶解，渣滓沉淀，酒色开始变得透明。

（七）过滤

成熟后的啤酒经过离心器去除杂质，酒色完全透明呈琥珀色，这就是通常所称的生啤酒。之后在酒液中注入二氧化碳或小量浓糖，进行二次发酵。

（八）杀菌

酒液装入消毒过的瓶中，进行高温杀菌（俗称巴氏消毒），使酵母停止作用，这样瓶中酒液就能耐久贮藏。

（九）包装销售

装瓶或装桶的啤酒经过最后的检验，便可以出厂上市。包装形式一般有瓶装、听装和桶装三种。

三、啤酒的商标知识

根据《食品标签通用标准》的规定，啤酒与其他包装食品一样，必须在包装上印有或附上含有厂名、厂址、产品名称、标准代号、生产日期、保质期、净含量、酒度、容量、配料和原麦汁浓度等内容的标志。

啤酒的包装容量根据包装容器而定，国内一般采用玻璃包装，分350毫升和640毫升两种。一般商标上标的“640毫升±10毫升”，指的即是640毫升的内容，正负不超过10毫升。

沿着商标周围有两组数字，1～12为月份，1～31(30)为日期。厂家采取在标边月数和日数切口的方法注明生产日期。

啤酒商标中的“度(°)”不是指酒精含量，而是指发酵时原料中麦芽汁的糖度，即原麦芽汁浓度，分为6°、8°、10°、12°、14°、16°不等。一般情况下，麦芽浓度高，含糖量就多，啤酒酒精含量就高，反之亦然。例如：低浓度啤酒，麦芽浓度为6°～8°，酒精含量在2%左右；高浓度啤酒，麦芽浓度为14°～20°，酒精含量在5%左右。

啤酒商标作为企业产品的标志，既便于市场管理部门监督、检查，又便于消费者对这一产品了解、认知，同时它又是艺术品，被越来越多的国内外商标爱好者收集和珍藏。青岛啤酒酒标如图5-12所示。

图5-12 青岛啤酒酒标

四、啤酒的饮用与服务

啤酒的类型及适宜人群如表5-4所示。

表5-4 啤酒的类型及适宜人群

类型	特点	适合人群
生啤酒	即鲜啤酒，生啤酒是没有经过巴氏杀菌的啤酒，由于酒中活酵母菌在装罐后，甚至在人体内仍可以继续进行生化反应，这种啤酒很容易使人发胖	体型偏瘦者

续表

类型	特点	适合人群
熟啤酒	经过巴氏杀菌后的啤酒就成了熟啤酒。因为酒中的酵母已被加温杀死，不会继续发酵，稳定性较好	体型偏胖者
低醇啤酒	低醇啤酒是啤酒家族的新成员之一，属低度啤酒。一般低醇啤酒的糖化麦汁的浓度是 12°或 14°，酒精含量为 3.5%左右，这种啤酒不容易“上头”	从事特种工作的人，如演员等
无醇啤酒	属于低度啤酒，只是它的糖化麦汁的浓度和酒度比低醇啤酒还要低	妇女、儿童和老弱者
运动啤酒	运动啤酒除了酒度低以外，还含有黄芪等 15 种中药成分，能使运动员在剧烈运动后迅速恢复体能	运动员

（一）啤酒饮用温度

啤酒气泡可防止酒中的二氧化碳失散，能使啤酒保持新鲜美味。一旦气泡消失，香气就会减少，苦味加重，有碍口感。所以，斟酒时应先慢倒，接着猛冲，最后轻轻抬起瓶口，其泡沫自然高涌。

二维码 5-13
啤酒服务

不同类型的啤酒需要用不同的杯子盛装，可供选择的常用啤酒杯子有淡啤酒杯、生啤酒杯和一般啤酒杯，如图 5-13 所示。

图 5-13　专用啤酒杯

啤酒愈鲜愈醇，不宜久藏，冰后饮用最为爽口，不冰则苦涩，但饮用时温度过低无法产生气泡，尝不出奇特的滋味，所以饮用前 4～5 小时冷藏最为理想。夏天时的适宜饮用温度为 6℃～8℃，冬天时的适宜饮用温度为 10℃～12℃。

（二）啤酒的品评

1. 黄啤酒品评

二维码 5-14 啤酒病酒识别

观色：色淡黄、带绿，黄而不显暗色；透明清亮，无悬浮物或沉淀物；泡沫高且持久（在 8℃～15℃气温条件下，5 分钟不消失）细腻，洁白，挂杯。

闻香：有明显酒花香气，新鲜，无老化气味及酒花气味。

尝味：口味圆正而爽滑，醇厚而杀口。

2. 黑啤酒品评

观色：清亮透明，无悬浮物或沉淀物。

闻香：有明显的麦芽香，香味正，无老化气味及异味（如双乙酰气味、烟气味、酱油气味）等。

尝味：口味圆正而爽滑，醇厚而杀口。要注意，甜味、焦糖味、后苦味、杂味等均不是醇厚感，而是不醇正、不爽口的表征。

五、中外知名啤酒品牌

（一）青岛啤酒

青岛啤酒厂始建于 1903 年。当时，由英德商人开办了日耳曼啤酒公司青岛股份公司，生产设备和原料全部来自德国，产品品种有淡色啤酒和黑啤酒。1916 年，“大日本麦酒株式会社”购买该厂并更名为“大日本麦酒株式会社青岛工场”。1947 年，定名为“青岛啤酒厂”。青岛啤酒的主要品种有 8°、10°、11°青岛啤酒，11°纯生青岛啤酒。

青岛啤酒属于淡色啤酒，酒液呈淡黄色，清澈透明，富有光泽，泡沫细腻、洁白，持久而厚实，酒质柔和，有明显的酒花香和麦芽香，具有啤酒特有的爽口苦味和杀口力。酒中含有多种人体不可缺少的碳水化合物、氨基酸、维生素等营养成分。原麦芽汁浓度为 8°～11°，酒度为 3.5％～4％。青岛啤酒如图 5-14 所示。

青岛啤酒的原料选自浙江省宁波、舟山地区的“三棱大麦”，这种大麦粒大、淀粉多、蛋白质含量低、发芽率高，是酿造啤酒的上等原料。青岛啤酒的优质啤酒花由该厂的酒花基地精心培育，具有蒂大、花粉多、香味浓

的特点，使啤酒更具有爽快的微苦味和酒花香，并能延长啤酒保质期，保证了啤酒的正常风味。青岛啤酒的酿造用水是有名的崂山矿泉水，水质纯净、口味甘美，对啤酒味道的柔和度起了良好作用，并赋予青岛啤酒独有的风格。青岛啤酒采取酿造工艺的“三固定”（固定原料、固定配方和固定生产工艺）和严格的技术管理，保证了青岛啤酒的优良品质。

（二）嘉士伯

嘉士伯创始人J. C. 雅可布森1847年在丹麦哥本哈根郊区设厂生产啤酒，并以其子的名字将啤酒命名为嘉士伯啤酒。1876年成立了著名的嘉士伯实验室，由嘉士伯实验室汉逊博士培养的汉逊酵母至今仍被各国啤酒业界应用。1906年组成了嘉士伯啤酒公司。1970年，嘉士伯啤酒公司与图堡公司合并，并命名为嘉士伯公共有限公司。该啤酒厂重视原材料的选择和严格的加工工艺，保证了其质量一流，知名度较高，口味较大众化。嘉士伯啤酒风行世界130多个国家，被啤酒饮家誉为“可能是世界上最好的啤酒”。自1904年开始，嘉士伯啤酒经丹麦皇室许可，成为皇室指定供应商，其商标上自然也就多了一个皇冠标志。嘉士伯啤酒如图5-15所示。

图 5-14 青岛啤酒

图 5-15 嘉士伯啤酒

（三）喜力啤酒

1863年，G. A. 赫尼肯收购位于阿姆斯特丹的啤酒厂 De Hooiberg。为寻求最佳的原材料，他踏遍了欧洲大陆，并引进了现场冷却系统。他甚至建立了公司实验室来检查基础配料和成品的质量，并成功开发特殊的喜力A酵母。G. A. 赫尼肯的经营理念也被他的儿子A. H. 赫尼肯承传下来。自1950年起，喜力成为享誉全球的商标，他仿照美国行业建立了广告部门，同时还奠定了国际化组织结构的基础。喜力啤酒口味较苦。喜力啤酒在1889年的巴黎世界博览会上荣获金奖。喜力啤酒已出口170多个国家。喜力啤酒如图5-16所示。

图 5-16　喜力啤酒

（四）比尔森啤酒

比尔森啤酒原产地为捷克西南部城市比尔森，已有 150 多年的历史。比尔森啤酒的啤酒花用量高，每 100 升里约为 400 克，采用底部发酵法、多次煮沸法等工艺，发酵度高，熟化期一般为 3 个月。麦芽汁浓度为 11°～12°，色浅，泡沫洁白、细腻，挂杯持久，酒花香味浓郁而清爽，苦味重而不长，味道醇厚，杀口力强。比尔森啤酒如图 5-17 所示。

二维码 5-15
其他著名
啤酒品牌

图 5-17　比尔森啤酒

（五）慕尼黑啤酒

慕尼黑是德国南部的啤酒酿造中心，凡是采用慕尼黑啤酒工艺酿造的啤酒，都可称为慕尼黑啤酒。慕尼黑比较著名的啤酒厂有：奥古斯丁啤酒厂、哈克-普朔尔啤酒厂、皇家啤酒厂、狮王啤酒厂、宝莱纳啤酒厂、施巴

滕啤酒厂等。慕尼黑啤酒采用底部发酵的生产工艺。慕尼黑啤酒外观呈红棕色或棕褐色，清亮透明，有光泽，泡沫细腻，挂杯持久，二氧化碳充足，杀口力强，具有浓郁的焦麦芽香味，口味醇厚而略甜，苦味轻。内销啤酒的原麦芽浓度为12°～13°，外销啤酒的原麦芽浓度为16°～18°。慕尼黑啤酒如图5-18所示。

图5-18　慕尼黑啤酒

任务三　认识黄酒与清酒

◇引例

黄酒的起源

黄酒是世界上最古老的酒类之一，源于中国，唯中国独有，与啤酒、葡萄酒并称世界三大古酒。远在商周时代，中国人就独创酒曲复式发酵法，开始大量酿制黄酒。从宋朝开始，随着政治、文化、经济中心的南移，黄酒的生产局限于南方数省。南宋时期，烧酒开始生产，并从元朝开始在北方得到普及，北方的黄酒生产逐渐萎缩。南方人饮烧酒现象不如北方普遍，故在南方，黄酒生产得以保留。在清朝时期，南方绍兴一带的黄酒誉满天下。

黄酒又名“老酒”“料酒”“陈酒”，因酒液呈黄色，俗称“黄酒”（见图 5-19）。黄酒以糯米、大米或黍米为主要原料，经蒸煮、糖化、发酵、压榨而成。黄酒为低度（15%～18%）原汁酒，色泽金黄或褐红，含有糖、氨基酸、维生素及多种浸出物，营养价值高。成品黄酒用煎煮法灭菌后，用陶坛盛装封口。酒液在陶坛中越陈越香，故又称老酒。

二维码 5-16
黄酒的
其他分类

图 5-19　中国黄酒

一、黄酒的分类

黄酒的分类方法很多，可以按照含糖量和酿造工艺的不同进行划分，分别如表 5-5 和表 5-6 所示。

表 5-5　黄酒按含糖量分类

类型	含糖量	特点
干黄酒	小于 0.01 克/毫升	口味醇和鲜爽，浓郁醇香，呈橙黄至深褐色，清亮透明，有光泽
半干黄酒	0.01～0.03 克/毫升	口味醇厚，柔和鲜爽，浓郁醇香，呈橙黄至深褐色，清透有光泽，可长久贮藏，是黄酒中的上品，出口酒多属此类
半甜黄酒	0.03～0.10 克/毫升	醇厚鲜甜爽口，酒体协调，浓郁醇香，清亮透明，有光泽，不宜久存
甜黄酒	0.10～0.20 克/毫升	鲜甜醇厚，酒体协调，浓郁醇香，呈橙黄至深褐色，清亮透明，有光泽，酒度也较高
浓甜黄酒	0.20 克/毫升	蜜甜醇厚，酒体协调，浓郁醇香，呈橙黄至深褐色，清亮透明，有光泽

表 5-6　黄酒按酿造工艺分类

类型	工艺特点
淋饭酒	用冷水淋凉蒸熟的米饭，再拌入酒药粉末，搭窝，糖化，最后加水发酵成酒。有的工厂用其作酒母，即“淋饭酒母”
摊饭酒	将蒸熟的米饭摊在竹篦上，使其自然冷却，然后再加入麦曲、酒母（淋饭酒母）、浸米浆水等，混合后直接进行发酵
喂饭酒	在发酵投料时米饭不是一次性加入，而是分批加入

二、黄酒的保存

（1）黄酒属于发酵酒类。酒精含量较低、越陈越香是黄酒最显著的特征，应贮存在阴凉、干燥的温度在 4℃～15℃之间的干湿度合适的通风良好的仓库。如图 5-20 所示。

二维码 5-17
黄酒的
鉴赏程序

（2）包装容器以陶坛和泥头封口为最佳，有利于黄酒的老熟和香气的增加。

（3）黄酒容器应堆放平稳，酒坛、酒箱堆放高度一般不得超过 4 层，每年夏天翻一次坛。

（4）黄酒不宜与其他有异味的物品或酒水同库储存。

（5）不宜经常受到震动、强光照射，同时要远离热源。

（6）不可用金属器具储存。

（7）黄酒贮存时间要适当。普通黄酒宜贮存 1～3 年。

（8）黄酒经贮存会出现沉淀现象，这是酒中的蛋白质凝聚所致，属于正常现象。但应注意出现酸败混浊是变质，不可饮用。

图 5-20　黄酒的贮存

三、黄酒的品评方法

1. 品评内容

(1)色泽。黄酒多为黄色,包括浅黄、金黄、禾秆黄、橙黄、褐黄等,另外还有橙红、褐红、宝石红、红色等。

(2)香气。黄酒的香气成分主要是酯类、醇类、醛类、氨基酸类等,呈现出的香气是醇香(酒香)、原料香、曲香、焦香、特殊香等。

(3)口味。口味中应该有甜、鲜、苦、涩、辣、酸诸多味道,但各不出头,丰满纯正,醇厚柔和,甘顺爽口,鲜美味长。

(4)风格。判断时注意三点:一是香味成分是否和谐统一;二是酒质、酒体是否幽雅舒爽;三是风格是否独特典型。

2. 品评方法

(1)酒杯。选择无色透明、郁金香形玻璃高脚杯,容量 50 毫升。将酒注入酒杯,注入量为酒杯的三分之二或五分之二。

二维码 5-18
黄酒的选购

(2)举杯。在充分的光线下进行视觉检查。顺序为:一看颜色,二看浊度(澄清度),三闻香气,四尝口味。其中,“闻”有三种:一闻静止状态下的黄酒整体的放香情况,以及香气协调的完美程度;二闻摇动或转动酒杯后黄酒的香气和谐与精细情况,反复几次,以确定酒的品质和个性特征;三闻异杂气味,远近左右动静辨别,直到确定为止。

(3)品尝口味。主要用口腔和舌喉等触觉器官来完成。第一口:饮入 3～5 毫升酒,让酒液在舌面上逐渐向后移动,感觉到甜、酸、苦、香、辣、鲜、涩诸多味道,当香味充满口腔时,就会感知到流动性、圆润性、和谐性、持久性、舒适性等一系列感觉,以及酒的浓淡、长短、强弱、厚薄等状况。当体会充分时,便可将酒咽下,接着便会从喉部冒出一种香味,经鼻腔或口腔喷出,这就是常说的回味。第二口、第三口要视情况而定。如果第一口品尝中,发现什么不愉快或不协调之处,那就要再喝一口仔细品味,直到把疑虑解决再停止,评酒员应该有很强的辨别力和记忆力。

(4)风格判断。把色、香、味各方面的状况综合起来,经过思维判断,确定其典型性或特有风格,有时需要与类似的酒进行比较,以确定其风格特点。

中国黄酒是历史最悠久的传统美酒，酿出的酒质具有民族气质，饮用习俗体现传统美德，饮用方法纯朴而多样，含有许多饮酒经典和饮酒艺术。

四、中国知名黄酒

（一）绍兴酒

绍兴酒，简称“绍酒”，产于浙江省绍兴市。据《吕氏春秋》记载：“越王苦会稽之耻……有酒流之江，与民同之。”这里的“会稽”即位于今天的浙江省绍兴市东南。可见早在春秋时期，绍兴已经产酒。南北朝以后有了更多的记载。清朝有关黄酒的记载就更多了。20 世纪 30 年代，绍兴境内有酒坊两千余家，年产酒六万多吨，产品畅销中外，在国际上享有盛誉。

绍兴酒具有色泽橙黄清澈、香气馥郁、滋味鲜甜醇美的独特风格，绍兴酒有越陈越香、久藏不坏的优点，人们说它有“长者之风”。

绍兴酒在操作工艺上一直恪守传统。冬季“小雪”淋饭（制酒母），至“大雪”摊饭（开始投料发酵），到翌年“立春”时开始榨就，然后将酒煮沸，用酒坛密封盛装，进行贮藏，一般三年后才投放市场。但是，不同的品种，其生产工艺略有不同。

1. 元红酒

元红酒又称“状元红酒”，因在其酒坛外表涂朱红色而得名（现很多酒坛已不涂红色，但名称保留了下来）（见图 5-21）。酒度在 15％以上，含糖量为 0.2％～0.5％，需贮藏 1～3 年才能上市。元红酒酒液橙黄透明，香气芬芳，口味甘爽微苦，有健脾作用。元红酒是绍兴酒家族的主要品种，产量最大且价廉物美。

图 5-21　绍兴元红酒

2. 加饭酒

加饭酒在元红酒的基础上精酿而成，其酒度在18%以上，含糖量在2%以上。加饭酒酒液橙黄明亮，香气浓郁，口味醇厚，宜于久藏（越陈越香）。饮时加温，则酒味尤为芳香，适当饮用可增进食欲，帮助消化，消除疲劳。

3. 善酿酒

善酿酒又称“双套酒”，始创于1891年，其工艺独特，是用陈年绍兴元红酒代替部分水酿制的加工酒，新酒需陈酿1～3年才能供应市场。其酒度在14%左右，含糖量在8%左右，酒色深黄，酒质醇厚，口味甜美，芳馥异常，是绍兴酒中的佳品。

4. 香雪酒

香雪酒为绍兴酒的高档品种，以淋饭酒拌入少量麦曲，再用绍兴酒糟蒸馏而得到的50°白酒勾兑而成。其酒度在20%左右，含糖量在20%左右，酒色金黄透明。经陈酿后，此酒上口、鲜甜、醇厚。

5. 花雕酒

在贮存的绍兴酒坛外雕绘五色彩图，这些彩图多为花鸟鱼虫、民间故事及戏剧人物，具有民族风格，习惯上也称“远年花雕”（见图5-22）。

图5-22　绍兴花雕酒

6. 女儿酒

浙江地区风俗，生子之年，选酒数坛，泥封窖藏。待子长大成人婚嫁之日，方开坛取酒，宴请宾客。生女时相应称其为“女儿酒”或“女儿红”，生男称为“状元红”，经过二十余年的封藏，酒的风味更臻香醇。

（二）即墨老酒

即墨老酒产于山东省即墨县。酒液墨褐带红，浓厚挂杯，具有特殊的糜香（见图 5-23）。味道醇厚爽口，微苦而余香不绝。即墨老酒含有 17 种氨基酸、16 种人体所需要的微量元素及酶类维生素。每千克即墨老酒的氨基酸含量比啤酒高 10 倍，比红葡萄酒高 12 倍。

二维码 5-19
即墨老酒的
历史

即墨老酒以当地龙眼黍米、麦曲为原料，以崂山“九泉水”为酿造用水。在酿造工艺上继承和发扬了“古遗六法”。

二维码 5-20
即墨老酒的
“古遗六法”

1949 年后，即墨县黄酒厂对老酒的酿造设备和工艺进行了革新。现在生产的即墨老酒酒度不低于 11.5%，含糖量不低于 10%，酸度在 0.5% 以下。

图 5-23　即墨老酒

（三）沉缸酒

沉缸酒产于福建省龙岩县。沉缸酒是以上等糯米以及福建红曲、小曲和米烧酒等经长期陈酿而成。酒内含有碳水化合物、氨基酸等富有营养价值的成分。其糖化发酵剂白曲是由冬虫夏草、当归、肉柱、沉香等三十多种名贵药材特制而成的。其酒液鲜艳透明，呈红褐色，有琥珀光泽，酒味芳香扑鼻，醇厚馥郁，饮后回味绵长。此酒糖度高，无一般甜型黄酒的稠黏感，使人们得糖的清甜、酒的醇香、酸的鲜美、曲的苦味，当酒液触舌时，各味毕现，风味独具。

二维码 5-21
沉缸酒的
历史

沉缸酒的酿法集我国黄酒酿造的各项传统精湛技术于一体，用曲多达 4 种。有当地祖传的药曲，其中加入冬虫夏草、当归、肉桂、沉香等三十多味中药材；有散曲，这是我国最为传统的散曲，通常作为糖化用曲；有白曲，这是南方所特有的米曲；红曲更是酿造龙岩酒的必加之曲。酿造时，先加入药曲、散曲和白曲，酿成甜酒酿，再分别投入著名的古田红曲及特制的米白酒陈酿。在酿制过程中，一不加水，二不加糖，三不加色，四不调香，完全靠自然形成。沉缸酒如图 5-24 所示。

图 5-24　沉缸酒

五、清酒的起源与发展

二维码 5-22
清酒的
酿造工艺

日本清酒的名称首次出现在日本地方史《播磨国风土记》中，由此推算清酒出现时间为 400 年左右。

日本清酒受中国文化的影响很深。根据日本《古事记》记载，中国的曲在唐朝时由韩国辗转传到日本，唐文化的大量灌注，让日本清酒得到改良与进化，也让日本人更重视酒的文化。

隋唐文化的介入，让日本酒正式由“民族酒”进入“朝廷酒”的时代。当时酒被认定为是上天所赐，因此只有皇宫、大型庙宇与神社才能酿造。

清酒变成平民化商品，始于 1150 年，为促进都市化及商业繁荣，朝廷准许民间酿酒及卖酒，以京都为中心的酒屋也在此时兴盛了起来。

二维码 5-23
清酒的
分类及特点

幕府时代的禁酒制令，大大阻碍了清酒的发展。到江户时代，开放了民间酿酒，清酒进入百家争鸣的灿烂时期，当时丰臣秀吉在京都建立伏见城，伏见一地即成为江户时期的清酒酿制中心，现在日本人仍称伏见地区为“清酒的故乡”。

明治时代，政府为了增加税收，不准民众私酿清酒。清酒在明治时代首度外销。1897 年，日本微生物家研发了一种专供清酒发酵用的清酒酵母，并于 1904 年设立大藏省酿造试验所，正式利用化学及微生物学知识研发清酒酿造技术。

战时日本发生了米荒，为了用更少的米酿更多的酒，日本政府于 1944 年下令，全国生产清酒的造酒厂在生产过程中，皆须强制加入由废糖蜜所提炼出的酿酒用酒精，以期降低成本，提高产量。清酒品质下滑，这个时期的清酒，可以说是日本有史以来最糟糕、最劣质的。

直到1964年，无添加酒精的纯米清酒才宣告“复活”，不过许多厂商却在战后学到了降低成本、提高产量的“酿酒哲学”，大部分的厂商选择牺牲品质，依然利用添加酒精的方式酿制清酒。目前日本清酒中，只有少部分是无添加酒精的纯米清酒，因此现在日本清酒中能标榜纯米酿造无添加酒精的，可以说是弥足珍贵。日本清酒如图5-25所示。

图5-25　日本清酒

六、清酒的饮用

二维码5-24
清酒的品评

(1)作为佐餐酒或餐后酒。

(2)使用褐色或紫色玻璃杯，也可用浅平碗或小陶瓷杯。

(3)清酒在开瓶前应贮存在低温、避光的地方。

(4)可常温饮用，以16℃左右为宜，如需加温饮用，一般加温至40℃～50℃，温度不可过高，也可以冷藏后饮用或加冰块和柠檬饮用。

(5)在调制马天尼酒时，清酒可以作为干味美思的替代品。

(6)清酒陈酿并不能使其品质提高，开瓶后就应该放在冰箱里，并在6周内饮用完。

七、清酒中的名品

日本清酒常见的有月桂冠、大关、菊正宗、白鹤等，最新品种有浊酒等(见图5-26)。

图 5-26　日本菊正宗、月桂冠、大关清酒

（一）浊酒

浊酒是与清酒相对的。清酒醪经压滤后所得的新酒，静止 1 周后，抽出上清部分，其留下的白浊部分即为浊酒。浊酒的特点是有生酵母存在，会持续发酵产生二氧化碳，因此要用特殊瓶塞和耐压瓶子盛装。此酒被认为外观珍奇、口味独特。

（二）红酒

在清酒醪中添加红曲的酒精浸泡液，再加入糖类及谷氨酸钠，调配成具有鲜味且糖度与酒度均较高的红酒。

（三）红色清酒

红色清酒是在清酒醪主发酵结束后，加入 60℃以上的酒精红曲浸泡而制成的。红曲用量以制曲原料的多少来计算，为总米量的 25%以下。

（四）赤酒

赤酒是在第三次投料时，加入总米量 2%的麦芽以促进糖化。另外，在压榨前一天加入一定量的石灰，在微碱性条件下，糖与氨基酸结合成氨基糖，呈红色，而不使用红曲。此酒为日本熊本县特产，多在婚宴上饮用。

（五）贵酿酒

贵酿酒与我国黄酒类的善酿酒的加工原理相同。此酒多以小瓶包装出售。

（六）高酸味清酒

高酸味清酒是利用白曲霉及葡萄酵母，采用高温糖化酵母，醪发酵最高温度为21℃，发酵9天制成的类似干葡萄酒型的清酒。

（七）低酒度清酒

低酒度清酒的酒度为10%～13%，适合女士饮用。低酒度清酒在市面上有三种：一是普通清酒（酒度为12%左右）加水；二是纯米酒加水；三是柔和型低度清酒，是在发酵后期追加水与曲，使醪继续糖化和发酵，待最终酒度达12%时压榨制成的。

（八）长期贮存酒

老酒型的长期贮存酒，为添加少量食用酒精的本酿造酒或纯米清酒。贮存时应尽量避免光线直射和接触空气。贮存期在5年以上的酒称为“秘藏酒”。

（九）发泡清酒

发泡清酒在制法上，兼具啤酒和清酒酿造工艺；在风味上，兼备清酒及发泡性葡萄酒的风味。

（十）活性清酒

活性清酒为不杀死酵母即出售的清酒。

（十一）着色清酒

将色米的食用酒精浸泡液加入清酒中，便成着色清酒。

◇ 思考题

1. 举例说明根据原料不同,发酵酒可分为哪些类型。
2. 简述红葡萄酒的酿造过程。
3. 简述白葡萄酒的酿造过程。
4. 简述起泡酒的酿造过程。
5. 简述葡萄酒的品评过程及要点。
6. 简述法国葡萄酒的等级划分及主要产区。
7. 简述德国、美国、澳大利亚葡萄酒的主要产区。
8. 简述我国葡萄酒的发展历史。
9. 简述我国葡萄酒的主要产区。
10. 简述啤酒的酿造过程。
11. 根据含糖量不同,黄酒可分为哪些类型?各有哪些特点?
12. 简述黄酒的品评内容和方法。

二维码 5-25

项目五

思考题

参考答案

项目六　认识蒸馏酒

◇ 本项目目标

知识目标：

1. 掌握蒸馏酒的定义、酿造工艺；
2. 掌握中国白酒的起源、命名；
3. 掌握白兰地的主要产区、特点、品牌；
4. 掌握威士忌酒的产区、特点及主要品牌；
5. 掌握金酒的产区、特点及主要品牌；
6. 掌握伏特加酒的主要产区、特点及主要品牌；
7. 掌握朗姆酒的产区、特点及主要品牌；
8. 掌握蒸馏酒的饮用与服务方法、步骤和标准。

能力目标：

1. 熟悉主要蒸馏酒的酿造工艺；
2. 熟悉中国白酒的起源、命名、主要故事；
3. 熟悉白兰地、威士忌酒、金酒、伏特加酒、朗姆酒的主要产区、特点、品牌；
4. 能熟练准确地根据顾客的要求进行蒸馏酒调制和酒水服务。

情感目标：

1. 培养吃苦耐劳、精益求精的服务品质；
2. 培养创新精神。

任务一 初识蒸馏酒

◇ 引例

外国蒸馏酒的历史

外国学者认为世界上最早懂得蒸馏酒技术的是埃及人。当时埃及人发明蒸馏器为的是制造人们所需要的香料。10世纪，埃及人已开始利用蒸馏器蒸馏麦子酿造的发酵液，后来又将其用于葡萄酒的蒸馏。随后，埃及的蒸馏技术首先传到希腊，希腊人对此进行了改革，在埃及的蒸馏器上装了一个带长颈的圆甑。

俄国沙皇时代已开始生产一种以裸麦酿制的蒸馏酒。与此同时，爱尔兰人也生产出一种谷物蒸馏酒，并流传到苏格兰，取名为“Uisge Beatha”，意为“生命之水”。这就是最早的“威士忌酒”。

16世纪，法国开始从葡萄酒中蒸馏“生命之水”。一般认为当时这种“生命之水”就是现在法国白兰地的雏形。17世纪，法国干邑市开始生产干邑白兰地。18世纪初，法国人发现了用橡木桶陈酿干邑白兰地的新工艺，为提高葡萄蒸馏酒的品质做出了重大的贡献。

随着欧洲殖民者的对外扩张和侵略，欧洲的蒸馏酒酿造技术被带到了北美洲和拉丁美洲。16世纪初，西班牙人侵占墨西哥，并在那里生产特其拉酒(Tequlia)。17世纪，西印度群岛的欧洲移民以当地盛产的甘蔗为原料，蒸馏出朗姆酒(Rum)。约在1630年以后，荷兰人利用杜松子酿造出金酒(Gin)。

1700年以后，欧洲移民开始在美国、加拿大蒸馏威士忌酒。19世纪下半叶，西方的蒸馏技术传到日本，日本也开始生产威士忌酒。随着世界各国的技术交流，威士忌、白兰地等蒸馏酒的生产技术逐渐传到了世界各地。

1804年，德国人格登堡利用合成金属材料制造出蒸馏器。新一代蒸馏器的发明，大大促进了世界各国蒸馏酒业的发展，并由蒸馏酒衍生出各种配制酒和混合酒。

一、蒸馏酒概述

蒸馏酒通常指酒精含量在38%以上最高可达66%的烈性酒，是将经过发酵的水果或谷物等酿酒原料加以蒸馏提纯酿制而成的、酒精含量较高的饮料。虽有近千年的酿造历史，但与葡萄酒、啤酒等原汁酒相比，蒸馏酒算是一种比较年轻的酒种。

二维码 6-1 中国蒸馏酒的历史

各国关于蒸馏酒酒度的规定各有不同，美国规定为37%以上，欧洲国家规定为40%以上。国外许多国家的税法规定，凡酒精含量超过43%的酒会加倍收税，因此许多世界名酒的酒度在40%左右。中国白酒的酒度通常为38%～60%。

蒸馏酒的酒精含量高、杂质含量少，可以在常温下长期保存（一般可存放5～10年，开瓶后也可存放1年以上），因此在酒吧中，蒸馏酒可以散卖、调酒甚至经常开盖。蒸馏酒酒味足，气味醇，可净饮，也可加冰饮用，还可用来调制鸡尾酒。

二、蒸馏酒的酿造工艺

蒸馏酒是经过蒸煮、糖化、发酵、蒸馏、陈酿、勾兑等生产工艺酿制而成的。蒸馏酒的生产工艺中有别于其他酒类的工序是蒸馏，而蒸馏的生产工序是由酒精的物理性质决定的，酒精的汽化点是78.3℃，所以只要将酿酒的原料经过发酵后加温至78.4℃，并保持这个温度就可获得汽化酒精，再将汽化酒精输入管道冷却后，便是液体酒精（蒸馏酒）。但是在加热过程中，原材料中的水分和其他物质也会掺杂在酒精中，因而形成质量不同的酒液。所以世界上大多数的著名品牌蒸馏酒都采用多次蒸馏法或取酒心法等不同的工艺来获取纯度高、杂质含量少的酒液。常见的蒸馏器有鹅式蒸馏器和塔式蒸馏器两种（见图6-1和6-2）。

三、蒸馏酒的特点与分类

由于蒸馏酒的原料不同、工艺不同，世界各地和各厂商生产的蒸馏酒有不同的特点，从而产生了不同的种类。最著名的蒸馏酒有白兰地、威士忌酒、金酒、朗姆酒、伏特加酒、特其拉酒和中国白酒（见表6-1）。

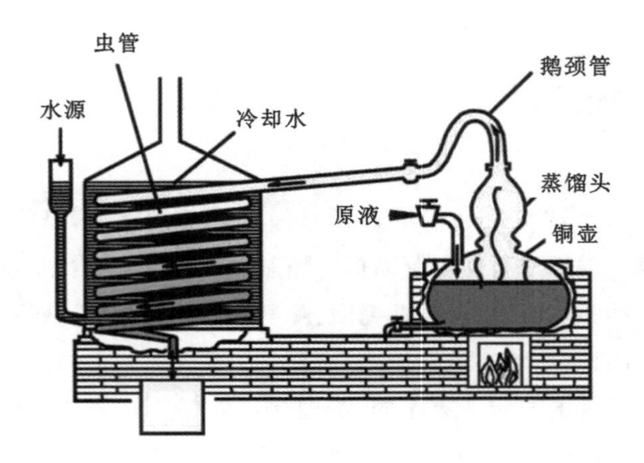

图 6-1 鹅式蒸馏器

图 6-2 塔式蒸馏器

表 6-1 世界主要蒸馏酒种类、原料、酒度和生产国

蒸馏酒种类	主要原料	酒度	主要生产国
白兰地	葡萄	38%～40%	法国、意大利
威士忌酒	麦芽、玉米	38%～45%	英国、爱尔兰、美国、加拿大、日本
金酒	麦芽、玉米、杜松子	40%～55%	荷兰、英国、美国
朗姆酒	蔗糖、糖蜜	40%～60%	古巴、牙买加、南美各国
伏特加酒	麦芽、玉米	40%～60%	俄罗斯、波兰、美国
特其拉酒	龙舌兰	38%～44%	墨西哥
中国白酒	高粱、麦类、玉米、大米	38%～60%	中国

认识威士忌酒

◇ 引 例

威士忌酒的起源与发展

威士忌(Whisky)是以大麦、黑麦、燕麦、小麦、玉米等谷物为原料，经发酵、蒸馏后放入橡木桶中陈酿、勾兑而成的一种酒精饮料。主要生产国为说英语的国家。

Whisky 一词来自古代居住在爱尔兰和苏格兰高地的塞尔特人。古爱尔兰人称此酒为 Visage-Beatha，古苏格兰人称其为 Visage Baugh。经过千年的变迁，才逐渐演变成 Whiskey。如今，不同国家对威士忌的写法也有差异，爱尔兰和美国写为 Whiskey，而苏格兰和加拿大则写成 Whisky，尾音有长短之别。

12 世纪，爱尔兰岛上已有一种以大麦作为基本原料生产的蒸馏酒，其蒸馏方法是从西班牙传入爱尔兰的。这种酒含芳香物质，具有一定的医药功能。

1171 年，英国国王亨利二世在位时，举兵入侵爱尔兰，并将这种酒的酿造法带到了苏格兰；当时，居住在苏格兰北部的盖尔人(Gael)称这种酒为“Uisge Beatha”，意为“生命之水”。这种“生命之水”即威士忌的雏形。

1494 年的苏格兰文献曾记载苏格兰人蒸馏威士忌的历史。19 世纪，英国连续式蒸馏器的出现，使苏格兰威士忌进入了商业化的生产阶段。

1700 年以后，居住在美国宾夕法尼亚州和马里兰州的爱尔兰和苏格兰移民，开始在那里建立家庭式的酿酒作坊，蒸馏威士忌酒。随着美国人向西迁移，1789 年，欧洲大陆移民来到了肯塔基州的波本镇，开始蒸馏威士忌。这种酒后来被称为“肯塔基波本威士忌”，并以其优异的质量和独特的风格成为美国威士忌的代名词。

欧洲移民把蒸馏技术带到了美国，同时也传到了加拿大。1857 年，家庭式的“施格兰”酿酒作坊在加拿大安大略省建立，从事威士忌的生产。1920 年，山姆·布朗夫曼接管“施格兰”酿酒作坊的业务，创建了施格兰酒厂。他利用当地丰富的谷物原料及柔和的淡水资源，生产出优质的威士忌，产品行销世界各地。如今，加拿大威士忌以其酒体轻盈的特点，成为世界上配制混合酒的重要基酒。

19 世纪下半叶，受西方蒸馏酒工艺的影响，日本开始进口原料酒调配威士忌。1933 年，日本三得利公司的创始人鸟井信治郎在京都郊外的山崎县建立了第一座生产麦芽威士忌的工厂。从那时候起，日本威士忌逐渐发展起来，并成为日本国内大宗饮品之一。

威士忌不仅酿造历史悠久，酿造工艺精良，而且产量大，市场销售旺，深受消费者的欢迎，是世界最著名的蒸馏酒品之一，同时也是酒吧单杯“纯饮”销售量最大的酒水品种之一。威士忌酒如图 6-3 所示。

图 6-3　威士忌酒

一、威士忌酒的酿造工艺

威士忌酒以大麦、玉米、黑麦和小麦等为原料，经发芽、烘烤制浆、发酵、蒸馏、熟化和勾兑等程序制成。不同品种或不同风味的威士忌酒生产工艺不同，主要表现在原料品种与数量比例、麦芽熏烤方法、蒸馏方法、酒度、熟化方法和熟化时间等方面。

制作威士忌酒首先将发芽的大麦送入窑炉中，用泥炭烘烤，这就是许多纯麦威士忌酒带有明显泥炭味的原因。传统上许多苏格兰酒厂的窑炉采用宝塔型建筑。后来这个形状就成了威士忌酒厂的标志。

麦芽在 60℃泥炭烟气中干燥、烘烤约 48 小时，碾碎后制成麦芽糊，然后发酵制成麦汁，麦汁冷却后进行蒸馏。传统工艺用壶式蒸馏器蒸馏，至少蒸馏两次，然后在橡木桶中至少熟化 3 年，许多威士忌酒要熟化 8～25 年。木桶对威士忌酒的口味影响很大，会使威士忌酒带有特殊的香气。酒厂通常使用两种不同风格的木桶，一种是西班牙雪莉酒木桶，另一种是美洲波本橡木桶。有些制酒厂使用一种木材制成的桶，有些制酒厂使用多种木材制成的桶。木桶在使用前要烘烤，释放香兰素。某些木桶可在制造出优良的威士忌酒后重复使用，而另一些木桶可能用过一次后就无法再使用了。威士忌酒的酿造工艺如图 6-4 所示。

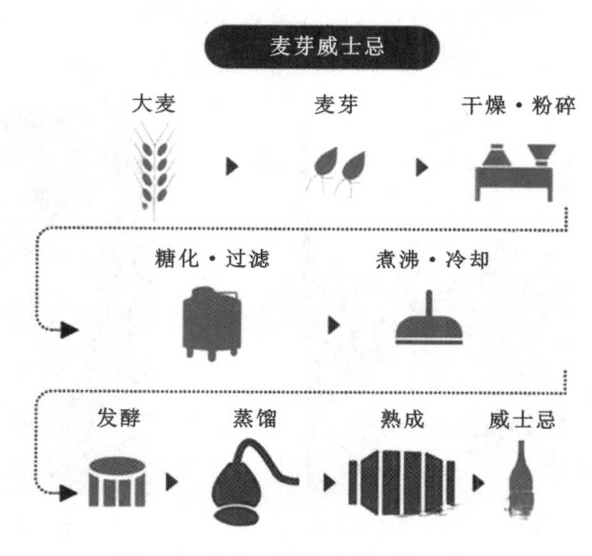

图 6-4　威士忌酒的酿造工艺示意图

二、威士忌酒的饮用

二维码 6-2
威士忌酒的品评

威士忌酒常作为餐酒或餐后酒饮用，除了整瓶销售，威士忌酒通常以杯为单位销售，每杯的标准容量为 1 盎司(30 毫升)。

威士忌酒的饮用方法主要有以下三种。

1. 净饮

高年份的威士忌酒宜净饮。净饮时所用载杯宜为利口酒杯或古典杯。在酒吧中，常用“Straight”或“↑”符号来表示威士忌酒可净饮。

2. 加冰饮用

威士忌酒在加冰后能够散发出特有的香味。加冰饮时所用载杯宜为古典杯。在酒吧中，常用“Whisky on the Rock”来表示威士忌酒加冰。

3. 混合饮用

威士忌酒可与果汁或碳酸饮料混合饮用。混合饮用时，宜使用柯林杯。用作基酒配制鸡尾酒时，常选用口味温和的威士忌酒品种。加冰威士忌酒如图 6-5 所示。

以威士忌酒为基酒调制的常饮鸡尾酒有以下几种：教父、马颈、纽约、威士忌酸酒、曼哈顿等。威士忌酸酒如图 6-6 所示。

图 6-5　加冰威士忌酒

图 6-6　威士忌酸酒

三、世界知名威士忌酒

（一）苏格兰威士忌

二维码 6-3
苏格兰威士忌
工艺流程

1. 苏格兰威士忌的产区

苏格兰威士忌是最负盛名的世界名酒，在苏格兰有著名的四大产区：高地（Highland）、低地（Lowland）、康贝尔镇（Campbell Town）、艾莱岛（Islay）。

二维码 6-4
其他苏格兰
威士忌名品

2. 苏格兰威士忌的特点

按照原料和酿造方法的不同，苏格兰威士忌可以分为纯麦威士忌、谷物威士忌、混合威士忌三大类。与其他国家的威士忌酒相比，苏格兰威士忌具有独特的风味，它色泽棕黄带红（酷似中国的一些黄酒），给人以浓厚的苏格兰乡土气息的感觉，口感甘洌、醇厚、圆正、绵柔。衡量苏格兰威士忌的主要标准是嗅觉感受，即酒香气味。会喝苏格兰威士忌的人，首先品评的就是酒香。

3. 名品

(1)白马威士忌。

白马之名来自苏格兰爱丁堡一间著名的古朴旅馆。白马威士忌由著名的威士忌制造商 J. L. Mackie 公司生产,由大约 40 种单纯威士忌调配酿成,该威士忌的乡土气息浓厚。

(2)皇家礼炮 21 年。

皇家礼炮 21 年如图 6-7 所示。这款苏格兰威士忌是 1953 年为英国女皇伊丽莎白二世加冕典礼而创制的,其名字来源于向到访皇室成员鸣礼炮 21 响的风俗。皇家礼炮 21 年在橡木桶中至少要醇化 21 年。

(3)百龄坛威士忌。

百龄坛威士忌以酿酒公司命名。该公司创建于 1925 年,由乔治·百龄坛创建。该酒深受欧洲人和日本人欢迎。酒度为 43%,有 17 年和 30 年熟化期两个品种。

(4)金铃威士忌。

金铃威士忌是英国最受欢迎的威士忌品牌之一(见图 6-8),由创立于 1825 年的贝尔公司生产。苏格兰人把这种酒作为喜庆日子和出远门必带之酒。金铃威士忌的酒度通常为 43%,分为陈酒、陈酿、佳酿、特酿和珍品等品种。

图 6-7　皇家礼炮 21 年

图 6-8　金铃威士忌

(二)爱尔兰威士忌

世界上最早的威士忌酒生产者是爱尔兰人,距今已有 700 多年的历史,尽管还存在着一些争议,但大部分专家和权威人士认为苏格兰是生产威士忌酒的“鼻祖”。爱尔兰人有很强的民族独立意识,就连威士忌英文写法与苏格兰威士忌英文写法也不尽相同。如果你注意威士忌的标签,就会发现 Whisky 和 Whiskey,一个无字母“e”,一个有字母“e”,即在苏格兰酿造的威士忌标签上无字母“e”,而在爱尔兰酿造的威士忌标签上有字母“e”(有些美国酿造的威士忌标签上也有字母“e”)。

与苏格兰威士忌相比,爱尔兰威士忌没有烟熏的焦香味,口味比较绵柔长润。爱尔兰威士忌比较适合制作混合酒和与其他饮料掺兑共饮,如爱尔兰咖啡(Irish Coffee)。

爱尔兰威士忌的名品主要有布什米尔(Bushmills)、尊美醇(Jameson)、米德尔敦(Midleton)、达拉摩尔都(Tullamore Dew)等。

(三)加拿大威士忌

加拿大威士忌的酒液大多呈棕黄色,酒香芬芳,口感轻快、爽适,酒体丰满而优美。加拿大威士忌在国外比在国内更有名气,它的原料构成受国家法律制约,一律只准用谷物,占比例最大的谷物是玉米和黑麦。加拿大威士忌的名品主要有亚伯达(Alberte)、加拿大 O. F. C. (Canadian O. F. C.)、皇冠(Crown Royal)、施格兰 V. O. (Seagram's V. O.)等。

(四)美国威士忌

二维码 6-5
美国威士忌
分类

美国是世界上最大的威士忌酒生产国和消费国,据统计,每个成年美国人平均每年要饮用 16 瓶威士忌酒。美国威士忌的主要生产地在美国肯塔基州的波旁地区,所以美国威士忌也被称为波旁威士忌。美国威士忌的主要特点是酒液呈棕红色微带黄,清微透亮,酒香幽雅,口感醇厚、绵柔,回味悠长,酒体强健壮实。美国威士忌的名品主要有古安逊物(Ancient Age)、四玫瑰(Four Roses)、乔治·华盛顿(George Washington)、威凤凰(Wild Turkey)等。

任务三 认识白兰地

◇引例

白兰地的起源与发展

白兰地是英文 brandy 的音译,它是以水果为原料,经发酵蒸馏制成的酒。通常我们所称的白兰地专指以葡萄为原料,通过发酵再蒸馏制成的酒。而以其他水果为原料,通过同样的方法制成的酒,常在白兰地前面加上水果原料的名称以示区别。比如,以樱桃为原料制成的白兰地称为樱桃白兰地，以苹果为原料制成的白兰地称为苹果白兰地。“白兰地”一词属于术语，相当于中国的“烧酒”。

白兰地起源于法国干邑市。干邑市位于法国西南部，那里生产葡萄和葡萄酒。早在12世纪，干邑市生产的葡萄酒就已经销往欧洲各国，外国商船也常来夏朗德省滨海口岸购买其葡萄酒。约在16世纪中叶，为便于葡萄酒出口，减少海运的船舱占用空间及大批出口所需缴纳的税金，同时避免因长途运输发生葡萄酒变质的现象，干邑市的酒商把葡萄酒加以蒸馏浓缩后出口，然后输入国的厂家再按比例兑水稀释出售。这种把葡萄酒加以蒸馏后制成的酒即为早期的法国白兰地。当时，荷兰人称这种酒为“Brandenijn”，意思是“烧制过的葡萄酒”。

17世纪初，法国其他地区开始效仿干邑市蒸馏葡萄酒，并将此方法逐渐传播到整个欧洲的葡萄酒生产国家和世界各地。

1701年，法国卷入了西班牙王位继承战争，法国白兰地也遭到禁运。酒商们不得不将白兰地妥善储藏起来，以待时机出售。他们将干邑市盛产的橡木做成橡木桶，把白兰地贮藏在木桶中。1704年战争结束，酒商们意外地发现，本来无色的白兰地竟然变成了美丽的琥珀色，酒没有变质，而且香味更浓。于是从那时起，橡木桶陈酿工艺就成为干邑白兰地的重要制作程序。这种制作程序也很快流传到世界各地。

1887年以后，法国改变了出口外销白兰地的包装，从单一的木桶装变成木桶装和瓶装。随着产品外包装的改进，干邑白兰地的身价也随之提高，销售量稳步上升。据统计，当时出口干邑白兰地每年的销售额已达3亿法郎。

一、白兰地的酿造工艺

白兰地是以葡萄为原料，经过去皮、去核、榨汁、发酵等程序，得到含酒精量较低的葡萄原酒，再将葡萄原酒蒸馏得到无色烈性酒。之后将得到的烈性酒放入橡木桶储存、陈酿，再进行勾兑，以达到理想的颜色、芳香和酒度，从而得到优质的白兰地。最后将勾兑好的白兰地装瓶。白兰地的生产过程如图6-9所示。

法国人称白兰地为“生命之水”，其酒度为38％～40％，虽属烈性酒，但由于经过长时间的陈酿，其口感柔和，香味纯正，饮用时给人以高雅、舒畅的享受。白兰地呈美丽的琥珀色，富有吸引力，悠久的历史也为其蒙上了一层神秘的色彩。

白兰地酿造工艺精湛，特别讲究陈酿时间与勾兑的技艺，其中陈酿时间的长短更是衡量白兰地酒质优劣的重要标准。干邑市各厂家贮藏在橡木桶中的白兰地，有的长达70年之久。它们利用不同年限的酒，按各自世代相传的秘方进行精心调配勾兑，创造出不同品质、不同风格的干邑白兰地。

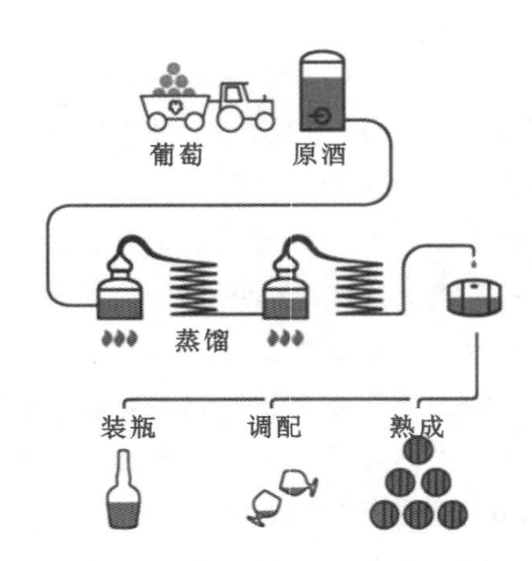

图 6-9　白兰地的生产过程示意图

橡木桶对酒质的影响很大，最好的橡木是来自干邑市利穆赞和托塞斯两个地方的特产橡木。酿藏对于白兰地的酿造至关重要，各酒厂依据法国政府的规定，所定的陈酿时间有所不同。白兰地酒质变化仅在橡木桶酿藏期间进行，装瓶后其酒液的品质不会再发生任何变化。白兰地的橡木桶酿藏如图 6-10 所示。

图 6-10　白兰地的橡木桶酿藏图

二维码 6-6
白兰地酒杯的特点

世界上有很多国家都生产白兰地，如法国、德国、意大利、西班牙、美国等，但以法国生产的白兰地品质最好，而法国白兰地又以干邑和雅文邑两个地区的产品为最佳，其中，干邑的品质举世公认，最负盛名。

二、白兰地的饮用

二维码 6-7
净饮白兰地的方法

白兰地属高酒度酒，其饮用和服务方式非常讲究，对载杯、分量、方法等都有严格的要求。白兰地的饮用方法主要有以下三种。

1. 净饮

二维码 6-8
干邑的六个
葡萄种植区

白兰地主要用作餐后酒，最好的享用方法是不加任何东西净饮，特别高档的白兰地更要如此，这样才能品尝出白兰地的醇香，如图 6-11 所示。

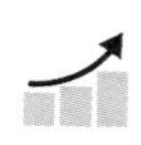

2. 加冰、加水饮用

上好的白兰地以净饮为最佳，但普通白兰地若直接饮用会有酒精刺喉的感觉，加冰、掺水能使酒精得到稀释，减轻刺激感，保持白兰地的风味。

二维码 6-9
干邑白兰地的
酿造工艺

3. 混合饮用

白兰地有浓郁的香味，常被用作鸡尾酒的基酒，常和各种利口酒、果汁、碳酸饮料、奶、矿泉水等一起调制成混合饮料，如亚历山大鸡尾酒（见图 6-12）。以白兰地为基酒调制的常饮鸡尾酒有醉汉、侧车、蛋酒、B&B、亚历山大等。

图 6-11　净饮白兰地

图 6-12　亚历山大鸡尾酒

三、世界知名白兰地

（一）法国白兰地

二维码 6-10
干邑白兰
地的分级

1. 干邑白兰地

干邑市位于法国西南部。它周围约 1000 平方千米的范围内，无论是气候还是土壤，都适合良种葡萄的生长，因此干邑是法国最著名的葡萄产区，法国政府规定，只有采用干邑的葡萄酿制的白兰地才能称为“干邑白兰地”。

干邑白兰地的酒度一般为43%，酒液呈琥珀色，清亮有光泽，芳香浓郁，酒体优雅健美，口味精细考究。

下面简要介绍干邑白兰地名厂名酒。

(1)人头马(Rémy Martin)集团。

人头马集团创立于1724年，是著名的老字号干邑白兰地制造商。它采用产自大香槟区及小香槟区的上等葡萄酿制，被法国政府冠以特别荣誉的名称——“特优香槟干邑”。人头马集团主要的白兰地类型如表6-2所示。人头马XO如图6-13所示。

表6-2 人头马集团主要的白兰地类型

产品名称	特色
人头马V.S.O.P特优香槟干邑	两次蒸馏，橡木桶贮藏8年以上，酒味香醇
人头马极品CLUB特级干邑	干邑级别的拿破仑，橡木桶贮藏超过12年，酒色金黄通透，呈琥珀色，被称为最佳干邑的标志
人头马极品XO	大小香槟区上等葡萄酒酿造，多年贮藏，酒味雄劲浓郁，酒质香醇。圆形瓶身凹凸有致，典雅华贵
人头马黄金时代	橡木桶贮藏逾40年，经三代酿酒师精心酿制，酒质馥郁醇厚，酒香细绵悠长；瓶身金光闪耀，瓶颈用24K纯金镶嵌，高贵不凡
人头马路易十三纯品	由品质最上乘、产量最稀少的顶级葡萄酿造，酒质浑然天成，醇美无瑕，芳香扑鼻，达到酿酒艺术的最高境界。每年产量稀少使人头马路易十三纯品更稀罕珍贵

(2)轩尼诗(Hennessy)酒厂。

轩尼诗酒厂由原爱尔兰皇室侍卫——理查·轩尼诗于1765年创建，是干邑地区最大的三家酒厂之一。主要产品有轩尼诗X.O和轩尼诗V.S.O.P。

轩尼诗X.O(见图6-14)始创于1870年，是世界上最先以X.O命名的干邑白兰地，属轩尼诗家族的私家珍藏酒。该酒于1872年传入中国，深受我国人民喜爱。

轩尼诗V.S.O.P以旧橡木桶经长年累月酿制，香醇细腻，成熟温厚、优雅高尚。

图6-13 人头马XO

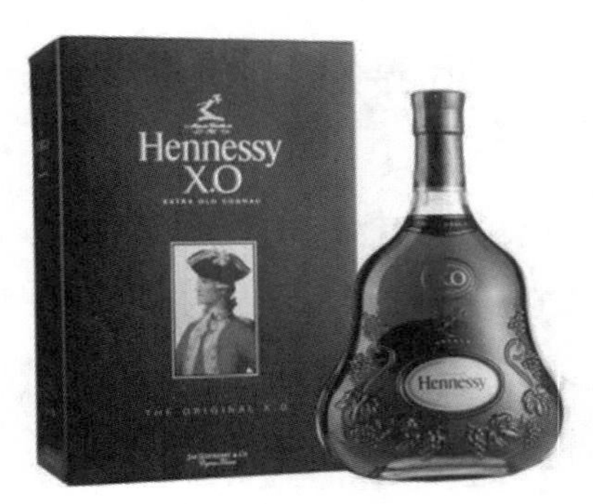

图6-14 轩尼诗X.O

(3)金花(Camus)酒厂。

1863年，约翰·柏蒂斯·金花与他的好友一起创办金花酒厂，并应用"伟大的标记"为徽号。金花酒厂生产的酒品质轻淡，使用旧橡木桶贮酒老熟，风格别致。其主要产品有三星级金花白兰地、拿破仑XO干邑白兰地、拿破仑特级VSOP干邑白兰地等。

(4)马爹利(Martell)公司。

简·马爹利于1715年创办马爹利公司。该公司热心地培训酿酒师，其所酿造的白兰地，具有"稀世罕见之美酒"的美誉。该公司生产的三星级马爹利和VSOP级马爹利，是世界上最受欢迎的白兰地之一，其在中国推出的名士马爹利、X.O马爹利和金牌马爹利，备受欢迎。

(5)百事吉(Bisquit)酒厂。

该酒厂创立于1819年，有200多年酿制干邑白兰地的经验。其生产的酒酒质馥郁醇厚。该厂特别推出有名为"百事吉世纪珍藏"(Bisquit Privilege)的珍品，传说它的每一滴酒液都经过100年以上的酿藏，更含有19世纪中末期Phylloxera根瘤蚜虫出现前的奇珍，调配缜密，酒香馥郁扑鼻，质醇浓，入口丝柔，余韵绵长，酒度为41.5%，完全天然老熟。

(6)拿破仑干邑(Courvoisier Cognac)酒厂。

拿破仑干邑白兰地是法国干邑区名酿，1869年被指定为拿破仑宫廷御用美酒，其酒瓶上别出心裁地印有拿破仑像投影，这也是大家熟悉的干邑极品标志。

2. 雅文邑(Armagnac)白兰地

雅文邑位于法国波尔多地区东南部，1422年生产世界上最古老的白兰地，但直到17世纪中期才初次出口到荷兰。由于雅文邑白兰地主要供应内销，出口量较少，其知名度比不上干邑白兰地。雅文邑白兰地酒质优秀，酒味较烈，有田园风味。珍尼雅文邑XO白兰地如图6-15所示。

二维码6-11
其他国家
白兰地简介

一般来说，雅文邑酒在木桶中贮存的时间越长，其口感和柔滑度越好。但是如果超过40年，酒精和水分蒸发得太多，酒会变得过于黏稠。

法国政府立法规定，如果雅文邑白兰地的酒标上注明了酿成的年份，它仅表示该酒蒸馏的年份而不是葡萄收获的年份，生产商还必须注明雅文邑白兰地从桶中转移到玻璃瓶中的年限。所有的雅文邑白兰地必须在酒标上注明生产年份，不同品牌的雅文邑白兰地不得互相混合。为了保证质量，雅文邑白兰地必须贮存10年以上才能出售。

该地区的名酒厂主要有爱得诗酒厂、梦特娇酒厂等。

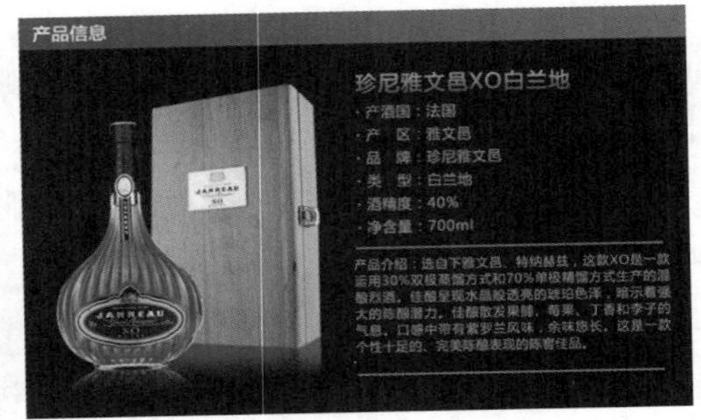

图 6-15　珍尼雅文邑 XO 白兰地

（二）水果白兰地

除葡萄可用来制成白兰地外，其他水果如李子、梅子、樱桃、草莓、橘子等，经过发酵，也可制成各种水果白兰地。

1. 苹果白兰地

苹果白兰地的酿造历史已经有数百年，其酿造工艺是将苹果汁发酵后经过二次蒸馏，再移至木桶中贮藏而成。苹果白兰地的主要生产国是美国和法国。苹果白兰地在法国称 Calvados，在美国称 Apple Jack，分别如图 6-16 和图 6-17 所示。Calvados 是法国诺曼底的一个省，该地是苹果酒的主要产地，此酒名即由此而来。

法国和美国的苹果白兰地的区别是：其一，贮存年份和酒度不同，法国产的酒龄为 10 年，美国产的桶贮为 5 年；其二，瓶装时，法国产的酒度为 45%，美国产的酒度为 50%。苹果白兰地的酒色由木桶得到，并有着明显的苹果味。

图 6-16　法国苹果白兰地（Calvados）

图 6-17　美国苹果白兰地（Apple Jack）

2. 樱桃白兰地

樱桃白兰地的主要生产国是南欧及北欧一些国家。樱桃白兰地的酒度一般为25%～32%。丹麦哥本哈根有一家名为希林克的酒厂，创于1818年，是该国制造樱桃白兰地的鼻祖。该厂有一个种植了13万株樱桃树的樱桃园，大量成熟的樱桃果实被运进酒厂，由这种樱桃所生产的樱桃白兰地名为“樱桃希林克”，口味独特。酒度为32%。

任务四 认识金酒

引例

金酒的起源与发展

金酒(Gin)也称琴酒，是英语gin的音译。有时人们习惯地称它为杜松子酒。“Gin”由荷兰文“Genever”缩写而成。Genever的本义为杜松树。金酒为无色液体，酒度约为40%。杜松子是金酒中主要的增香物质，这种物质由常青灌木杜松的深绿色果实构成，该果实主要产于意大利北部、克罗地亚、美国和加拿大等地区(见图6-18)。

图6-18 杜松子

金酒起源于16世纪。荷兰莱顿大学医学院西尔维亚斯教授发现杜松子有一定的治疗作用，于是将杜松子浸泡在酒中，使用蒸馏方法制成医用酒。由于这种酒气味芳香并具有健胃、解热功能，逐渐发展成饮用酒。这种酒当时称作Genever，至今荷兰金酒仍用该词。

1660年，一位名叫塞木尔·派波斯的人曾记载用杜松子制成的强力药水治愈了一位腹痛病人。18世纪，英国特色的干金酒随着大英帝国的扩张遍布世界。

19世纪中叶，在维多利亚女王时代，金酒的声誉不断提高，传统风格的汤姆酒逐渐成为清爽风格的干金酒，并且伦敦干金酒已成为金酒的代名词。实际上，金酒尽管起源于荷兰，但是发展于英国。目前金酒的主要消费国是美国、英国和西班牙。伦敦的干金酒的生产始于1930年，但是直至1960年由于金酒与可乐的混合饮料流行，金酒的生产量和销量才不断提高。

一、金酒的酿造工艺

二维码 6-12
金酒的特点与分类

金酒是以玉米、稞麦和大麦芽为主要原料，经发酵，蒸馏至90%以上的酒精液体，加水淡化至51%，然后加入杜松子、香菜子、香草、橘皮、桂皮、大茴香等香料，再蒸馏至约80%的酒液，最后加水勾兑而成。

金酒不需要放入橡木桶中熟化，蒸馏后的酒液，经过勾兑即可装瓶，有时也可熟化一段时间后再装瓶。不同风味的金酒，生产工艺不同，主要表现在不同的原料比例和蒸馏方式。世界许多国家都生产金酒，最著名的国家是英国、荷兰、加拿大、美国、巴西、日本和印度。

二、金酒的饮用

金酒常用作餐前酒或餐后酒，饮用方法通常有以下三种。

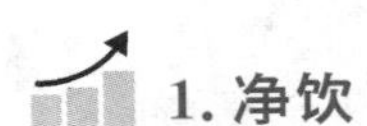

1. 净饮

荷式金酒口味过于甜浓，只适于净饮。净饮时常用利口酒杯或古典杯。荷式金酒还有一种有意思的喝法，即将金酒倒在小郁金香杯中，满到几乎溢出来，饮者把手背在后面（不能扶着酒杯也不能让酒洒出来），弯腰、低头，吸一口，再跟大家干杯一饮而尽，紧接着喝一大口啤酒（见图6-19）。一群人一起喝感觉特别开心。

图 6-19　荷式金酒的一种饮用方法

2. 加冰饮用

荷式金酒也可加冰块和柠檬饮用。

3. 混合饮用

英式金酒口味干爽，素有“鸡尾酒的核心酒”的美称，通常与汤力水、果汁、汽水等混合饮用，兑饮时常用直身平底杯。

以金酒为基酒调制的常饮鸡尾酒有以下几种：红粉佳人、蓝鸟、新加坡司令、金汤力、白美人（见图 6-20）、汤姆柯林斯（见图 6-21）等。

图 6-20　白美人

图 6-21　汤姆柯林斯

三、世界知名金酒

（一）英国金酒

二维码 6-13
英式金酒的
酿造工艺

英国金酒又称英国干式金酒或伦敦干金酒。所谓干式金酒，是指酒味不甜、不带原体味的金酒。英国干式金酒酒液具有无色透明，口感甘冽、醇美、爽适，酒香浓郁的特点。

世界著名的英国金酒品牌如下。

1. 哥顿（Gordon's）

哥顿又称狗头牌金酒。它于1769年由亚历山大·哥顿在伦敦创立，哥顿开发并完善了不含糖的金酒，将经过多重蒸馏的酒精配以杜松子及多种香草，调制出香味独特的金酒，口感滑润，酒味芳香。该酒是目前世界销量最高的伦敦干金酒，也是酒吧常备酒品之一。如图6-22所示。

2. 必富达（Beefeater）

必富达金酒又称将军金酒或伦敦金卫士，该酒使用优质配料，用珍贵的传统酿酒工艺制造而成，被冠以“鸡尾酒的心脏”雅号，是世界著名的金酒产品。该酒由创立于1820年的杰姆斯·巴罗公司（James Burrough）出品，杜松子味道强烈，气味奇异清香，口感醇美爽适，充满活力，浓郁强劲，可以搭配各种美食。如图6-23所示。

图6-22　哥顿

图6-23　必富达

（二）荷兰金酒

金酒是荷兰的国酒，荷兰金酒的产地主要集中在荷兰斯希丹一带。荷兰金酒的原料以大麦芽为主，加入调香原料（杜松子、胡荽、苦橙皮、小豆蔻、柠檬、苦杏仁等）蒸馏而成。其制造方法同英国干式金酒基本相似，制造完成后也无须陈酿，可以直接上市销售。一般酒度越高，酒质就越好。荷兰金酒的味道辣中带甜，有明显的谷物芬芳，无论纯饮还是加冰，喝起来都很爽口，其酒液无色透明，酒香与调香味道突出，甚至可以盖过甜品饮料，所以荷兰金酒只适合纯饮或者加冰，而不适合与其他酒水混合调制鸡尾酒。荷兰金酒闻名世界的著名品牌有波尔斯（Bols Genever）、亨克斯（Henkes）、波克马（Bokma）、哈瑟坎坡（Hasekamp）等。

（三）美国金酒

与其他金酒相比，美国金酒要在橡木桶中陈酿一段时间，其颜色为淡金黄色。美国金酒主要有蒸馏金酒和混合金酒两大类。通常情况下，美国的蒸馏金酒在瓶底部有“D”字，这是美国蒸馏金酒的特殊标志。混合金酒是用食用酒精和杜松子简单混合而成的，很少用于单饮，多用于调制鸡尾酒。著名品牌有水晶宫（Crystal Palace）等。

任务五　认识朗姆酒

引例

朗姆酒的起源与特点

朗姆酒发源于西印度群岛，17 世纪初，西印度群岛的欧洲移民开始以甘蔗为原料制造一种廉价的烈性酒，主要给种植园的奴隶饮用以缓解他们的疲劳，这种酒就是现在的朗姆酒的雏形。到了 18 世纪，随着世界航海技术的进步以及欧洲各国殖民地政府对这种酒的大力推广，朗姆酒开始在世界各地生产并流行。

“朗姆”是“rum”的音译，“rum”一词来自古英文“rumbullion”，有“兴奋、骚动”之义。朗姆酒是一种带有浪漫色彩的酒，很多具有冒险精神的人都喜欢用朗姆酒作为饮料，加勒比海盗曾把朗姆酒当作不可缺少的饮料，所以朗姆酒有“海盗之酒”之称。

朗姆酒是用甘蔗、甘蔗糖浆、甘蔗糖蜜或其他甘蔗的副产品，经发酵、蒸馏制成的烈性酒，其酒度为42%～50%。朗姆酒是蒸馏酒中最具香味的酒，在制作过程中，可以对酒液进行调香，制成系列香味的成品酒，如清淡型、芳香型、浓烈型等。朗姆酒的颜色多种多样，如无色、棕色、琥珀色等。可放在旧橡木桶中陈酿，无须用新橡木桶陈酿。

一、朗姆酒的酿造工艺

二维码 6-14
朗姆酒的
分类

朗姆酒的生产工艺基本上与威士忌酒相同，主要生产过程包括发酵、蒸馏、陈酿和勾兑等。朗姆酒的蒸馏既有烧锅式蒸馏，也有连续式蒸馏，前者的生产效果好些，生产出的朗姆酒味道浓厚。

朗姆酒的酿造工艺流程一般为：甘蔗→压榨煮汁→分离→得到糖蜜→发酵→蒸馏→陈酿→勾兑→装瓶。

二、朗姆酒的饮用

朗姆酒通常作为餐前或餐后酒饮用，饮用方法通常有以下三种。

1. 净饮

朗姆酒的风味独特，非常适合净饮，一般用利口酒杯或古典杯盛装。如果是白朗姆酒，还要加一片柠檬。

2. 加冰饮用

即加冰或加水，同时加一片柠檬饮用，一般用古典杯盛装。

3. 混合饮用

朗姆酒也可与汽水、果汁等一起调制成混合饮料。

以朗姆酒为基酒调制的常饮鸡尾酒有以下几种：自由古巴、迈泰、宾治、高潮、天蝎座等。

三、世界知名朗姆酒

1. 百加得（Bacardi）

1862 年，都·弗汉都·百加地（Don Facundo Bacardi）在古巴建立百加得酿酒公司，使用古巴优质蜜糖来制造口味清淡、柔和、纯净的低度朗姆酒。1892 年，因受西班牙王室称赞，百加得牌朗姆酒的标签加上了西班牙皇家的徽章。目前，该公司已经成为全球最大的家族经营式烈酒公司，其产品遍布 170 多个国家。百加得旗下有多种风格的朗姆酒，可以满足众多消费者的不同需求，其中包括百加得黑朗姆酒（如图 6-24 所示），被称为“全球经典白朗姆酒”的百加得白朗姆酒（如图 6-25 所示），被誉为“全球最高档陈年深色朗姆酒”的百加得八年朗姆酒。百加得朗姆酒的瓶身上有一个非常引人注目的蝙蝠图案，这个标记在古巴文化中是好运和财富的象征。

2. 摩根船长（Captain Morgan）

1944 年，施格兰公司（Seagram Company）首次发布了名为“摩根船长”的朗姆酒，该酒得名于 17 世纪一位著名的加勒比海盗——亨利·摩根（Sir Henry Morgan）。该酒融合了热带地区的乡土风味和各种芳香味，是牙买加的名酒。2001 年，帝亚吉欧集团（Seagram Company）将摩根船长朗姆酒收到自己旗下。从 2011 年开始，摩根船长朗姆酒推出了一个新的口号：“向美好的生活，美妙的爱情和激越的奋斗致敬！”

图 6-24　百加得黑朗姆酒

图 6-25　百加得白朗姆酒

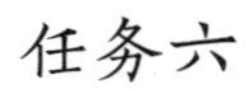

任务六 初识伏特加酒

◇ 引例

伏特加酒的起源与发展

世界上有很多国家生产伏特加酒，如美国、波兰、丹麦等，但以俄国生产的伏特加酒质量最好。伏特加名字源于俄语“boska”，意为“水酒”。其英语为 vodka，可音译为俄得克，所以伏特加又被称作俄得克酒。

伏特加酒的起源可追溯到 12 世纪，当时俄国生产了一种用稞麦酿制的蒸馏酒，并成为俄国人的“生命之水”，一般认为它就是现今伏特加的雏形。

19 世纪 40 年代，伏特加酒成为西欧国家流行的饮品。后来伏特加酒的酿造技术被带到美国，并随着伏特加酒在鸡尾酒中的广泛运用而在美国逐渐盛行。

据有关记载，世界首家制作伏特加酒的磨坊出现在 11 世纪俄国的科尔娜乌思科地区。然而波兰人认为，他们早在 8 世纪就开始蒸馏制作伏特加酒。据考证，波兰人当时蒸馏制作的不是伏特加酒，而是葡萄酒，是比较粗糙的白兰地，当时称为哥兹尔卡(Goralka)，作为医学用酒。14 世纪，英国外交大臣访问莫斯科时发现伏特加酒已成为俄国人的饮用酒。15 世纪中叶，俄国运用罐式蒸馏法制作伏特加酒，而且还采用了调味、熟化和冷藏技术，并使用牛奶或鸡蛋作为澄清媒介，提高了酒的透明度。

1450 年俄国开始大量生产伏特加酒，至 1505 年已经向瑞典出口。之后，波兰的波士南市和克拉科夫市生产的伏特加酒也开始外销。16 世纪中期，俄国伏特加酒已经发展为三个品种：普通伏特加酒、优质伏特加酒和高级伏特加酒。那时伏特加酒要经过两次蒸馏，酒度非常高。当时还开发了带有水果和香料的伏特加酒。18 世纪初，伏特加酒的品种不断增加，市场上出现了加香型伏特加酒。许多香料，例如苦艾、橡树果、茴香、白桦树、菖蒲根、金盏草、樱桃、菊苣、莳萝、生姜、山葵、杜松子、柠檬、薄荷、橡木、胡椒、麦芽汁、西瓜等被添加到伏特加酒中以增加香气。当时伏特加酒成为俄国王室宴会用酒，并且像面包一样出现在所有人的正餐中。当时在所有宗教庆典活动中，伏特加酒都是必备酒。如果某人在庆典活动中拒绝饮用伏特加酒，会被视为不虔诚。

18 世纪中期俄国圣彼得堡的一位教授发明了使用木炭净化伏特加酒的方法。1818 年，彼得・斯来诺夫在俄国莫斯科市建立了伏特加酒厂后，伏特加酒从一个普通的商品发展为俄国的知名产品。

1917年以后，夫莱帝莫·斯米诺夫在法国巴黎建立了一个小酒厂，生产伏特加酒，主要销售给在法国的俄国人。19世纪末，伏特加酒生产采用了标准配方和统一生产工艺。1917年十月革命后，俄国人把制作伏特加酒的技术带到世界各地。1934年，乌克兰后裔鲁道尔夫·库涅特将斯米诺夫厂的伏特加酒配方带到美国，在美国开设了第一家伏特加酒厂，从此美国人广泛认识并饮用伏特加酒。20世纪60年代以来，伏特加酒的声誉和销售量不断增加。

一、伏特加酒的酿造工艺

伏特加酒的原料为谷物(如小麦、大麦、玉米等)、马铃薯和甜菜。现在，马铃薯和玉米是酿制伏特加酒的主要原材料。

二维码 6-15
伏特加酒的特点与分类

伏特加酒的酿制工艺为：精选谷类→加入热水→加压煮烂→加入酵母发酵→蒸馏至酒精纯度为90%→加水稀释→过滤→装瓶。

伏特加酒的酿制过程中有两个比较重要和特殊的工艺：一是蒸馏出的原酒流入收集器时，要经过桦木炭层的过滤，每加仑(约3.79升)酒至少要用一磅半(约0.68千克)的木炭，而且连续过滤的时间不得少于8小时，而且桦木炭在使用40小时后，至少10%的木炭要换新的；二是将酿制好的伏特加酒不断地与木炭接触，以达到精炼过滤的效果。这样就使伏特加酒具有了无色、无杂味的特点，成为世界上最为纯净的酒。

在很长的一段历史时期，伏特加酒只在俄罗斯、波兰、芬兰、捷克等东欧和北欧国家流行。俄国十月革命以后，大量的俄国逃亡贵族把伏特加酒带到了西欧和美国。

二、伏特加酒的饮用

伏特加酒通常作为佐餐酒或餐后酒饮用，饮用方法通常有以下三种。

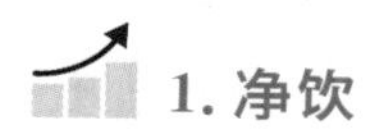

1. 净饮

净饮是伏特加酒的主要饮用方式，用利口酒杯盛饮。因为伏特加酒无杂味，所以人们常常快饮(即干杯)。

2. 加冰饮用

加冰块，加一片柠檬，用古典杯盛饮。

3. 混合饮用

由于大部分伏特加酒无臭无味，非常适合兑苏打水或果汁饮料以及用于调制鸡尾酒。

以伏特加酒为基酒调制的常饮鸡尾酒有螺丝钻（见图 6-26）、顿河、咸狗（见图 6-27）、血腥玛丽、黑色俄罗斯等。

图 6-26　螺丝钻

图 6-27　咸狗

三、世界知名伏特加酒

1. 皇冠伏特加酒（Smirnoff）

皇冠伏特加酒（见图 6-28）于 1815 年开始生产，是俄国皇室用酒，皇冠伏特加酒由小批量手工酿制、经三次蒸馏加上一次传统俄式铜器蒸馏而成，是为纪念沙皇亚历山大二世于 1855 年登基而特别调制的，其顺滑纯劲的口感深得对品质要求极高的沙皇青睐。1930 年，其配方被带到美国，在当时美国人很少喝伏特加酒的情况下，皇冠伏特加酒被定义为“白色威士忌”。目前该酒以其纯劲口感风靡全球，在全球 170 多个国家销售，该伏特加酒液透明，无色，除了有酒精的特有香味外，无其他香味，口味甘洌、劲大冲鼻，是调制鸡尾酒不可缺少的原料，深受各地酒吧调酒师的欢迎。该酒目前由美国休布仑公司生产，成为世界知名伏特加酒品牌。

2. 绝对牌伏特加酒（Absolut）

绝对牌伏特加酒(见图 6-29)创于 1879 年瑞典,该酒使用瑞典南部小镇 Ahus 的优质冬小麦为原料,采用纯净深泉水,使用连续发酵工艺,酿造出的伏特加品质纯正、口感丰厚醇和,非常适合作为创意调酒的基酒。绝对牌伏特加酒是畅销全球的高端烈酒品牌之一,拥有辣椒、柠檬、黑加仑、柑橘、香草、红莓等多种口味,2011 年 3 月拥有"绝对牌伏特加"品牌的瑞典葡萄酒和酒精公司被法国保乐力加集团收购。

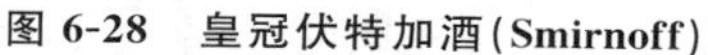

图 6-28 皇冠伏特加酒(Smirnoff)

图 6-29 绝对牌伏特加酒(Absolut)

3. 红牌伏特加酒（Stolichnaya Vodka）

红牌伏特加也叫"斯托利伏特加",创于 1901 年,是俄国获奖最多、最受人欢迎的伏特加酒品牌之一。这款伏特加酒由俄罗斯莫斯科水晶蒸馏厂用黑麦和小麦酿造而成,口感绵软、香味清淡,冰镇后配鱼子酱口感最佳。该酒以蝴蝶和奇花异草来指代其高贵品质,其中的斯托利精英伏特加(Stolichnaya Elit)在全球各地都受到了热烈的追捧。

4. 绿牌伏特加酒（Moskovskaya）

绿牌伏特加酒很好地体现出俄罗斯伏特加酒液纯净的特征,除了伏特加酒的酒香以外没有任何混杂的气味,口感浓烈,劲很大,像烈火一样刺激。它以 100%谷物为原料,是市面上比较高档的一款精馏伏特加酒。

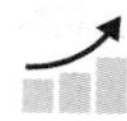

5. 维波罗瓦（Wyborowa）

维波罗瓦是来自波兰的古老的顶级伏特加酒品牌。1823 年,在获得世界上最著名的品酒比赛第一名后,这种由黑麦提取,口感润滑的伏特加酒被授予了世界第一品牌——维波罗瓦。其生产工艺基于波兰酿酒厂的传统，以清爽纯正、润滑的口感而备受欢迎，它代表了优美和高雅。2000年该品牌被法国酒精生产商保乐力加收购。

任务七　认识特其拉酒

引例

特其拉酒的历史

传说18世纪中叶，在墨西哥中部的哈利斯科州的阿奇塔略发生了一次严重的火山爆发。大火过后，地面上到处是烧焦的龙舌兰，空气中充满了一种怡人的香草香味，于是当地村民就将烧焦的龙舌兰砸烂，发现里面竟流出一股巧克力色泽的汁液来，放入口中品尝后，才知道龙舌兰带有极好的甜味。于是墨西哥早期的西班牙移民就将龙舌兰压榨出汁，然后将汁液发酵、蒸馏，制造出无色透明的烈性酒，随后，酿造厂为了寻求上等的龙舌兰原料而来到墨西哥特其拉镇，从此以后特其拉镇就成为特其拉酒最主要的产地。

1873年，三桶特其拉酒以梅斯卡尔葡萄酒的名字从特其拉镇运送到了美国的新墨西哥州，这是该酒第一次运出国境。1893年，它以梅斯卡尔白兰地的名称参加了在芝加哥举行的世界博览会；1910年，它又以龙舌兰葡萄酒的名称参加了在圣安东尼举行的酒类展览会，并且获得金奖。但是，直到玛格丽特鸡尾酒出现以后，特其拉酒才从墨西哥的当地名酒晋升为风靡世界的饮料，并在世界各地的酒吧中占有重要的席位。

在墨西哥，由龙舌兰发酵蒸馏而成的酒，通常都被称为梅斯卡尔酒。墨西哥法律规定，只有使用以哈利斯科州为中心（指纳亚里特州、哈利斯科州、米却肯州三个州的接壤部分）所栽培出来的龙舌兰为原料，在特定的区域内蒸馏而成的酒才可以称为特其拉酒。特其拉酒被人们认为是墨西哥文化和传统的代表作。龙舌兰如图6-30所示。

图6-30　龙舌兰

一、特其拉酒的酿造工艺

二维码 6-16
特其拉酒的
原料——
龙舌兰

龙舌兰要经过 10～12 年才能成熟，其叶子长度有时可超过 3 米，而叶子并不是酿酒的原料，而是将外层的叶子砍掉取其中心部位作为原料，中心部位就是布满刺，酷似巨大凤梨的龙舌兰“心”（见图 6-31），最重可达 150 磅（68 千克），龙舌兰“心”里面充满香甜、黏稠的汁液。制作特其拉酒时，首先将龙舌兰“心”放入石蒸笼中，石蒸笼中热度维持在 80℃～95℃，蒸 24～36 小时。通过加热，浅色的龙舌兰“心”逐渐呈浅褐色，并带有甜味和糖果香味，到这个阶段就可以进行榨汁。之后加入酵母，放入大桶发酵，整个发酵过程，在天气凉爽时需要 12 天左右，天气炎热时需要 5 天左右。发酵后的汁液必须经过两次蒸馏，以保证特其拉酒的味道和香气。

二维码 6-17
墨西哥法律
对特其拉酒的
规定

图 6-31 采收的龙舌兰“心”

二、特其拉酒的种类

蒸馏后的特其拉酒依据有无酿藏及酿藏时间的长短，可以分为三大类，即无色特其拉、金色特其拉和特其拉阿涅荷。

1. 无色特其拉

无色特其拉又称银色特其拉（见图 6-32），或特其拉布兰克，是一种无色透明的特其拉酒，具有浓郁强烈的酒香。本来特其拉酒是可以不经过酿藏直接上市销售的酒，现在很多酒商为提高酒质，而将原酒经过 3 周左右的桶装酿藏，然后再经过活性炭层的过滤，使其成为无色、清淡的精制品。目前，该酒主要用作鸡尾酒的基酒。

图 6-32 银色特其拉

2. 金色特其拉

金色特其拉又称雷波沙德特其拉，该酒蒸馏后需要在桶中酿藏，所以酒色呈黄色，并且带有淡淡的木质香味。

3. 特其拉阿涅荷

这是一种口味较清淡的特其拉酒，一般要在木桶中酿藏 1 年以上。

三、特其拉酒的饮用

特其拉酒以其独特的饮用方法和刺激的味道，风靡全世界。特其拉酒的饮用方法通常有以下三种。

1. 净饮

特其拉酒的口味凶烈，香气独特。它是墨西哥的国酒，墨西哥人对此酒情有独钟。此酒的饮用方式也很特别：顾客在左手虎口处撒一些细盐，用右手挤新鲜的柠檬汁滴入口中，然后用舌头舔盐入口，之后迅速举杯，将特其拉酒一饮而尽。这时候，酸味、咸味伴着烈酒，冲破喉咙直入肚中，给人酣畅淋漓的感觉。

2. 加冰饮用

特其拉酒作为餐后酒，可兑入冰块再加入一片柠檬饮用，一般用古典杯盛装。

3. 混合饮用

特其拉酒还可与碳酸饮料、果汁等一起调制成混合饮料。

以特其拉酒为基酒调制的常饮鸡尾酒有特其拉日出（见图 6-33）、玛格丽特、埃尔迪亚博洛、斗牛士（见图 6-34）、特其拉炸弹、墨西哥等。

图 6-33 特其拉日出

图 6-34 斗牛士

四、世界知名特其拉酒

1. 科尔沃（Cuervo）

科尔沃又称豪帅快活。墨西哥豪帅快活龙舌兰酒厂创立于 1795 年，历史悠久，是世界最大的龙舌兰烈酒生产商，以酿造顶级橡木桶陈年的龙舌兰烈酒著称。该公司的产品系列分为如下几种：Cuervo white，不经酿藏、直接过滤装瓶销售，酒度为 40%，味道纯净；Cuervo glod，在橡木桶中酿藏两年，酒味浓厚，酒度也为 40%；Cuervo 1800，该公司的纪念酒，酒度为 38%。科尔沃有金色和银色之分，如图 6-35 所示。

2. 卡米诺（Camino）

卡米诺包装具有民族特色，酒瓶造型采用墨西哥高帽子作为瓶塞，瓶身以布披肩围着，宛如一个墨西哥人。该酒酒度为 40%。

图 6-35　科尔沃金、科尔沃银

3. 奥米加（Olmeca）

奥米加的命名起源于奥米加的土著族文化。该酒分为无色特其拉酒和金色特其拉酒两种，酒度均为40%。

除上述三种，另外还有白金武士（Conquistador）、百灵崎（Palenque）、道梅科（Domeco）、斗牛士（EI toro）、海拉杜拉（Herradura）、玛丽亚西（Mariachi）、奥雷（Ole）、索查（Sauzu）等众多品牌。

任务八　认识中国白酒

◇ 引 例

中国白酒的起源

中国白酒是以谷物为原料，经发酵、蒸馏而成的蒸馏酒。因为该酒无色，所以统称为白酒。

我国早期的酒，多是不经蒸馏的酿造酒，直到后期才出现蒸馏酒。唐代诗人白居易的“荔枝新熟鸡冠色，烧酒初开琥珀香”和雍陶的“自到成都烧酒熟，不思身更入长安”的诗句，说明唐朝时已有了烧酒，即蒸馏酒。

明朝名医李时珍对白酒介绍得更明确，他在《本草纲目》中写道：“烧酒非古法也。自元时创始其法，用浓酒和糟入甑，蒸令气上，以器承其滴露，红色可爱”；“凡酸坏之酒，皆可蒸烧。近时惟以糯米或粳米或黍或秫或大麦蒸熟，和曲酿瓮中七日，以甑蒸取。其清如水，味极浓烈，盖酒露也。”这里不但讲了烧酒产生的年代，而且还讲述了其制作方法。也有研究者通过考证提出我国的蒸馏酒产生于唐朝之前。

一、中国白酒的酿造工艺

中国白酒有多种生产工艺。不同风味的白酒制作方法不尽相同。通常，将高粱、大麦或玉米等粮食粉碎后，用温水润料，放入蒸煮锅，通过蒸汽排除不良气味，之后投入糖化锅进行糖化。再将糖化醪压入发酵罐，加酒曲进行发酵。之后将发酵的酒浆导入蒸馏塔进行蒸馏。最后陈酿和勾兑，得到成品白酒。

二维码 6-18
中国白酒
酒曲

二、中国白酒的香型

中国白酒的香型主要取决于生产白酒的原料、制曲（糖化发酵剂）工艺、发酵酿酒工艺、窖池结构、生产环境、贮存时间、贮存容器等。根据国家市场监督管理总局、国家标准化管理委员会 2021 年 5 月发布的《白酒工业术语（GB/T 15109—2021）》国家标准，中国白酒的主要香型划分为：浓香型、清香型、米香型、凤香型、豉香型、芝麻香型、特香型、兼香型、浓酱兼香型、老白干香型、酱香型、董香型、馥郁香型等十三种香型。部分香型特色及代表名品如表 6-3 所示。

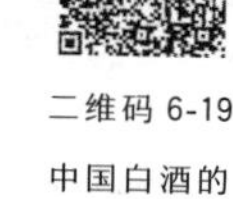

二维码 6-19
中国白酒的
病酒识别

表 6-3　中国白酒的部分香型特色及代表名品

香型	特色	主要名品
酱香型（茅香型）	大曲酒类，香而不艳、低而不淡、醇香优雅、回味悠长	贵州茅台、四川郎酒、遵义珍酒等

续表

香型	特色	主要名品
浓香型(泸香型)	大曲酒类,香、醇、浓、绵、甜、净	四川泸州老窖、四川宜宾五粮液、安徽古井贡酒、河南杜康酒等
清香型(汾香型)	大曲酒类,清、正、甜、净、长	山西汾阳汾酒、河南宝丰酒、山西祁县六曲香酒等
米香型(蜜香型)	小曲酒类,蜜香清雅、入口柔绵、落口甘洌、回味怡畅	桂林三花酒、广东长乐烧、湖南浏阳河小曲等
兼香型	大曲酒类,绵柔、醇香、味正、余味悠长	贵州董酒、湖南长沙白沙液等
凤香型	大曲酒类,醇香秀雅、甘润挺爽、尾净悠长、清而不淡、浓而不酽	陕西凤翔西凤酒
芝麻香型	以芝麻香为主体,兼有浓、清、酱三种香型之所长,有"一品三味"之美誉。堪称白酒中的贵族香型	以山东省安丘市景芝镇"一品景芝"系列酒为代表
豉香型	小曲酒类,有明显脂肪氧化的腊肉香气,口味绵软、柔和,回味较长,落口稍有苦味,但不留口,后味较清爽	以广东佛山"玉冰烧酒"为代表
老白干香型	酒色清澈透明,醇香清雅,甘洌丰柔,回味悠长	以河北衡水"衡水老白干"为代表
馥郁香型	入口绵甜、醇厚丰满、香味协调、具有前浓、中清、后酱的独特口味特征	以酒鬼酒为代表

二维码 6-20
中国白酒的
品评

三、中国白酒的饮用

白酒是中华民族的传统饮品,常作为佐餐酒饮用。载杯一般为小型陶瓷酒杯(见图 6-36),最常用的为小型玻璃酒杯(见图 6-37)。

图 6-36　陶瓷酒杯

图 6-37　玻璃酒杯

1. 净饮

一般常温饮用。但在北方一些地区，冬季要加以温烫后才饮用；南方一些地区习惯冰镇后加柠檬片饮用。

2. 混合饮用

中国白酒也可作为基酒调制中式鸡尾酒，如海南岛、夜上海、林荫道等。

四、中国白酒的著名品牌

1. 茅台酒

茅台酒产于贵州省遵义市仁怀市茅台镇，因产地而得名(见图 6-38)，是我国的特产酒，

二维码 6-21
茅台酒的
历史、特点
及酿造工艺

是与苏格兰威士忌、法国科涅克白兰地齐名的三大蒸馏酒之一。中国贵州茅台酒厂(集团)有限责任公司，前身为茅台镇“成义”“荣和”及“恒兴”三大烧房。1951 年茅台酒厂成立，1996 年改制，成立中国贵州茅台酒厂(集团)有限责任公司。1915 年至今，贵州茅台酒共获得 21 项国际荣誉，是大曲酱香型白酒的鼻祖，有“国酒”之称，是中国最高端的白酒之一。1996 年，茅台酒工艺被确定为国家机密加以保护。2001 年，茅台酒传统工艺列入国家级首批物质文化遗产。2006 年，国务院又批准将“茅台酒传统酿造工艺”列入首批国家级非物质文化遗产名录，并申报世界非物质文化遗产。2003 年 2 月 14 日，原国家质检总局批准对“茅台酒”实施原产地域产品保护 。2013 年 3 月 28 日，原国家质检总局批准调整“茅台酒”地理标志产品保护名称和保护范围。

2. 五粮液

二维码 6-22
五粮液酒的
历史、特点
及工艺

五粮液是五粮液集团公司的主导产品(见图 6-39)。五粮液历史悠久，文化底蕴深厚，是中国浓香型白酒的典型代表与著名民族品牌，多次荣获“国家名酒”称号，是首批入选中欧地理标志协定保护名录的名酒。2021 年，五粮液集团公司名列“全球品牌价值 500 强”“中国品牌价值 100 强”。该厂在唐代“重碧春”、宋代“荔枝绿”和近代“杂粮酒”传统工艺的基础上，大胆创新，形成了酿造五粮液的一整套独特工艺。五粮液选用优质大米、糯米、玉米、高粱、小麦五种粮食，运用巧妙配方酿制而成。它具有“香气悠久、味醇厚、入口甘美、落喉净爽、各味谐调、恰到好处”的独特风格，在大曲酒中以酒味全面著称。1998 年五粮液酒厂改制后，先后研究开发出了十二生肖五粮液、一帆风顺五粮液等精品、珍品，公司还系统开发了五粮春、五粮神、五粮醇、长三角、两湖春、现代人、金六福、浏阳河、老作坊、京酒等几十种不同档次、不同口味的五粮液系列产品，以满足不同区域、不同文化背景、不同层次消费者的需求。

1980年紫飞天　1983年飞天黄酱　1986年五星浅酱

图 6-38　贵州茅台

图 6-39　五粮液

3. 汾酒

汾酒产于山西省汾阳市杏花村，距今已有1500多年的历史，是我国名酒的鼻祖。汾酒酿酒选用的原料是晋中平原的"一把抓"高粱，用甘露如醇的"古井佳泉水"(这眼井的水清澈透明，没有杂质)作为酿酒用水。汾酒品种以老白汾酒为主，其次为露酒，有竹叶青、白云、玫瑰等。精品有45%坛汾、大兰花、53%生肖汾、53%玻汾、48%牧童牛汾酒、48%小兰花等。

二维码 6-23 汾酒的历史、特点及酿造工艺

4. 泸州老窖特曲

泸州老窖特曲由四川省泸州市泸州老窖股份有限公司生产。泸州曲酒的主要原料是当地的优质糯高粱，用小麦制曲，大曲有特殊的质量标准，酿造用水为龙泉井水和沱江水，酿造工艺是传统的混蒸连续发酵法。蒸馏得酒后，再用"麻坛"贮存1～2年，最后通过细致的品尝和勾兑，达到固定的标准，方能出厂，保证了老窖特曲的品质和独特风味。此酒无色透明，窖香浓郁，清冽甘爽，饮后尤香，回味悠长，具有浓香、醇和、味甜、回味长的四大特色，酒度有38%、52%、60%等多种，属浓香型。

二维码 6-24 泸州老窖特曲的历史、特点及工艺

5. 西凤酒

西凤酒产于陕西省宝鸡市凤翔县柳林镇，用当地特产高粱为原料，以大麦和豌豆制曲。西凤酒主要为65%西凤酒。但是，酿酒师凭着西凤酒自身传统的独特工艺，结合现代科学技术，酿造出以凤香型为基础的四个系列香型(凤香型、凤兼浓香型、凤浓酱香型、浓香型)的酒。系列产品有特珍先秦古西凤酒、45%特制西凤珍酒、52%特制西凤珍酒、55%水晶瓶西凤酒、39%特制双耳瓶西凤酒、55%防伪墨瓶西凤酒等。

二维码 6-25 西凤酒的历史、特点及工艺

6. 剑南春

剑南春产于四川省绵竹市剑南镇，它以红高粱、大米、小麦、糯米、玉米五种粮食为原料，用优质小麦制大曲为糖化发酵剂。剑南春酒度有28%、38%、52%、60%等多种，酒液无色透明，醇香浓郁，清冽甘爽，回味悠长，属浓香型。

二维码 6-26 剑南春的历史、特点及工艺

7. 古井贡酒

二维码 6-27
古井贡酒的历史、特点及酿造工艺

古井贡酒由安徽省亳州市的安徽古井集团有限责任公司生产，古井贡酒原料选用淮北平原生产的上等高粱，以小麦、大麦、豌豆为曲。选用古井之水，沿用陈年老发酵池，继承了混蒸、连续发酵工艺，并运用现代酿酒方法不断创新，酿出了风格独特的古井贡酒。古井贡酒酒液清澈，香醇如幽兰，酒味醇和，浓郁甘润，黏稠挂杯，余香悠长，经久不散。酒度分为38%、55%、60%等多种，属浓香型。

8. 董酒

二维码 6-28
董酒的历史、特点及酿造工艺

董酒产于贵州省遵义市汇川区董公寺镇，它以糯米、高粱为主要原料，以加有中药材的大曲和小曲为糖化发酵剂，引水口寺甘洌泉水为酿造用水。董酒的生产历史可以追溯到魏晋南北朝以前。1963 年，经全国评酒会严格筛选评定，董酒进入“中国老八大名酒”行列，之后连续荣获“中国名酒”称号、中国驰名商标、中华老字号、非物质文化遗产、董香型白酒代表等殊荣。董酒引百草入曲，结合中医“平衡”健康理论和传统白酒健康文化，其酿造工艺独特，采用大、小曲发酵、双醅串蒸，其配方和酿造工艺体系是国家机密。该酒酒液清澈透明，香气优雅舒适，入口醇和浓郁，饮后甘爽味长。产品有佰草香、国密、蓝标董酒、红标董酒、董酒·珍藏、密藏·董酒等系列。

9. 洋河大曲

二维码 6-29
洋河大曲酒的历史、特点及酿造工艺

洋河大曲产于江苏省宿迁市宿城区杨河镇，因地理位置而得名。洋河酿酒，始于汉代，兴于隋唐，隆盛于明清，曾入选清朝皇室贡酒，素有“福泉酒海清香美，味占江南第一家”的美誉。它以优质高粱为原料，以小麦、大麦、豌豆制作的高温火曲为发酵剂，辅以闻名遐迩的“美人泉”泉水精工酿制而成。洋河大曲有蓝色经典系列、洋河大曲酒系列、微分子系列等多种系列产品。

二维码 6-30
全兴大曲酒的历史、特点及酿造工艺

10. 全兴大曲

全兴大曲产于天府之国——四川成都，由全兴酒厂生产，因历史上该厂叫“全兴老号”，酿制的酒属曲酒型，故命名为“全兴大曲”。它以高粱、小麦为原料，辅以上等小麦制成的中温大曲为糖发酵剂，酿成的全兴大曲

酒质无色透明、清澈晶莹、酒香浓郁、醇和协调、绵甜甘洌、落口净爽，是浓香型大曲酒。酒度分38%、52%、60%等多种。

◇ 思考题

1. 简述蒸馏酒的含义和酿造工艺。

2. 简述威士忌酒的饮用方法。

3. 分别说出几种威士忌酒、白兰地、金酒、朗姆酒、伏特加酒、特其拉酒的名品。

4. 中国白酒香型主要有哪几种？并说出各香型的代表名品。

5. 设计调制一款鸡尾酒，要求分别用威士忌酒、白兰地、金酒、朗姆酒、伏特加酒、特其拉酒、中国白酒等做基酒，自选载杯和装饰，并用100字左右做创作说明。

二维码 6-31
项目六
思考题
参考答案

项目七　认识配制酒

◇ 本项目目标

知识目标：

1. 掌握配制酒的概念；
2. 掌握配制酒的常见类别和著名品牌；
3. 了解配制酒的饮用和服务方法、步骤和标准。

能力目标：

1. 熟悉配制酒的分类；
2. 熟悉世界著名的利口酒、开胃酒、甜食酒、中国配制酒品牌；
3. 能熟练、准确地根据顾客要求进行配制酒的调制和服务。

情感目标：

1. 培养为顾客提供专业化服务的意识；
2. 培养吃苦耐劳、持之以恒服务的品质。

任务一 认识利口酒

◇ 引例

配制酒的种类

酒吧的酒柜中摆设着来自世界各国的琳琅满目的酒水。酒吧的调酒人员要熟知酒吧中的所有的酒水，了解种类最多的配制酒，知道它们是如何酿制出来的，属于哪一类型，特性是什么，以及应当如何保管。调酒师只有掌握一定的酒水知识，才能更好地为顾客推荐酒水。

配制酒又称调制酒，是酒类里面一个特殊的品种，它的出现晚于单一酒品，但发展迅速。配制酒一开始以药酒形式出现，以其医疗保健作用受到各国上流阶层的重视。到16世纪，人们将配制酒中的利口酒称为“液体黄金”“可饮用的香水”，将其引入时尚潮流，并在18世纪普及到平民百姓当中。随着技术的发展，配制酒因其复杂多变的口感、鲜艳亮丽的色泽以及保健作用等，不断丰富着鸡尾酒的世界。

配制酒主要有两种配制工艺，一种是在酒和酒之间进行勾兑配制，另一种是以酒与非酒精物质（包括液体、固体和气体）进行勾调配制。配制酒的酒基可以是原汁酒，也可以是蒸馏酒，还可以两者兼而有之。生产配制酒比较有名的国家同时也是欧洲主要产酒国，其中法国、英国、德国、荷兰、意大利、匈牙利、希腊、瑞士等国的产品最为有名，包括利口酒、开胃酒、甜食酒等。中国配制酒也在逐渐加大市场开发力度，露酒和药酒逐渐进入鸡尾酒世界。

一、利口酒的起源与发展

利口酒又称餐后甜酒，其名由法文Liqueur音译而来。利口酒是以葡萄酒、食用酒精或者蒸馏酒为基酒调入果皮、花叶、香料等芳香原料，采用浸泡、蒸馏、陈酿等生产工艺，并用

糖、蜂蜜等甜化剂配制而成的酒精饮料，其色泽娇艳、气味芳香，有较好的助消化作用，主要用作餐后酒或调制鸡尾酒。

公元前 3 世纪，出生于希腊科斯岛的“医学之父”希波克拉底在蒸馏酒中融入各种药草，使之变成具有药用价值的酒，这就是利口酒的由来。利口酒传入欧洲其他国家后，修道士对利口酒的发展发挥了巨大的推动作用。大航海时代，水果利口酒受到欧洲上流社会的青睐，并由此获得“液体宝石”的美誉。

二、利口酒的制造工艺

制造利口酒的方法主要有浸泡法、蒸馏法、香精法、渗透过滤法四种。

1. 浸泡法

由于一些新鲜的香料经过热蒸馏后会失去香味，在一些利口酒的酿制上会选用浸泡法来进行。其操作方法是将增味提香的配料浸泡在酒基中，使酒液从配料中充分吸收其味道和色泽，再将配料滤出，最后加入糖浆和食用植物色素，以改善利口酒的口味和色泽。这种方法是目前利口酒酿制中最为广泛使用的方法。

2. 蒸馏法

采用蒸馏法制造利口酒的方式可以分为两类：一类是将提香原料直接浸泡在蒸馏酒中，然后一起蒸馏提香；另一类是取出提香原料中蒸馏浸泡过的汁液。不管使用哪种蒸馏法，由于蒸馏后的酒液是无色透明的，为了使其达到成品酒的标准色泽，蒸馏后都需要添加甜味及食用色素，以达到色泽诱人的目的。蒸馏法主要用于香草类、柑橘类的干皮等原料的提香上。

3. 香精法

这是一种快速制造利口酒的方法，将酒基、食用香精、蜂蜜或糖浆混合在一起即可制成。此种方式制造的利口酒，相对来说酒的质量较为低下，个别国家禁止生产此类利口酒。

4. 渗透过滤法

这种制造方法一般适用于草药、香料利口酒的生产。其生产方法类似于煮咖啡，生产设备也与咖啡蒸煮器皿相似。一般是将提香原料放在上面的容器中，酒基放在下面的容器中，加热后，酒液上升，带有香料、草药的气味下降，循环反复，直至酒液摄取到足够的香味为止。

由于制作方法与原料的特别，利口酒的含糖量较高，相对密度大、色彩丰富、气味芬芳独特，可以用来增加鸡尾酒的色、香、味，是彩虹酒不可缺少的材料。西餐中也可用于烹调，可用其制作各类甜品。同时因其具有舒筋活血、助消化的功能，利口酒一般作餐后酒。

三、利口酒的鉴别与分类

利口酒按制作原料，可以分为果类利口酒、草类利口酒和种料利口酒三种。

1. 果类利口酒

果类利口酒一般采用浸泡法酿制，其突出的风格是口味清爽、新鲜。可用来配制利口酒的水果种类有很多，如菠萝、香蕉、草莓、覆盆子、橘子、李子、柚子、桑葚、椰子、甜瓜等。

(1)库拉索酒。

库拉索酒产于荷属库拉索岛。库拉索酒是由橘子皮调香浸制成的利口酒，有无色透明的，也有呈粉红色、绿色、蓝的，橘香悦人，香轻优雅，味微苦但十分爽适。酒度为25%～35%，比较适合作为餐后酒或用来配制鸡尾酒。

(2)大马尼尔酒。

大马尼尔酒产于法国干邑地区，是用苦橘皮浸制成“橘精”调香制成的果类利口酒。大马尼尔酒是库拉索酒的“仿制品”。大马尼尔酒有红标和黄标两种，红标以哥涅克为酒基，黄标则以其他蒸馏酒为酒基，它们的橘香味都很突出，口味凶烈、甘甜、醇浓，酒度在40%左右，属特精制利口酒。投放市场的大马尼尔酒还有另外两个产品：一个是“百年酿”，另一个是“雪利马尼尔”。

(3)库舍涅桔酒。

库舍涅桔酒产于法国巴黎，配制原料是苦桔皮和甜桔皮。库舍涅桔酒也是库拉索酒的“仿制品”，风格与库拉索酒相仿，略为逊色，酒度为40%。

(4)冠特浩酒。

冠特浩酒在世界上很有名气，产量较大，主要由法国和美国的冠特浩酒厂生产，是用苦桔皮和甜桔皮浸制而成的，也是库拉索酒的“仿制品”，酒度为40%，较适合作为餐后酒和兑水饮料。同属库拉索一类的桔酒还有库拉索三干酒、库拉索桔酒、蜜橘利口酒、金水酒、桔烧酒、梅道克真酒等。

(5)马拉希奴酒。

马拉希奴酒，又名马拉斯钦，原产于南斯拉夫境内的萨拉一带，第二次世界大战后转向意大利威尼斯地区，主要产于帕多瓦附近。马拉希奴酒以樱桃为配料，樱桃带核先制成樱桃酒，再兑入蒸馏酒配制成利口酒。马拉希奴酒有两个牌号：一个叫Luxado；另一个叫Drioli，它们都具有浓郁的果香，口味醇美甘甜，酒度在25%左右，属精制利口酒，适合作为餐后酒或配制鸡尾酒。

(6)利口杏酒。

杏子是利口酒极好的配料,可以直接浸制,也可以先制成杏酒,再兑白兰地。酒度为20%~30%。世界较有名的利口杏酒有产于匈牙利的凯克斯克麦特和产于法国的加尼尔杏酒。

(7)卡悉酒。

卡悉酒又名黑加仑酒,产于法国第戎一带。卡悉酒呈深红色,乳状,果香优雅,口味甘润,维生素C的含量十分丰富,是利口酒中最富营养的一种。酒度为20%~30%,适于餐后或兑水、配鸡尾酒饮用。卡悉酒的名牌产品有第戎卡悉(Cassis de Dijon)、博恩卡悉(Cassis de Beaune)、悉斯卡(Sisca)和超级卡悉(Super Cassis)等。

2. 草类利口酒

草类利口酒的配制原料是草本植物,制酒工艺比较复杂,带有一定的神秘色彩,生产者对其配方严格保密。

(1)修道院酒。

修道院酒(Chartreuse)是法国修士发明的一种驰名世界的配制酒,目前仍然由法国依赛地区的卡尔特教团大修道院所生产。修道院酒的秘方至今仍掌握在教士们的手中,从不对外披露。经分析,该酒以葡萄蒸馏酒为酒基,浸制130余种阿尔卑斯山区的草药,其中有虎耳草、风铃草、龙胆草等,再配兑蜂蜜等原料,成酒需陈酿3年以上,有的长达12年之久。修道院酒中最有名的叫修道院绿酒,酒度在55%左右。此外,还有修道院黄酒,酒度在40%左右;陈酿绿酒,酒度在54%左右;陈酿黄酒,酒度在42%左右;驰酒,酒度在71%左右。修道院酒是草类利口酒中一个主要品种,属特精制利口酒。

(2)修士酒。

修士酒(Benedictine),有的译为本尼狄克丁,也有的译为泵酒。此酒产于法国诺曼底地区的费康,是很有名的一种利口酒。此酒的配制为家传秘方,参照教士的炼金术配制而成,人们虽然对它有所了解,但仍然没有完全弄清楚它的细节。修士酒用葡萄蒸馏酒做酒基,用27种草药调香,其中有海索草、蜜蜂花、当归、丁香、肉豆蔻、茶叶、没药、桂皮等,再掺兑糖液和蜂蜜,经过提炼、冲沏、浸泡、斩头去尾、勾兑等工序最后制成。修士酒在世界市场上获得了很大成功。生产者又用修士酒和白兰地兑和,制出另一新产品,命名为“Band B(Benedictine and Brandy)”,酒度为43%,属特精制利口酒。修士酒瓶上标有“D. O. M.”字样,是宗教格言“Deo Optimo Maximo”的缩写。

(3)衣扎拉酒。

衣扎拉酒(Lzarra)产于法国巴斯克地区,在巴斯克族语中,“lzarra”是“星星”的意思,所以衣扎拉酒又名“巴斯克星酒”。该酒调香以草类为主,也有果类和种类,先用草料与蒸馏酒做成香精,再将其兑入浸有果料和种料的阿尔玛涅克酒液中,加入糖和蜂蜜,最后用藏红花染色而成。衣扎拉酒有绿酒和黄酒之分,绿酒含有48种香料,酒度为48%;黄酒含有32种香料,酒度为40%。它们均属特精制利口酒。

(4)马鞭草酒。

马鞭草具有清香味和药用功能,用马鞭草浸制的利口酒是一种高级药酒。马鞭草酒(Vereine)主要有三个品种:马鞭草绿白兰地酒,酒度为55%;马鞭草绿酒,酒度为50%;马鞭草黄酒,酒度为40%。它们均属特精制利口酒。最出名的马鞭草利口酒是弗莱马鞭草酒。

(5)涓必酒。

涓必酒(Drambuie)产于英国,是用草药、威士忌和蜂蜜配制成的利口酒。它在美国也十分流行和闻名。

(6)利口乳酒。

利口乳酒(Reme)是一种比较稠浓的利口酒,以草料调配的乳酒比较多,如薄荷乳酒、玫瑰乳酒、香草乳酒、紫罗兰乳酒、桂皮乳酒等。

3. 种料利口酒

种料利口酒是用植物的种子为基本原料配制的利口酒。可用作配料的植物种子有很多,制酒者往往选择香味比较强、含油量较高的坚果种子进行配制加工。

(1)茴香利口酒。

茴香利口酒(Anisette)源于荷兰的阿姆斯特丹,为地中海诸国最流行的利口酒之一。法国、意大利、西班牙、希腊和土耳其等国均生产茴香利口酒。其中以法国和意大利生产的茴香利口酒最为有名。茴香利口酒先用茴香和酒精制成香精,再兑以蒸馏酒酒基和糖液,经搅拌、冷处理、澄清而成,酒度在30%左右。茴香利口酒中最出名的叫玛丽·布利查,是18世纪一位法国女郎的名字,该酒又被称作"波尔多茴香酒"。

(2)顾美露。

顾美露(Kimmel)的原料是一种野生的茴香植物,名叫"加维茴香",它主要生长在北欧。顾美露产于荷兰和德国,较为出名的产品有阿拉西(Allash)、波斯(Bols)、弗金克(Fockink)、沃尔夫斯密德(Wolischmidt)、曼珍道夫(Mentzendorf)等。

(3)荷兰蛋黄酒。

荷兰蛋黄酒(Advoca)产于荷兰和德国,主要配料是鸡蛋黄和杜松子,香气独特,口味鲜美,酒度为15%~20%。

(4)咖啡乳酒。

咖啡乳酒(CrEme de Cafe)主要产于咖啡生产国,它的原料是咖啡豆,先烘焙、粉碎咖啡豆,再进行浸制和蒸馏,然后将不同的酒液进行勾兑,加糖处理,澄清过滤而成。它的酒度在26%左右。咖啡乳酒属普通利口酒,较出名的有高拉(Kahla)、蒂亚·玛丽亚(Tia Maria)、爱尔兰绒(Irish Velvet)、巴笛奶(Barlinet)、巴黎佐(Parizot)等。

(5)可可乳酒。

可可乳酒(Creme de Cacao)主要产于西印度群岛,它的原料是可可豆种子。制酒时,将可可豆经烘焙、粉碎后浸入酒精中,取一部分直接蒸馏提取酒液,然后将这两部分酒液勾兑,再加入香草和糖浆制成。较为出名的可可乳酒有朱傲可可(Cacao Chouao)、亚非可可

(Afrikoko)、可可利口(Liqueurde Cacao)等。

(6)杏仁利口酒。

杏仁利口酒(Liqueurs d'amandes)以杏仁和其他果仁为配料,酒液绛红发黑,果香突出,口味甘美。较为有名的杏仁利口酒有阿玛雷托(Amaretto)、仁乳酒(Creme Denoyaux)、阿尔蒙利口(Almond Liquers)等。

4. 常见利口酒品鉴

(1)鸡蛋利口酒。

鸡蛋利口酒集蛋黄、酒香、糖、白兰地及香草精华于一体,是香味浓郁的乳状甜酒,入口顿觉柔滑、香浓。加冰、调配鸡尾酒或加水饮用均可,此款是充满荷兰风味的利口酒,更是上佳的制作雪糕或甜品的材料。

(2)樱桃白兰地利口酒。

樱桃白兰地利口酒糅合了樱桃及朗姆酒。甜蜜的樱桃味道,再加上少许朗姆酒的点缀,构成了富有异域风情的利口酒。净饮、加冰或用来调配鸡尾酒都同样理想。

(3)百利甜利口酒。

百利甜利口酒是极具创意的甜酒。1974 年在爱尔兰生产,随即在 25 年间,风靡全球,年销量达 400 万箱,成为单一品味甜酒销售之首。在世界洋酒中久列前 13 位,凭借无与伦比的口感,畅销 160 多个国家和地区。百利甜利口酒可以加入冰块或碎冰饮用,也可以混入冰淇淋饮用。无论何时何地,以百利甜利口酒做休闲饮品,都会给饮者带来独特的感受。

(4)薄荷利口酒。

薄荷利口酒的薄荷香味非常浓郁、自然,它以白兰地做基酒,调配来自英格兰、美国和摩洛哥等地的薄荷素油,经连续式蒸馏法酿造出品质精纯的产品。依调酒手册的不同需要,薄荷利口酒有绿色和透明两种颜色供选择。同时,薄荷利口酒富含多种助消化的成分。

(5)可可利口酒。

可可利口酒以最优等的烘焙可可豆为原料,先于蒸馏过程中使可可豆破裂,再进行过滤,同时添加多种药草制成黑可可利口酒,可可香味香浓醇厚。白可可利口酒的制造过程和黑可可利口酒大体相同,唯一不同点在于白可可利口酒的制造是可可豆以完全蒸馏取代过滤程序,白可可利口酒香味较淡雅,色泽透明。

(6)君度利口酒。

君度利口酒独具浓郁的香味,它包含果甜及橘皮香,并夹杂橘花、白正根的味道,加上尤加利香及淡淡的薄荷凉,综合成令人难忘的余香。早期的君度多用作基酒,20 世纪 80 年代以后,君度中加入冰块及柠檬片的简单调法,已成为巴黎、米兰、纽约、东京等大都市最风行的饮法,其凭借微甜微酸、清凉剔透的原始风味,赢得了世人的喜爱。

(7)咖啡利口酒。

咖啡利口酒的原料是灌木咖啡红肉果实中生长的咖啡豆。甘露咖啡利口酒是世界著名的咖啡利口酒品牌,该酒产自墨西哥,是在墨西哥城甘露公司的保护和资助下,按传统的秘

密配方，用上等咖啡加药草和香草制得的。甘露咖啡是现在美国最风行的利口酒品牌，拥有超过 900 万支持者，遍及加拿大、澳大利亚、新西兰、墨西哥、日本和欧洲等地，现在还继续扩展至东南亚和南美洲。甘露咖啡利口酒可调制出超过 200 种的鸡尾酒和特色饮品。甘露咖啡利口酒配以牛奶，令人顺畅而满足，还可配以可乐、俄罗斯红牌伏特加、咖啡等，都使人悠然神往。

(8)杏仁利口酒。

杏仁利口酒以系列产品杏桃白兰地香甜酒为基酒制成。它以成熟杏桃的核果为主原料，让饮者强烈地感受到杏仁核果产品的自然气息。

四、利口酒的饮用与服务标准

利口酒通常餐后饮用，以助消化，每杯 25 毫升左右，使用利口酒杯或雪莉酒杯。对于果类利口酒，其饮用温度由顾客自定，杯具需冰镇，可以溜杯、加冰或冰镇，基本原则是：果味越浓，甜味越大的，饮用温度越低。草类利口酒如修道院酒，用冰块降温，或将酒瓶置于冰桶中；修士酒用溜杯，温度保持室温即可。种料利口酒如茴香酒可常温或冰镇；可可酒、咖啡酒需要冰镇。选用高纯度的利口酒，可以净饮，细细品尝，也可先加入酒后，再加入苏打水或矿泉水，或加适量柠檬水。利口酒可以加在冰淇淋、果冻、甜品中，做蛋糕时也可以用其代替蜂蜜。总之，利口酒可净饮、加冰饮用、混合饮用，也可制作 B-52 轰炸机鸡尾酒(见图 7-1)。如表 7-1 所示。

图 7-1 B-52 轰炸机

表 7-1 利口酒的饮用与服务

饮用方式	服务工具及操作标准
净饮	饮用：利口酒可以纯饮，也可以用作餐后酒以助消化。果类、草类利口酒最好冰镇，种类利口酒宜常温饮用 服务：利口酒杯，每杯标准分量为 30 毫升
加冰饮用	饮用：冰和酒相互交融，香气更加清爽，酒度也适当降低 服务：在古典杯中加入半块冰块，注入 45 毫升利口酒，插入搅拌棒即可

续表

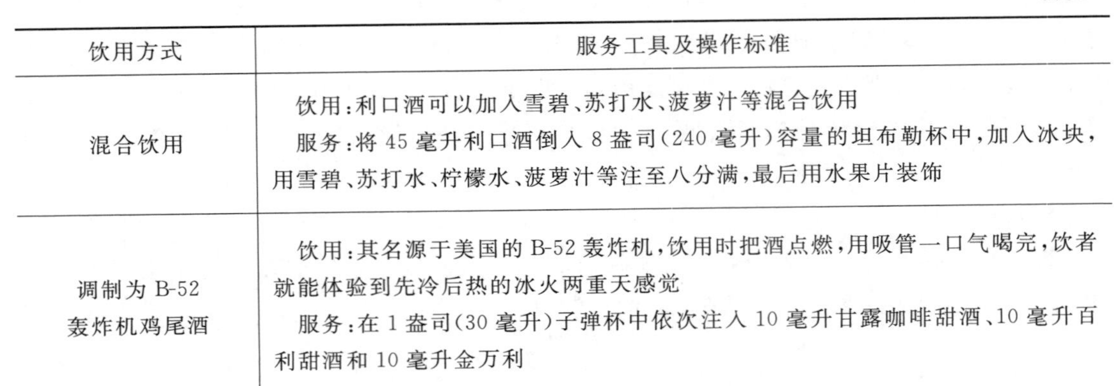

饮用方式	服务工具及操作标准
混合饮用	饮用：利口酒可以加入雪碧、苏打水、菠萝汁等混合饮用 服务：将 45 毫升利口酒倒入 8 盎司(240 毫升)容量的坦布勒杯中，加入冰块，用雪碧、苏打水、柠檬水、菠萝汁等注至八分满，最后用水果片装饰
调制为 B-52 轰炸机鸡尾酒	饮用：其名源于美国的 B-52 轰炸机，饮用时把酒点燃，用吸管一口气喝完，饮者就能体验到先冷后热的冰火两重天感觉 服务：在 1 盎司(30 毫升)子弹杯中依次注入 10 毫升甘露咖啡甜酒、10 毫升百利甜酒和 10 毫升金万利

任务二　认识开胃酒

◇ 引 例

开胃酒有哪些?

实习生小徐跟着调酒师小陈从事调酒师工作已经一周了，对于调酒师的任务要求已经有了一定的掌握。今天由小徐直接接待顾客，小徐了解到顾客是一对时尚男女，他们打算在这里共进晚餐，便向顾客推荐了白味美思(Vermouth Blanc)中的卡帕诺(Carpano)，主要在餐前饮用以增加食欲，含糖量为 10%～15%，酒度约为 18%，色泽金黄，香气柔美，口味鲜嫩，适合年轻男女饮用。

调酒师小李对小徐的推荐非常满意，他进一步解释道：白味美思属于开胃酒中的一种，常见的开胃酒也称餐前酒，是以葡萄酒或蒸馏酒为酒基，添加植物的根、茎、叶、芽、花等调配而成的具有开胃功能的酒精饮料，具有酸、苦、涩的特点，能起到生津开胃的作用。

请以实习生小徐的身份，掌握开胃酒的种类和对客服务的标准。

顾名思义，开胃酒即在餐前饮用以增加食欲的酒。具有开胃功效的酒有许多，如威士忌酒、金酒、香槟酒、某些葡萄原汁酒和果酒等。随着饮酒习惯的改变，开胃酒逐渐专指以葡萄酒和某些蒸馏酒为主要原料配制的酒，如味美思、比特酒、茴香酒等。由此可以得到开胃酒的两种定义：广义上的开胃酒泛指在餐前饮用、能增加食欲的所有酒精饮料；狭义上的开胃酒专指以葡萄酒或蒸馏酒作基酒的、有开胃功能的酒精饮料。

一、味美思

味美思（见图 7-2）是意大利文“Vermouth”的音译，是以葡萄酒作基酒（约占 80%），配以 20 多种芳香植物后经蒸馏调配而成的加香葡萄酒。酒度为 17%～20%。

图 7-2　味美思

1. 味美思的历史与发展

味美思有悠久的历史。传说古希腊王公贵族为滋补健身，用各种芳香植物调配开胃酒，饮后食欲大增。到了欧洲文艺复兴时期，意大利都灵等地渐渐流行以苦艾为主要原料的加香葡萄酒，叫作“苦艾酒”，即味美思。至今，世界各国所生产的味美思都是以苦艾为主要原料的。因此味美思被认为起源于意大利，如今意大利生产的味美思仍然是最负盛名的。此外，法国也是味美思的著名生产地。

还有一种说法与德国有关。据说德国以前不生产葡萄酒，葡萄酒都是从法国进口。德国人用葡萄酒浸泡苦艾，以适应他们爱喝带苦味啤酒的口味。后来发展到用葡萄酒浸泡各种水果或香料、草药植物，由此诞生了味美思。

我国正式生产国际流行的味美思是从 1892 年烟台张裕酿酒公司创办开始的。张裕公司是我国生产味美思最早的厂家。

2. 味美思的生产工艺

味美思的生产工艺要比一般的红、白葡萄酒复杂。它以葡萄酒为基酒，选取 20 多种芳香植物，或者通过把这些芳香植物直接浸泡入葡萄酒中，或者通过把这些芳香植物的浸液调配到葡萄酒中去，再经过多次过滤和热处理、冷处理，以及半年左右的贮存，才能生产出质量优良的味美思。虽然各厂家味美思的制造配方是保密的，但通常使用的配料有几种是一样的，比如蒿属植物、金鸡纳树皮、苦艾杜松子、木炭精、鸢尾草、小茴香、豆蔻、龙胆、牛至、安息香、可可豆、生姜、芦荟、桂皮、白芷、春白菊、丁香等。

3. 味美思的分类

(1)按国家划分。

味美思按国家划分分类如表 7-2 所示。

表 7-2　味美思按国家划分分类表

类别	特点
意大利型味美思	以苦艾为主要调香原料，具有苦艾的特有芳香，香气强，稍带苦味
法国型味美思	苦味突出，更具有刺激性
中国型味美思	除加入国际流行的调香原料外，又配入我国特有的名贵中药，工艺精细，色、香、味完整

(2)按颜色划分。

味美思按颜色划分分类如表 7-3 所示。

表 7-3　味美思按颜色划分分类表

类别	特点
白味美思	白味美思含糖量为 10%～15%，酒度约为 18%，色泽金黄，香气柔美，口味鲜嫩
红味美思	该酒加入焦糖调色，因此色泽裟红，有焦糖的风味，香气浓郁，口味独特，是以红葡萄酒为基酒，加入玫瑰花、柠檬和橙皮、肉桂等许多香料酿制而成的

除了以上分类方法外，还有按含糖量的多少将味美思分为特干型、干型、甜型等。酒的色泽越深，含糖量越高；反之，色泽越淡，含糖量越低。这在葡萄酒中绝无仅有，但这不是唯一保险的判断方法，最好是看酒标上的含糖量。

4. 味美思名品

味美思以意大利、法国生产为最佳。主要名品有马天尼、仙山露、张裕味美思等。味美思名品如表 7-4 所示。

表 7-4 味美思名品

品名	产地	酒品概述
马天尼(Martini)	意大利	1863 年,调酒师亚利桑多·马天尼和葡萄酒专家洛基·罗西首先酿制出红马天尼。1900 年,推出了特干马天尼。1910 年,推出了白马天尼。现在马天尼味美思隶属百加得公司,是世界最畅销的酒品之一。酒度为 18%
仙山露(Cinzano)	意大利	仙山露以一位意大利的制酒者的名字命名,他于 1786 年率先在都灵酿制出红仙山露。第二次世界大战之后,仙山露成为调制鸡尾酒时不可缺少的配料,仙山露开始风靡。1999 年,仙山露成为金巴利系列酒的一部分,是世界销量第二的味美思葡萄酒。酒度为 18%
张裕味美思	中国	烟台张裕葡萄酿酒公司的传统荣誉产品之一。“琼瑶浆”在 1915 年巴拿马万国商品博览会上荣获最高金质奖章和最佳优等奖两项桂冠。当时因其主要原料为琼瑶浆葡萄,起名为“琼瑶浆”,后改为“味美思”。中国文化角度看,“味美思”一词有“味美思,美思味,思味美”之义,产品既有诗之韵味,又具精妙之品味,该产品在世界上已被誉为风格独特的“中国型”开胃酒

二、比特酒

比特酒(Bitters)又称苦酒,是以葡萄酒或食用酒精为基酒,加入带苦味的树皮、草根、香料及药材浸制而成的酒精饮料。其特点是苦味突出、药香气浓,有促进消化、滋补和兴奋的作用,酒度一般为 18%~45%。比特酒名品有金巴利(见图 7-3)、杜本纳、安格斯图拉(见图 7-4)等,如表 7-5 所示。

图 7-3 金巴利

图 7-4 安格斯图拉

表 7-5　比特酒名品

品名	产地	酒品概述
金巴利 (Campari)	意大利	产自意大利的米兰，其配料为橘皮等草药，苦味主要来自奎宁。酒精含量为 23%，色泽鲜红，药香浓郁，口味略苦而可口，可加入柠檬皮或苏打水饮用，也可与意大利味美思混饮
杜本纳 (Dubonnet)	法国	杜本纳产于法国巴黎，以白葡萄酒、奎宁、金鸡纳树皮及其他草药为原料配制而成。酒精含量为 16%，通常呈暗红色，药香明显，苦中带甜，具有独特的风格。有红、白两种，以红色最为著名。美国也生产杜本纳
飘仙一号 (Pimm's No. 1)	英国	清爽、略带甜味，适合制作一些清新的饮品，酒精含量为 25%，产于英国，由金酒加威末制作而成
安格斯图拉 (Angostura)	特利尼拉	安格斯图拉以老朗姆酒为基酒，以龙胆草为主要配料制作而成，酒精含量为 44.7%，呈褐红色，具有悦人的药香，微苦而爽适，深受拉美各国饮用者喜爱。它通常用 140 毫升的小瓶装盛装，具有较强的刺激性，并微有毒性，多饮有害健康，常用于调酒
菲奈特布兰 (Fernet Branca)	意大利	该酒产于意大利米兰，是意大利最有名的比特酒。酒精含量为 40%～45%，其味甚苦，被称为“苦酒之王”，并具有醒酒及健胃等功效，也可用于调酒。它以多种草木、植物根茎为配料制作而成
阿梅尔·皮康 (Amer Picon)	法国	阿梅尔·皮康以奎宁、金鸡纳树皮、橘皮、龙胆根浸泡于蒸馏酒配制而成，具有甜润、苦涩的味感，酒精含量为 21%，苦味突出，酒液似糖浆，只需取其少量，再掺入其他饮料后混饮
苏滋 (Suze)	法国	产自法国，酒精含量为 16%，含糖量为 16%，呈橘黄色，具有甘润而微苦的味感。其配料为法国中部火山带生长 20 年的龙胆草的根块。
阿佩罗 (Aperol)	意大利	阿佩罗产于意大利，酒精含量为 11%，由蒸馏酒浸泡奎宁、龙胆草等过滤而成

三、茴香酒

茴香酒(Anises)以食用酒精或烈酒为基酒，加入茴香油或甜型大茴香子制成，酒精含量为 20%～25%。茴香油一般从八角茴香和青茴香中提炼获得，八角茴香油多用于制作开胃酒，青茴香油多用于制作利口酒。茴香油中含有大量的苦艾素，45%的酒精可以溶解茴香油。茴香酒以法国产品较为有名，酒液因品种不同而呈现不同色泽，茴香酒酒味浓厚，香郁迷人，口感不同寻常，味重而刺激。茴香酒名品如表 7-6 所示。

表 7-6 茴香酒名品

品名	产地	酒品概述
潘诺 (Pernod)	法国	潘诺由白兰地、苦艾草、薄荷、荷兰根及茴香、玉桂皮等 15 种药材配制而成，呈浅青色、半透明状，具有浓烈的茴香味，饮用时加冰、加水，呈乳白色，酒精含量为 40%，含糖量为 10%。潘诺具有一股浓烈的草药气味，既香又甜，可作为上等的烹饪调味料
里卡尔 (Ricard)	法国	里卡尔是八角利口酒，1932 年，由法国企业家保罗・里卡尔创造，其味道干且强劲。现在，它是世界位列第一的八角烈性酒。里卡尔的配方包括八角、药草和甘草，经过浸泡和蒸制成
巴斯蒂斯 51 (Pastis 51)	法国	巴斯蒂斯 51(51 指的是酒品推出的那一年，即 1951 年)在法国销量位居第二，在原产地马赛附近和法国南部米迪地区较为畅销。巴斯蒂斯 51 是由诸种原料浸泡而成，其中包括药草和根茎，特别是八角和甘草，其中又以甘草为主
白羊倌 (Berger Blanc)	法国	白羊倌是一款餐前饮用的法国八角利口酒，其中可用于酿酒的植物(药草和芳香植物)比很多其他品牌少一些。因此，其酒品澄澈、透明、细腻、雅致、平衡，并且大茴香子和甘草的特点没有同类酒品明显
玛莉白莎 (Marie Brizard)	法国	玛莉白莎选用西班牙南部的甜绿八角果实，还有 10 多种其他植物、水果和香料酿制而成。大茴香子与纯烈性基酒混合，赋予其滑润、丰满之感
萨姆布卡 (Sambuca)	意大利	萨姆布卡通过把八角、接骨木、甘草和其他药草、香料浸泡在烈性酒里制成。基本款为白色萨姆布卡，也有黑色萨姆布卡。萨姆布卡的滋味比大茴香子味的餐前酒更甜、更丰满，介于潘诺和甜美的法国八角茴香利口酒之间
吾尊 (Ouzo)	希腊	吾尊或许是最著名的希腊和塞浦路斯大茴香子酒，人们认为它源自中亚。典型的希腊吾尊由压榨过的葡萄、浆果、药草(包括大茴香子、甘草、薄荷、鹿蹄草、茴香)和榛子制成

四、开胃酒的饮用与服务

由于开胃酒有增加食欲之功效，人们一般在餐前饮用。开胃酒的饮用与服务如表 7-7 所示。

表 7-7　开胃酒的饮用与服务

饮用方式	服务工具	操作标准
净饮	调酒杯、鸡尾酒杯、量杯、酒吧匙和滤冰器	先将调酒杯中加入 3～5 粒冰块，再量 45 毫升开胃酒，倒入调酒杯中，轻微搅拌后，将其滤入冰镇过的鸡尾酒杯中，加入柠檬片调味即可
加冰饮用	古典杯、量杯、酒吧匙	首先取一个冰镇过的古典杯，加入半杯冰块，再将 45 毫升开胃酒淋洒在上面，加柠檬片调味
混合饮用（如金巴利加橙汁）	古典杯、量杯、酒吧匙	先在古典杯中加入半杯冰块，再量 45 毫升金巴利酒倒入杯中，加入适量橙汁，用酒吧匙搅拌 5 秒钟，用 1 片柠檬片装饰

任务三　认识甜食酒

引例

马德拉酒的酿制

马德拉酒这种强化葡萄酒的酿制开始于 1753 年。酿制马德拉酒首先需要将葡萄收割、碾碎、榨汁，然后使其在不锈钢桶或橡木桶中发酵。每年的 8 月中旬至 10 月中旬是马德拉岛收获的季节，9 月是收获的黄金时段。酿制甜味马德拉酒的葡萄品种是蒲爱尔(Bual)和马姆奇(Malmsey)，通常将葡萄皮与果肉一同发酵，以浸出更多酚类来平衡酒的甜度。而使用舍西亚尔(Sercial)、华帝露(Verdelho)和黑莫乐(Tinta Negra Mole)酿造干型马德拉酒时则会在发酵前把葡萄皮剥掉。根据不同的甜度水平需要，通过在特定时间添加中性葡萄烈酒(酒度为 96%以上)以终止发酵过程。低廉的马德拉酒，不管使用何种葡萄，通常会将酒水发酵至完全干，对酒品进行“加强”，以使陈酿过程中酒精不会蒸发掉。最后人工对酒液进行加糖和着色。最终酒液的酒度为 17%～22%，根据酒的类型不同，含糖量为每升 0～150 克不等。

甜食是西餐中的最后一道菜，一般是甜点和水果，与之搭配的酒也是口味较甜的，我们将其称为甜食酒。甜食酒常常以葡萄酒基为主体进行配制，但与利口酒有明显区别，一般会加入食用酒精或白兰地以增加酒精含量，故又称为强化葡萄酒、佐餐酒。常见的甜食酒有雪莉酒、波特酒、马德拉酒等。

一、雪莉酒

雪莉酒产于西班牙的赫雷斯，英国人称其为 Sherry。英国人比西班牙人更嗜好雪莉酒，人们遂以英文名称呼此酒。雪莉酒以赫雷斯所产的葡萄酒为酒基，勾兑当地的葡萄蒸馏酒，逐年换桶陈酿，陈酿 15～20 年时，质量最好，风味也达到极点。法定用来酿造雪莉酒的葡萄品种只有三个，分别是帕洛米诺（Palomino）、佩德罗-希梅内斯（Pedro-Ximenez）和亚历山大麝香（Muscat of Alexandria）。

1. 雪莉酒的酿造工艺

雪莉酒的酿造工艺如表 7-8 所示。

表 7-8　雪莉酒的酿造工艺

步骤	名称	操作
第一步	发酵	将葡萄发酵成干型葡萄酒，在发酵的前 7 天，酵母比较活跃，会将大部分的糖分转变成酒精，然后再持续发酵 12 周，在这 12 周内几乎所有的残糖都变成了酒精，所以是极干的葡萄酒，其酒度为 11%～12%
第二步	开花	在长达 12 周的发酵后，搅拌其酒泥，然后将酒放在开放的储酒罐中，让酒自然长“花（Flor）”。“Flor”源于“Flower”（花儿），意指酵母薄膜如同花儿绽放一般旺盛。通常可发酵的酵母会在糖分转化成酒精之后自动消失，然而在赫雷斯地区，此时会有另外一种本地酵母出现在酒液的上方，形成一层类似奶油的隔膜，这就是 Flor。Flor 本身对周围环境的湿度和温度很敏感，且无法在酒度为 15.5% 的酒液中生存，它喜好凉爽适中的温度和较高的湿度，通常生长于春、秋季节，死于夏、冬
第三步	加强	并不是所有的葡萄酒都会“开花”，开花的葡萄酒其酒度会被加强到 15%，称为菲奴（Fino），未开花或开花很少的葡萄酒其酒度会被加强到 18%，称为奥罗露索（Oloroso）。“加强”的意思就是加入高度酒精，来增加葡萄酒的酒度
第四步	陈酿	雪莉酒一般在不锈钢发酵罐中完成发酵过程，然后在 600 升的中型橡木桶中进行一系列的陈酿过程，这种 600 升的中型橡木桶在当地叫作 Butts。Butts 在用于雪莉酒陈酿前必须经过充分的陈化，让其不再带有橡木味，而仅提供一个微氧环境。而且酒液只装到橡木桶 5/6 的容量，让桶内有足够的氧气

2. 雪莉酒的风格分类

雪莉酒的风格分类如表 7-9 所示。

表 7-9　雪莉酒的风格分类

类别	小类	定义
干型雪莉酒	菲奴（Fino）	开花的雪莉酒，酒度一般为 15%。通常为浅柠檬色，具有浓郁的杏仁、干果、草本植物的味道以及由开花酵母产生的生面团味道
	奥罗露索（Oloroso）	未开花或开花少的雪莉酒，酒度一般加强到 18%～22%，呈深棕色，以氧化味为主，如太妃糖、皮革、香料及核桃香气，年份很久的奥罗露索具有明显的香料味
	阿蒙提拉多（Amontillado）	这是将已开花的菲奴的酒度加强到 18%以上，杀死了开花酵母，然后进行有氧陈酿所酿成的雪莉酒。它呈琥珀色或棕色，通常同时带有酵母风味和氧化风味。其口感介于菲奴和奥罗露索之间。其酒度通常为 18%～22%
	帕罗考塔多（Palo Cortado）	非常稀少，是最好的雪莉酒之一。它的酿造具有偶然性，是正在"开花"的雪莉酒花突然不明原因地消失了，然后此雪莉酒就自然进入有氧陈酿过程中，这样形成的雪莉酒叫作帕罗考塔多
	曼萨尼亚（Manzanilla）	来自靠近瓜达拉哈拉河口的桑卢卡尔-德巴拉梅达，当地常年空气潮湿，使得 Flor 能够常年生长，它同菲奴使用的葡萄品种和酿造方式一样，但酵母薄膜相比赫雷斯地区的菲奴要厚，故口感锋利而精致，带有甘菊花香、杏仁、面团味道，干性且新鲜，酸度低，余味长
天然甜型雪莉酒	佩德罗-希梅内斯甜雪莉酒（Pedro Ximenez）	简称 PX 甜雪莉酒，颜色为深色，酒中残糖含量非常高，经常达到每升 500 克，具有水果干、咖啡、甘草等香气
	麝香雪莉酒（Moscatel）	由亚历山大麝香葡萄酿造，其风格与 PX 甜雪莉酒相似，但多了一些干柠檬皮的香气
混酿雪莉酒	白奶油雪莉（Pale Cream）	将菲奴用浓缩的葡萄汁加甜后得到的雪莉酒就是白奶油雪莉
	中等甜度雪莉（Medium Cream）	将阿蒙提拉多雪莉酒与自然甜型雪莉酒混合，形成的半甜型雪莉酒
	奶油雪莉（Cream）	将奥罗露索雪莉酒与自然甜型雪莉酒混合，形成的半甜型或甜型雪莉酒

3. 雪莉酒名品

雪莉酒名品如表 7-10 所示。

表 7-10 雪莉酒名品

品名	潘马丁(Pemartin)	布里斯托(Bristol)	缇欧佩佩雪莉酒(Tio Pepe)
酒品概述	此款雪莉酒产自西班牙安达路西亚的梅里朵酒庄，酿酒葡萄为帕洛米诺，颜色由琥珀色变成赤褐色，酒体丰满，果味浓郁，适合搭配红肉饮用	布里斯托雪莉酒是英国最畅销的雪莉酒之一，1769 年产自西班牙赫雷斯，最初在英国布里斯托灌装。1895 年，因约翰·哈维父子(John Harvey & Sons)为皇室供应酒品，该酒被维多利亚女王授予“皇家御用特许”产品称号。酒度为 17.5%	产自西班牙安达路西亚赫雷斯冈萨雷比亚斯酒庄，采用帕洛米诺葡萄酿制，缇欧佩佩雪莉酒使用“索乐拉”工艺陈酿 4 年以上，呈淡麦种色，具有精致辛辣的香味，无酸味，口感干爽而清淡。最好在 4℃～7℃的凉爽条件下享用。与餐前点心、海鲜、鱼类、火腿和淡味干酪一同享用则更佳

4. 雪莉酒的饮用与服务

雪莉酒的饮用与服务如表 7-11 所示。

表 7-11 雪莉酒的饮用与服务

饮用方式	雪莉酒传统上使用一种被称为“Venenciador”的华丽方式进行品尝，“Venenciador”的名字来自一种名为“Venencia”的特殊杯子，该杯子为银制，有一根长长的鲸鱼骨制成的把手，杯子足够窄，足以通过塞孔，舀出定量雪莉酒，然后高高地从头顶隆重地倒入另外一只手中的雪莉杯中
服务工具	雪莉酒杯，标准分量为 3 盎司(90 毫升)
建议饮用温度	菲奴和曼萨尼亚为 7℃～9℃； 白奶油雪莉约为 9℃，中等甜度雪莉为 0℃～11℃； 奶油雪莉为 12℃左右； 阿蒙提拉多和奥罗露索为 13℃～14℃； 麝香雪莉酒和 PX 甜雪莉酒大约为 14℃

二、波特酒

波特酒(Porto)素有葡萄牙“国酒”之称，产于葡萄牙杜罗河一带，在波尔图港进行储存和销售。波特酒是一种在酿制过程中，待葡萄酒发酵至含糖量为10%左右时，通过添加白兰地终止其发酵过程而获得酒度为16%～22%的具有甜味的强化型葡萄酒。因为波特酒实施原产地命名保护，所以只有产自葡萄牙波尔图市的波特酒才可以冠以“波特”的名号。

1. 波特酒的酿造工艺

波特酒的酿造工艺如表7-12所示。

表7-12　波特酒的酿造工艺

步骤	名称	操作
第一步	葡萄采摘	杜罗河产区古老的石墙梯田受联合国教科文组织保护，过于狭窄的梯田容纳不下拖拉机等机器，因此葡萄基本由人工进行采摘
第二步	萃取	波特酒的酿造方法比较特殊，发酵前酒庄会将葡萄置于大型花岗石槽中，让大量工人同时用脚踩踏葡萄3～4小时，以萃取波特酒所需的色素和单宁
第三步	发酵和强化	波特酒发酵时间比较短，通常只持续24～36小时，并没有经过完整的发酵，当葡萄酒的酒度达到10%时，酿酒师会加入大量白兰地来杀死酵母，从而终止发酵过程，酿造出酒度为16%～22%的甜型波特酒
第四步	熟化	波特酒在杜罗河谷酿造完成后，用一种小船将整桶的波特酒顺流而下运至波尔图城，在这里进行熟化、调配、装瓶，并最终出售

2. 波特酒的种类

波特酒有白波特酒和红波特酒两类。白波特酒有金黄色、草黄色、淡黄色之分，是葡萄牙人和法国人喜爱的开胃酒。红波特酒作为甜食酒在世界上享有很高的声誉，有黑红、深红、宝石红、茶红四种，统称为色酒。红波特酒香气浓郁芬芳，果香与酒香协调，口味醇厚、鲜美、圆润，有甜、半甜和干三个类型，目前最受欢迎的是1945年、1963年和1970年的产品。波特酒的种类如表7-13所示。

表 7-13 波特酒的种类

类别	概述
白波特 (White)	白波特是用灰白色的葡萄酿造的，一般作为开胃酒饮用，主要产自葡萄牙北部崎岖的杜罗河山谷。酒的颜色通常是金黄色，陈年时间越长，颜色越深，酒口感越圆润，越容易饮用，通常还带着香料或者蜜的香气
红宝石波特 (Ruby)	这是最年轻的波特酒，它在木桶中成熟，其口感是活泼的。一般来说，该酒颜色比较深，带有黑色浆果的香气，当地人喜欢把它当作餐后甜酒来喝
茶色波特 (Tawny)	也称为“陈年波特”，是比较温和、精细的木桶陈化酒，比红宝石波特存放在木桶里的时间要长，直到出现茶色(一般指的是红茶色)为止，贴上的标签有 10 年、20 年、30 年，甚至是 40 年的
年份波特 (Vintage)	这是相当美妙的波特酒，只在最好的年份才酿造，一般每 3 年会做一次，而且也是挑选最好的葡萄酿造而成。年份波特需要经过 2 年的木桶培养，好的酒需要数十年的瓶陈才能成熟。由于这类酒是瓶陈，酒渣很多，喝的时候需要换瓶。酒的口味也非常浓郁芬芳
迟装瓶年份波特酒 (Quinta Vintage)	这种酒又称 LBV(Late Bottle Vintage)，将其完全定位于晚装瓶的年份酒显然是误解，这些波特酒品质比年份波特低一点，它们混合装瓶是在 4～6 年收成后，大部分是商业化的而且便宜的酒，口味比较重，好一点的酒喝时是需要换瓶的

3. 波特酒名品

波特酒名品如表 7-14 所示。

4. 波特酒的饮用与服务

波特酒的饮用与服务如表 7-15 所示。

表 7-14　波特酒名品

类别	克罗夫特(Croft)	泰勒(Taylor's)	格兰姆(Graham's)	桑德曼(Sandeman)	道斯(Dow's)
概述	克罗夫特酒庄位于葡萄牙的杜罗河产区，以出产年份波特酒而闻名，极具代表性的是经典1945年份波特酒。酒庄迟装瓶年份波特酒被用作阿联酋航空头等舱用酒。2001年9月，克罗夫特加入了拥有著名的泰勒和芳塞卡波特酒品牌的费拉佳特家族(The Fladgate Partnership)	泰勒波特酒庄由约伯·比尔兹利创立于1692年，该酒庄最好的波特酒所用的葡萄都来自杜罗河谷陡峭而多岩石的山坡上。泰勒波特酒庄的代表作是年份波特酒、泰勒公司的红宝石波特酒、茶色波特酒和迟装瓶年份波特酒	格兰姆酒庄位于葡萄牙的杜罗河产区，由Graham家族的两兄弟William和John于1820年创建于葡萄牙的波尔图，格兰姆以其丰泽诱人、酒体丰满和极好的陈年潜力而闻名于世。格兰姆酒庄生产出了品质极佳的1970年份波特酒，格兰姆2000年份波特酒也被公认是历史上年份最好的波特酒	桑德曼酒庄位于葡萄牙的杜罗河产区，前身是由来自西澳大利亚的苏格兰人乔治·桑德曼于1790年在英国伦敦创建的名为“汤姆咖啡屋”(Tom's Coffee House)的酒庄，用以从事葡萄牙的波特酒和西班牙的雪莉酒的售卖。代表酒品桑德曼宝石红波特酒采用波特红葡萄混酿，带有黑莓果酱、成熟水果酱的气息，口感清新甜润	道斯酒庄位于葡萄牙的杜罗河产区，道斯酒庄葡萄园是由4块风土各异的葡萄园组成，分别是Bomfim、Senhora da Ribeira、Cerdeira和Santinho。这些斜坡梯田上的葡萄园具有非常好的排水性，土壤组成多样，多为片状页岩土。2002年，道斯酒庄推行了波特酒Midnight(午夜)，采用新鲜的、饱满的葡萄调配而成，用以满足新一代波特酒爱好者的口味

表 7-15　波特酒的饮用与服务

饮用方式	纯饮是最常见的品尝波特酒的方式
服务工具	波特酒杯，标准分量3盎司(90毫升)
操作标准	波特酒较适宜在轻微冰镇(13℃～20℃)后，倒入波特酒杯中饮用，以突显其水果芳香，淡化其酒精味

三、马德拉酒

马德拉酒(Madeira)是全球三大加强葡萄酒之一，它来自葡萄牙，因在陈年过程中经历了种种磨难，成酒一般不再受外界影响，被世人称为“不死之酒”。马德拉酒的产区位于葡萄

牙西南方向的马德拉群岛。马德拉群岛地处大西洋，长期以来为西班牙所占领。马德拉酒是用当地生产的葡萄酒和葡萄烧酒勾兑而成的，十分受人喜爱。一般马德拉酒的酒度是19%～20%，马德拉酒是上好的开胃酒，也是世界上屈指可数的优质甜食酒。

受法定产区法律保护，马德拉酒只能产自马德拉群岛和旁边的圣港岛。马德拉酒可以按照年份进行分类，也可以按照甜度进行划分。马德拉酒在被葡萄烈酒加强的过程中，不仅提高了酒精度数，也在不同的时机打断了发酵过程，给酒中留下了程度不等的天然糖分。

除此之外，五种酿造马德拉的主要葡萄品种也可以作为马德拉酒分类的依据。马德拉酒的每一个葡萄品种都能对应一个甜度等级，如干型（舍西亚尔葡萄），半干型（华帝露葡萄），半甜型（布尔葡萄）和甜型（玛尔维萨葡萄）。而黑莫乐可以酿造所有类型的马德拉酒。

1. 马德拉酒的分类

马德拉酒的分类如表7-16所示。

表7-16 马德拉酒的分类

风格	类别	概述
无年份马德拉	散装酒 (Bulk wine)	这是最低端的酒，使用盐和胡椒调配，常用于糕点行业，在销售时不允许标注马德拉。在2002年被禁止出口之前，散装马德拉酒占了岛上30%～40%的产量
	三年陈年 (Finest / 3 Year Old)	采用暖房法酿制，在不锈钢罐中陈年（极少数会经过橡木桶陈年）之后就装瓶。酿酒品种主要是黑莫乐或科姆雷
	雨水马德拉 (Rainwater)	属于近乎干或半干型的风格，酒体轻盈，陈年时间一般为3～5年，最多不超过5年。据说是由于在运往美国的途中被雨水冲淡而得名。这一风格的马德拉产量极少，且并未有法律明确规定其风格
	五年珍藏 (Reserve/ 5 Years Old)	通常为黑莫乐或科姆雷的混酿，也可能混入少部分贵族品种。使用暖房法酿造，部分或全部酒液在水泥罐或不锈钢罐陈年，也有可能部分酒液来自橡木桶，酒液陈年时间最少5年
	十年特别珍藏 (Special Reserve/ 10 Years Old)	多数由贵族品种酿造，会在酒标上标出明确的使用品种。在橡木桶中进行陈年，通常不使用水泥罐和不锈钢罐，调配年份中最年轻的酒液至少陈年10年
	十五年特级珍藏 (Extra Reserve/ 15 Years Old)	较少见的级别，与十年特别珍藏马德拉标准相同，但陈年时间更长，基酒平均年龄为15年

续表

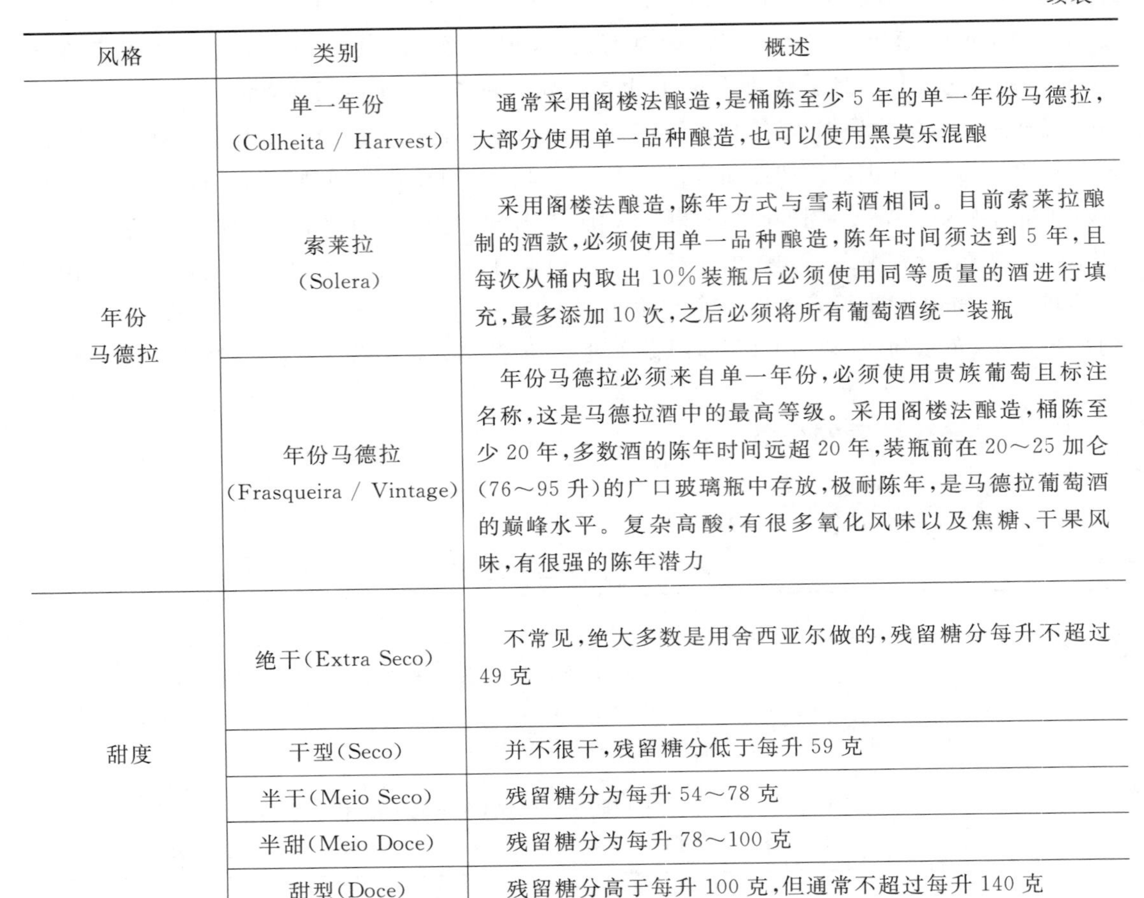

风格	类别	概述
年份马德拉	单一年份(Colheita / Harvest)	通常采用阁楼法酿造，是桶陈至少5年的单一年份马德拉，大部分使用单一品种酿造，也可以使用黑莫乐混酿
	索莱拉(Solera)	采用阁楼法酿造，陈年方式与雪莉酒相同。目前索莱拉酿制的酒款，必须使用单一品种酿造，陈年时间须达到5年，且每次从桶内取出10%装瓶后必须使用同等质量的酒进行填充，最多添加10次，之后必须将所有葡萄酒统一装瓶
	年份马德拉(Frasqueira / Vintage)	年份马德拉必须来自单一年份，必须使用贵族葡萄且标注名称，这是马德拉酒中的最高等级。采用阁楼法酿造，桶陈至少20年，多数酒的陈年时间远超20年，装瓶前在20～25加仑(76～95升)的广口玻璃瓶中存放，极耐陈年，是马德拉葡萄酒的巅峰水平。复杂高酸，有很多氧化风味以及焦糖、干果风味，有很强的陈年潜力
甜度	绝干(Extra Seco)	不常见，绝大多数是用舍西亚尔做的，残留糖分每升不超过49克
	干型(Seco)	并不很干，残留糖分低于每升59克
	半干(Meio Seco)	残留糖分为每升54～78克
	半甜(Meio Doce)	残留糖分为每升78～100克
	甜型(Doce)	残留糖分高于每升100克，但通常不超过每升140克

2. 马德拉酒名品

马德拉酒名品如表7-17所示。

表7-17　马德拉酒名品

类别	马拉加酒(Malaga)	马尔萨拉酒(Marsala)
概述	产于西班牙安达卢西亚的马拉加地区，酿造方法颇似波尔图酒。酒度为14%～23%，此酒在佐餐酒和开胃酒中的数量比不上其同类产品，但它具有显著的滋补作用，较为适合病人和疗养者饮用	产于意大利西西里岛西北部的马尔萨拉一带，是由葡萄酒和葡萄蒸馏酒勾兑而成的，它与波尔图酒、雪莉酒齐名。酒呈金黄带棕色，香气芬芳，口味舒爽、甘润。根据陈酿的时间不同，马尔萨拉酒的风格也有所区别。陈酿4个月的酒称为精酿，陈酿2年的酒称为优酿，陈酿5年的酒称为特精酿。较为有名的马尔萨拉酒有厨师长(Gran Chef)、佛罗里欧(Florio)、拉罗(Rallo)、佩勒克利诺(Peliegrino)等

3. 马德拉酒的保存

马德拉酒应竖直放置在阴凉干燥的地方，因为它的酒度比一般的葡萄酒要高，腐蚀软木塞的速度也更快，竖直放置酒瓶才能减少木塞损伤。另外，它还需要一点氧气来保持氧化香气，而没有酒液浸润的软木塞可以让空气进入酒瓶。通常马德拉酒开瓶后重新塞好软木塞，可以保存几个月，品质高的则是几年。

4. 马德拉酒的饮用与服务

马德拉酒的饮用与服务如表 7-18 所示。

表 7-18 马德拉酒的饮用与服务

饮用方式	纯饮是最常见的品尝马德拉酒的方式。舍西亚尔属于干型，可以在用餐的时候喝，搭配烤牛排，口感最好，马姆齐/玛尔维萨属于甜型，适合搭配奶酪和巧克力。波尔介于两者之间，搭配美味与香甜的食物均可。一般不在马德拉酒液中加入冰块或水
服务工具	葡萄酒杯，标准分量 3 盎司(90 毫升)
操作标准	马德拉酒应在室温下饮用，饮用前需要醒酒。为了展现最大香气风味，年轻的马德拉酒推荐饮用温度是 13℃～14℃，老年份马德拉酒推荐饮用温度应该在 15℃～16℃。不过马德拉酒所含糖分不同，其推荐饮用温度也不相同。干型的舍西亚尔和华帝露饮用时应大致保持酒窖中的温度(即 10℃～12℃)；甜型的布尔和马姆齐则可在室温下饮用

任务四 认识中国配制酒

◇引例

武汉市鸡尾酒大赛

2021 年 10 月 23 日下午，由武汉市委组织部、宣传部，武汉市人力资源和社会保障局、武汉市科学技术局、武汉市经济和信息化局、武汉市财政局、武汉市总工会、共青团武汉市委联合主办，IBAChinaABC国际调酒师协会中国会员国和湖北省酒店管理职业教育集团支持，武汉市商务局承办，武汉调酒师协会协办的武汉第22届职业技能大赛调酒师比赛暨2021武汉市“蓝标劲酒杯”鸡尾酒大赛总决赛圆满举行。

实习生小徐对这次比赛非常感兴趣，领班小李向他介绍道：这次比赛举办的意义在于为广大调酒师切磋技艺、交流技术、展示技能搭建平台，拓展优秀调酒技能人才脱颖而出和快速成长的通道，营造重视技能、尊重技能人才的社会氛围，加快白酒品牌树立创新形象，将劲牌有限公司蓝标劲酒与源自法国的1883糖浆融合创新，以鸡尾酒的形式展现给世界，创造楚派鸡尾酒经典之作，推动武汉市调酒行业快速发展。

小徐对冠名商的蓝标劲酒非常好奇，这是什么酒？为什么可以调制鸡尾酒呢？

请以实习生小徐的身份，掌握中国配制酒的种类和服务标准。

一、药酒

药酒是指用蒸馏酒浸提药材而制得的澄清透明的液体制剂。我们通常所说的药酒，是药准字号药酒与营养类保健酒的统称。

药酒，在古代同其他酒一起统称为“醪醴”。我国现存最早的医书《黄帝内经》中就有“汤液醪醴论”。醪醴，就是用五谷制成的酒类，醪为浊酒，醴为甜酒。以白酒、黄酒和米酒浸泡或煎煮具有治疗和滋补性质的各种中药或食物，去掉药渣所得的口服酒剂（或用药物和食物与谷物、酒曲共同酿制），即为药酒。因为酒有通血脉、行药势、温肠胃、御风寒等作用，所以酒和药配制可以增强药力，既可预防和治疗疾病，又可用于病后的辅助治疗。滋补药酒还可以药之功，借酒之力，起到补虚强壮和抗衰益寿的作用。远在古代，药酒已成为我国一个独特的重要剂型，至今在国内外医疗保健领域中，仍享有一定的声誉。随着人们生活水平的不断提高，药酒作为一种有效的防病祛病、养生健身的饮料，已开始走进千家万户。

药酒在我国已有几千年的历史，是我国传统酒文化的精华部分。药准字号药酒与营养类保健酒存在一定差异，但在中国古代，对二者没有进行特别区分，由于时代的局限，只是笼统地称之为“药酒”。药准字号药酒与营养类保健酒科学的界定还是20世纪70年代后的事情，这是个重大的历史进步。我国药准字号药酒及保健酒的生产饮用现已成为一个独立的门类。它们与传统产品相比，有一个最显著的特点，就是与中国古老的中医、中药相结合，集饮用、保健、治病、强身于一体。

一杯气味醇正、芳香浓郁的药酒，既没有古人所讲的“良药苦口”的烦恼，又没有现代打针的疼痛，给人们带来的是一种饮用佳酿美酒的享受，所以许多人乐于接受。

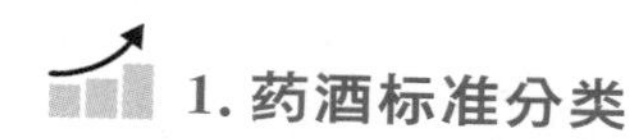

1. 药酒标准分类

药酒可分为药准字号药酒和营养类保健酒，营养类保健酒中又包括食健字号酒、露酒、食加准字号酒等。药准字号药酒是指已获得国家或地方卫生行政主管部门批准文号的药酒，它具有药物的基本特征，以治病救人为目的，有明确的适应证、禁忌证、限量、限期，饮用时须谨遵医嘱。药酒是中药的一种剂型，又称为酒剂。它的溶媒含有乙醇，而蛋白质、黏液质、树胶等成分都不溶于乙醇，故杂质较少，澄清度较好，长期贮存不易染菌变质。

2. 营养类保健酒与药准字号药酒的区别

营养类保健酒和药准字号药酒相比，其相同之处，是酒中有药，药中有酒，均能起到强身健体之功效，但二者却有着明显的差异。

从定义上来说，营养类保健酒首先是一种食品饮料，具有食品的基本特征；而药准字号药酒则以药物为主，具有药物的基本特征。

从特点上来说，营养类保健酒以滋补、强壮、补充、调节、改善身体为主要目的，可用于生理功能减弱者、生理功能紊乱者及特殊生理需要或营养需要者，以此来补充人的营养物质及功能性成分，它的效果是潜移默化的；而药准字号药酒则是以治病救人为目的的，用于病人的康复和病理状态的治疗。

从饮用对象上来说，营养类保健酒适于健康人群、有特殊需要之健康人群、中间状态人群（介于健康与疾病之间的亚健康状态，需要注意的是，此处的人群指成年人）饮用；而药准字号药酒则仅限于患有疾病的人群饮用，它是医生开的一剂方药，须在医生监督下饮用。

从风味上来说，营养类保健酒讲究色、香、味，注重药香、酒香的协调；而药准字号药酒则不必做到药香、酒香的协调，俗话说“良药苦口利于病”。

从原料组成上来说，营养类保健酒中的原料首选传统食物、食药两用之药材，且中药材、饮片必须经食品加工，功能强烈、有毒性者则不可用；而药准字号药酒中的原料首选安全、有效的中药，以滋补药为主，可适当配合其他中药（清、温、消、补、下、和等类中药）。

3. 药酒的种类

中医一般把药酒分为以下几种。第一，滋补类药酒，用于气血双亏、脾气虚弱、肝肾阴虚、神经衰弱者，主要由黄芪、枸杞、人参、鹿茸等制成。著名的药方有五味子酒、八珍酒、十全大补酒、人参酒、枸杞酒等。第二，活血化瘀类药酒，用于风寒、中风后遗症、骨骼损伤者。较为有名的药方有国公酒、跌打损伤酒等。第三，抗风湿类药酒，用于风湿病患者，著名的药方有风湿药酒、追风药酒、风湿性骨病酒、五加皮酒（见图 7-5）、蟒蛇酒、三蛇酒、五蛇酒等。

图 7-5　致中和牌五加皮酒

二、露酒

根据《露酒》(GB/T 27588—2011)的相关规定，露酒是以蒸馏酒、清香型汾酒或食用酒精为酒基，以药、食两用的动植物精华，按先进工艺加工而成，改变了其原酒基风格的饮料酒。露酒具有营养丰富、品种繁多、风格各异的特点，露酒的范围很广，包括花果型露酒、动植物芳香型露酒、滋补营养型露酒等酒种。露酒在生产过程中添加的原料以中药材成分居多，饮用后对人体可产生快速的药理作用。

露酒主要是以酒基和原辅料按照先进工艺加工而成。其原辅料可供选择的品种很多，特别是随着近年来应用科技的发展，露酒原料的应用范围不断扩大，相比其他酒类具有强大的优势。如枸杞、红枣、龙眼、黑豆等食材和甘草、茶多酚精华等药用食物，另外还有一些虾蟹提取物等，可以说，凡是可以食用或入药的品种，基本上都能按照一定工艺做成露酒。

露酒是以发酵酒、蒸馏酒或食用酒精为酒基，加入可食用的辅料、食品添加剂，进行调配、混合或再加工制成的。市场上销售的果酒类型较多，有枸杞果酒、桑葚酒、石榴酒、猕猴桃酒、五味子酒等众多品种。我国有丰富的药食两用资源，露酒产品的品种也较多，典型的有华北地区的竹叶青酒，东北地区的参茸酒、三鞭酒，西北地区的虫草酒、灵芝酒等。

露酒的加工通常采用最新工艺，如丹力、七日谈、泰清泉露酒就运用了最新的"靶向提取"技术，从原料中精确提取有效成分，充分保留各原料特性与口味，经过二次发酵等复杂工艺精心调配而成。它们的成酒甘香醇美，色泽红润饱满，酒香清远飘逸，入口醇和舒适，略带清甜。其色、香、味各方面均符合现代人饮酒喜好，堪称现代露酒的经典。

三、中国配制酒名品

1. 竹叶青酒

竹叶青酒的产地在中国山西汾阳。竹叶青酒如图 7-6 所示。竹叶青酒是汾酒的再制品，它与汾酒一样具有古老的历史。南朝梁简文帝萧纲有诗云："兰羞荐俎，竹酒澄芬。"该诗句说的是竹叶青酒的香型和品质。南北朝文学家庾信在《春日离合诗(二)》中写道："田家足闲暇，士友暂流连。三春竹叶酒，一曲鹍鸡弦。"该诗描写了田家农舍的安适清闲，记载了三春陈酿的竹叶青酒。由此可见，竹叶青酒早在一千多年前就已成珍品。

图 7-6　竹叶青酒

竹叶青酒色泽金黄兼翠绿，酒液清澈透明，芳香浓郁，酒香和药香谐调均匀，入口香甜，柔和爽口，口味绵长。酒度为 45%，糖分为 10%。经专家鉴定，它具有养血、舒气、和胃、益脾、除烦、消食的功效。也有医学家认为，竹叶青酒对心脏病、高血压和关节炎等疾病也有明显的医疗效果，并认为少饮、久饮竹叶青酒，有益于身体健康。

最古老的竹叶青酒只是单纯加入竹叶浸泡，求其色青味美，故名"竹叶青"。而现在的竹叶青酒以汾酒为底酒，配以广木香、公丁香、竹叶、陈皮、砂仁、当归、零陵香、檀香等十多种名贵药材和冰糖、白砂糖浸泡配制而成。杏花村汾酒厂专门设有竹叶青配制车间。竹叶青酒的配制方法是：用小坛将药材放入 70%汾酒里浸泡数天，取出药液放入陶瓷缸里的 65%汾酒中；再将糖液加热，取出液面杂质，过滤冷却，倒入已加药液的酒缸中，搅拌均匀，封闭缸口，澄清数日，取清液过滤入库；再经陈贮、勾兑、品评、检验、装瓶、包装等 128 道工序而作为成品出厂。

2. 刺梨酒

贵州布依族酿制的刺梨酒驰名中外，如图 7-7 所示。刺梨酒的酿制方法是：每年秋天采集刺梨果，将其晒干；用糯米酿酒，盛于大坛中，再将刺梨放进坛里浸泡；1 个月以后(泡的时间越长越好)即成。酒呈黄色，喷香可口，酒度约为 12%，不易醉人。

3. 杨林肥酒

杨林肥酒是享誉海内外的传统配制酒，以产地而得名(见图 7-8)。杨林镇地处云南省中部的嵩明县杨林湖畔，这里早在明初就商贾云集，工商业尤为发达。据说每年秋收结束，杨林湖畔、玉龙河边，百家立灶、千村酿酒。传统的酿酒技艺和丰富的药物学知识是酿造杨林肥酒的坚实基础。清末，杨林酿酒业主陈鼎设“裕宝号”酿酒作坊，借鉴兰茂《滇南本草》中酿造水酒的十八方工艺，采用自酿的纯粮小曲酒为酒基，浸泡党参、拐枣、陈皮、元肉、大枣等十余种药材，同时加入适量的蜂蜜、蔗糖、豌豆尖、青竹叶，精心配制。通过长期的摸索实践，他于清光绪六年(1880 年)向市场上推出了一种色泽碧绿如玉、清亮透明、药香和酒香浑然一体的配制酒。这种酒醇香绵甜，回味隽永，具有健胃滋脾、调和腑脏、活血健身的功效，创始者陈鼎将其命名为“杨林肥酒”。

图 7-7　贵州刺梨酒

图 7-8　杨林肥酒

4. 鸡蛋酒

鸡蛋酒是彝族的一种具有浓郁地方特色和民族特色的保健型配制酒(见图 7-9)，其配制过程分为备料和煮酒。

图 7-9　鸡蛋酒

(1)备料。

准备纯粮烧酒、生姜、草果、胡椒粉、鸡蛋、糖等。

(2)煮酒。

先把草果放在火塘中烤焦、捣碎,生姜洗净、去皮、捣扁。备好的草果、生姜和纯粮烧酒同时下锅,温火将酒煮沸后,加糖,待糖完全融化后,撤去锅底的火,但使锅子保持余热,捞出生姜及草果碎块,将鸡蛋搅匀后,呈细线状缓缓注入酒锅内,同时快速搅动酒液,最后撒入胡椒粉即可饮用。

地道的彝族鸡蛋酒现配现饮,上碗时余温不去,香郁扑鼻,鸡蛋如丝如缕,蛋白洁白如丝,蛋黄金灿悦目,入口余温不绝,饮后清心提神,祛风除湿。节庆佳期,一碗热腾腾的鸡蛋酒烘托出节日的祥和与热烈;嘉宾临门,一碗香喷喷的鸡蛋酒显示出彝族人的真挚与热诚。

5. 松苓酒

松苓酒是满族的传统饮料,其制作方法非常独特:在山中寻觅一棵古松,伐其本根,将白酒装在陶制的酒瓮中,埋于其下,几年后挖掘取出。据说通过此法,古松的精华就被吸收到酒中。松苓酒酒色为琥珀色,具有明目、清心的功效。由于做法涉及伐木,现在此酒已经非常少见。

6. 中国劲酒

中国劲酒是湖北省黄石市大冶市地方特产之一,它以幕阜山泉酿制的清香型小曲白酒为基酒,精选地道药材,采用新升级的数字提取技术酿制而成(见图 7-10)。其中蕴含多种皂苷类、黄酮类、活性多糖等功能因子,以及多种氨基酸、有机酸和人体所需的微量元素等营养成分,具有抗疲劳、免疫调节的保健功能。

其他配制酒种类还有很多,如在成品酒中加入中草药材制成的五加皮酒,加入名贵药材制成的人参酒,加入动物性原料制成的鹿酒、蛇酒,加入水果制成的杨梅酒、荔枝酒(见图 7-11)等。

图 7-10　中国劲酒

图 7-11　荔枝酒

思考题

一、问答题

1. 利口酒的分类有哪些？
2. 列出常见的利口酒名品及其类型。
3. 利口酒的饮用与服务方式有哪些？
4. 什么是开胃酒？
5. 试说明开胃酒的分类及其区别。
6. 列出开胃酒中的名品。
7. 简述开胃酒的饮用与服务标准。
8. 甜食酒的分类有哪些？
9. 列出常见的甜食酒名品及其类型。
10. 甜食酒的饮用与服务方式有哪些？
11. 中国配制酒的分类有哪些？
12. 列出常见的中国配制酒名品。
13. 列出常见的配制酒名品。
14. 不同配制酒的饮用与服务方式有哪些？

二、不定项选择题

1. 开胃酒中属于味美思品牌的有(　　)。

A. 金巴利　　B. 马天尼

C. 仙山露　　D. 潘诺

2. 安格斯图拉产于中美洲，是著名的(　　)。

A. 比特酒　　B. 茴香酒

C. 开胃酒　　D. 甜食酒

3. 适宜餐前饮用的配制酒有(　　)。

A. 利口酒　　B. 甜食酒

C. 开胃酒　　D. 露酒

E. 药酒

4. 按照西餐餐饮搭配习惯可以把酒分为开胃酒、佐餐酒、(　　)。

A. 甜食酒和配制酒　　B. 甜食酒和餐后酒

C. 蒸馏酒和餐后酒　　D. 甜食酒和蒸馏酒

5. (　　)工艺可以改善酒质，使酒进一步成熟，逐渐变得醇厚、柔和。

A. 蒸馏　　B. 发酵

C. 糖化　　D. 陈化

6.（　　）是最普通的强化葡萄酒，产于西班牙赫雷斯，被称为西班牙的国宝。

A. 雪莉酒
B. 波特酒
C. 马德拉
D. 马萨拉

7.（　　）是酿制利口酒的最主要方法。

A. 混合法
B. 渗透过滤法
C. 蒸馏法
D. 浸渍法

二维码 7-1
项目七
思考题
参考答案

项目八　酒吧常见时尚饮品鉴赏

◇ 本项目目标

知识目标：

1. 掌握茶叶的基本生产工艺；
2. 掌握无酒精饮料的常见类别；
3. 掌握不同无酒精饮料的调制方法、步骤和服务标准。

能力目标：

1. 熟悉茶叶的制作基本工艺；
2. 熟悉常见无酒精饮料的类别；
3. 能熟练准确地根据顾客的要求进行无酒精饮料调制和服务。

情感目标：

培养学生为顾客提供专业化服务的素质。

茶、咖啡与可可并称当今世界三大无酒精饮料。无酒精饮料是指不含有酒精成分或食用酒精含量不超过0.5%的饮料制品，常见的无酒精饮料有碳酸饮料、果蔬汁饮料、咖啡、茶等，其主要原料是饮用水或矿泉水，果汁、蔬菜汁或植物的根、茎、叶、花和果实的提取液，有的含甜味剂、酸味剂、香精、香料、食用色素、乳化剂、起泡剂、稳定剂和防腐剂等食品添加剂。无酒精饮料的基本成分是水、碳水化合物和风味物质，有些还含部分维生素和矿物质。

引例

打开酒精新世界，“酒精＋”为饮料创新注入新灵感

酒精＋咖啡

当人们去拉脱维亚首都里加时，大部分人在餐馆饮料菜单中都会遇到一个附加选择：里加黑香脂(Riga Black Balsam)。里加黑香脂是东欧的餐后甜酒，由源自17种植物的24种全天然成分制成。这种酒入口会有强烈的刺喉感，又苦又甜，还有一种独特的味道，常被比作一种老式的止咳糖浆。

不同的草药成分组合会给里加黑香脂提供不同的复合风味，目前在里加黑香脂中常用的药草有缬草、苦艾、黑胡椒、姜、蜜蜂花、椴树花，也有珍贵成分如龙胆根、秘鲁香脂油的根部、芽部和浆果。并且也通过独特的工艺进行长时间的酿造保持密封发酵，发酵好的里加黑香脂可以存放数十年，保持品质和特性如一。

饮料公司现在必须通过研发新产品来跟上当今社会的文化转变，不仅要以非酒精饮料的形式，而且要与健康、养生和可持续发展趋势保持一致。

嗜酒的拉脱维亚人也想要兼顾健康和酒精带来的美妙体验，为了满足人们日益增长的酒精饮料需求，里加黑香脂生产者推出了新版本的里加黑香脂浓缩咖啡，这种饮料中加入了适量的里加黑香脂提取物，并且根据消费者需求添加了阿拉比咖啡豆和肉桂提取物，将酒的独特苦味和咖啡的浓郁风味结合在一起，同时满足狂热的咖啡爱好者和饮酒人士的需求。据负责人表示，这款浓缩咖啡不仅是一款时尚的酒精饮料，也是拉脱维亚消费者期待已久的产品，预计会在拉脱维亚、波罗的海地区和其他市场受到欢迎。

即饮型的酒精咖啡为人们提供了既能摄入咖啡因又能喝酒的选项，同时也扩大了人们的消费场景。里加黑香脂浓缩咖啡不限于酒吧、餐厅、KTV等场所，也可以在办公室等场所出现。在口感上，这款酒精咖啡也深受消费者欢迎，在酒精的基础上融合了口感柔和的糖、奶盖或奶油，体验更为新颖。

在过去，人们对饮料的创新大多专注非酒精领域，不论是可乐、康普茶、气泡水，还是发酵类产品等，因其健康和特性在市场上很容易被接受，也获得了消费者的肯定。如果将酒精和不同的饮料产品进行叠加和互相搭配，就能激发更多创新灵感。

酒精＋可乐

成立132年的可口可乐在2018年也首次破例，在日本推出了罐装气泡酒精饮料柠檬堂(Lemon-Dō)。这款酒精饮料与日本的某种罐装饮料类似，是一种鸡尾酒式的饮料，通常由谷物蒸馏酒(烧酎)加上水果口味的碳酸气泡水制成。

柠檬堂有三种口味，分别是“定番柠檬”口味，含5%的酒精和10%的柠檬汁；“盐柠檬”口味，含7%的酒精和7%的柠檬汁；“蜂蜜柠檬”口味，含3%的酒精和7%的柠檬汁，含蜂蜜，口感略甜，主要面向女性消费者。

酒精+气泡水

瑞典苹果酒品牌Kopparberg也上新了一款名为Balans Aqua Spritz的酒精气泡水。这款饮料是天然风味，无麸质，每罐含60卡路里或更少卡路里，让人们拥有一种健康的生活方式。目前这款气泡水有两种口味——橘子味和酸橙味可供选择。

美国第二大的精酿啤酒厂商Boston Beer Co也推出Truly Spiked & Sparkling系列酒，Truly Rosé借桃红葡萄酒和气泡水的势头重新"杀"回市场。这款罐装的桃红葡萄酒味的酒精气泡水有5%酒精含量，每罐含100卡路里和1克糖，口味精致甜美，混合着一点微酸和果味，也受到了年轻消费者的青睐。

酒精+蒸馏水

越来越多的企业开始在酒类饮料"玩出花样"，例如来自美国的啤酒品牌Fifco USA推出了一款含酒精蒸馏水Pura Still，为那些追求健康的饮酒人士提供一款养生饮品。这款产品主打健康，每瓶总热量为90卡路里，含1克蔗糖和2克碳水化合物，酒精含量为4.5%，口感尝起来有点像蒸馏水。目前该产品共有黑莓、芒果和柑橘三种口味。

酒精+康普茶

来自美国品牌JuneShine旗下的康普茶产品也开始上新酒精系列，所有的JuneShine康普茶酒精饮料酒度为6%，目前拥有多达12种风味，已经上市了6款产品，分别是：血橙薄荷(Blood Orange Mint)、巴西莓(Acaiberry)、玫瑰(Rose)、蜂蜜姜柠檬(Honey Ginger Lemon)、黄瓜莫吉托(Cucumber Mojito)和午夜陶醉(Midnight Painkiller)，每款产品都使用了16盎司(480毫升)罐装，目前人们可以在官网以及南加州各地精选超市购买。

美国的康普茶品牌Kombrewcha也推出低酒精康普茶。这款饮料使用有机配料制成，目前推出三款核心口味，分别是Royal Ginger，Lemongrass Lime和Berry Hibiscus，酒精含量为4.4%。同时这款产品主要针对28～45岁的女性，在不同社交场合中可以成为健康的酒精替代品。

酒精饮料在国外发展势头良好，但是在中国市场仍处于起步阶段，目前也有国内品牌进行尝试。2019年7月上线的天猫理想生活咖啡馆特地推出了一款由茅台王子酒调制的咖啡。这款茅台咖啡也频频上热搜，吸引了一大波人的注意。

作为有着千年酒文化历史的中国，本土酒品牌也可以学习茅台结合自身特色来打造"酒精+"系列，利用品牌为产品吸引流量，同时通过多种饮料的搭配，来实现酒精与其他饮料之间的碰撞，充分刺激年轻消费者的购买欲望。

■ 思考：酒吧除了售卖酒品外，还可以在无酒精饮料上使用哪些营销策略来吸引消费者？

任务一　认识茶

◇ 引 例

茶的起源与发展

我们通常讲的茶指用山茶科茶树的嫩叶和芽加工而成，可以用开水直接冲泡的一种饮品。我国是茶的故乡，也是世界茶文化的源头，穿越千年历史，从最初的神农尝百草到越来越多的人将茶作为居家必备、待客首选的饮品，茶已经渐渐地融入我们的生活，成为人们生活中不可缺少的一部分。

人类制茶、饮茶的最早记录都在中国，最早的茶叶成品实物也在中国。从远古时代的神农尝百草及至今日，现代人对茶的需求越来越广泛，“以茶敬客”也成为生活中最常见的待客礼仪。饮茶习俗在中国各民族中传承已久。

关于取茶叶作为饮料，《神农本草经》中有记载：“神农尝百草，日遇七十二毒，得荼(茶)而解之。”即传说有一日，神农尝了一种有剧毒的草，当时他正在烧水，水还没有烧开就晕倒了。不知道过了多久，神农在一种沁人心脾的清香中醒来了，他艰难地在锅中舀水喝，却发现沸腾的水已经变成了黄绿色，里面还漂浮着几片绿色的叶子，那清香就从锅里飘来。喝了之后几个小时，他身上的剧毒居然解了！神农细心查找之后发现锅的正上方有一棵植物，研究之后又发现了它的更多作用，最后将它取名为“荼”(即后来的茶)。这则关于茶的传说，可信性有多大，尚不可知。但有一点是明确的，即茶最早是一种药用植物，它的药用功能是解毒。

两汉到三国时期，茶已经从巴蜀传到长江中下游一带。到了两晋南北朝时期，茶叶已被广泛种植，并渐渐在人们日常生活中居于重要地位。“茶兴于唐而盛于宋”，到了唐代，陆羽总结历代制茶和饮茶的经验，写了《茶经》一书。该书对茶的起源、种类、特征、制法、烹蒸、茶具、水的品质、饮茶风俗等做了全面论述。陆羽因此被称为“茶圣”。到了宋代，中国的饮茶之风更盛，茶已经成为“家不可一日无也”的日常饮品之一。民间还出现了茶户、茶市、茶坊等交易、制作茶的场所。在传统习俗中，最有特色的是斗茶。与此同时，茶叶产品不再只是单一的茶团、茶饼形式，先后出现了散茶、末茶。此时，茶文化已然呈现出一派繁荣的景象，并传播到世界各国。

明清时期,茶叶的加工制作和饮用习俗有了很大的改进。尤其清代以后,茶叶出口已经成为正式的贸易途径,茶在各国间的销售量也开始增加。此时,炒青制茶法得到了普遍推广,于是“冲饮法”代替了以往的“煎饮法”,这就是我们今天使用的饮茶方法。明清时还涌现出大量关于茶的文艺创作,茶与戏剧、曲艺、灯谜等民间文化活动融合起来,茶文化也有了更深层次的发展。

中国茶最早向外传播可追溯到南北朝时期。当时,中国商人通过以茶易物的方式向土耳其输出茶叶。隋唐时期,随着边境贸易的发展,茶叶也以茶马交易的形式通过丝绸之路经回纥(后来的回鹘)及西域各国输往西亚和阿拉伯等国。17 世纪中叶,茶作为商品开始销往欧洲。1780 年,美国人和荷兰人开始将茶从中国转运到印度种植。19 世纪 30 年代印度阿萨姆邦大量种植茶树并向英国出口茶叶,成为印度最有名的红茶产地。美国威廉·乌克斯所著的《茶叶全书》中提到:饮茶代酒之习惯,东西方同样重视,唯东方饮茶之风盛行数世纪之后,欧洲人才始习饮之。

目前,世界上有 50 多个国家种植茶树,各国生产的茶叶各有特色,茶受到世界各国人们的青睐,许多欧洲人喜爱饮用红茶,尤其是印度大吉岭及斯里兰卡种植的红茶。他们认为这两个地区的茶叶香气浓,而法国人和比利时人多欣赏印度阿萨姆邦生产的茶。

发展至近代,随着茶的品种越来越丰富,其饮用方式也越来越多样,茶已成为风行全世界的健康饮品之一,各种以茶为主题的文化交流活动也在世界范围内广泛开展,茶及茶文化的重要性也因此日趋显著。品茶已经成为人们的休闲方式之一,为人们的生活增添了更多的诗情画意,深受各阶层人们的喜爱。

一、茶的生产工艺

茶的生产工艺一般主要包括萎凋、发酵、杀青、揉捻与干燥等,不同茶的生产工艺大致如图 8-1 所示。

1. 萎凋

萎凋又称晾青、晒青,指鲜叶失水一段时间后,使一定硬脆的梗叶呈萎蔫凋谢状的过程。通过萎凋散发部分水分,提高叶子韧性,便于后续工序进行;同时伴随着失水过程,酶的活性增强,散发部分青草气,利于香气透露。萎凋有四种方法,即晾青(室内自然萎凋)、晒青(日光萎凋)、烘青(加温萎凋)和人控条件萎凋。

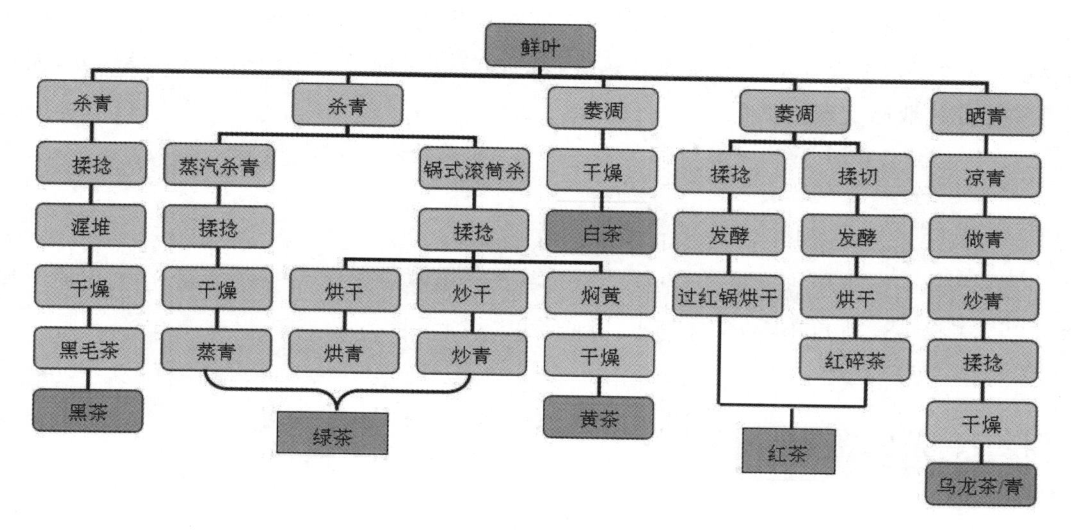

图 8-1　茶的生产工艺示意图

2. 发酵

发酵是红茶制作的独特阶段，经过发酵，叶色由绿变红，形成红茶红叶红汤的品质特点。其机理是叶子在揉捻作用下，组织细胞膜结构受到破坏，透性增大，多酚类物质与氧化酶充分接触，在酶促作用下产生氧化聚合作用，其他化学成分亦相应发生深刻变化，使绿色的茶叶产生红变，形成红茶的色香味品质。目前普遍使用发酵机控制温度和时间进行发酵。发酵适度的红茶，嫩叶色泽红润，老叶红里泛青，青草气消失，具有熟果香。

二维码 8-1
茶道

3. 杀青

杀青是通过高温，破坏鲜叶中酶的特性，制止多酚类物质氧化，以防止叶子变红，同时蒸发叶内的部分水分，使叶子变软，为揉捻创造条件。随着水分的蒸发，鲜叶中具有青草气的低沸点芳香物质挥发消失，茶叶香气得到改善。除特种茶外，该过程均在杀青机中进行。影响杀青质量的因素有杀青温度、投叶量、杀青机种类、时间、杀青方式等。它们是一个整体，互相制约。杀青对绿茶品质起着决定性作用。

4. 揉捻

揉捻是茶叶塑造外形的一道工序。利用外力作用，使叶片揉破变轻，卷转成条，体积缩小，便于冲泡，同时部分茶叶挤溢附着在叶表面，对提高茶的滋味浓度也有重要作用。揉捻工序有冷揉与热揉之分。所谓冷揉，即杀青叶经过摊凉后揉捻；热揉则是杀青叶不经摊凉而趁热进行的揉捻。目前，除名茶仍用手工操作外，大宗绿茶的揉捻作业已实现机械化。

5. 干燥

干燥是将茶坯采用高温烘焙，迅速蒸发水分，并整理外形，充分发挥茶香，达到保质干燥的过程。干燥方法有烘干、炒干和晒干三种形式。

二、茶的鉴别

茶叶品质的好坏，在没有科学仪器和方法鉴定的时候，可以通过色、香、味、形四个方面来评价，通常采用看、闻、摸、品的方法进行鉴别，即看外形、色泽，闻香气，摸身骨，开汤品评。

1. 色泽

不同茶类有不同的色泽特点。色泽审评在于干看茶叶外表，湿看茶汤和叶底色泽。通过辨别茶叶色泽，可以了解茶叶品质的好坏、制工是否精良。

首先，干看茶叶色泽。茶叶的色泽除看色度外，还可以从外表光泽来辨别。光泽均匀、明毫发光的，说明鲜叶细嫩，制工好；光泽不匀，说明鲜叶老嫩不匀，也可能是杀青不匀所致；而无光泽又暗枯的，则说明鲜叶粗老，或者制工不好。

其次，湿看茶汤色泽。茶汤的色泽以鲜、清、明、净为上品。凡茶汤色泽浊暗、浅薄者，则为品质差的茶叶。汤色的深度、浑浊与味道有关。一般色深味则浓，色浅味则淡。鲜叶品质的好坏、制法的精粗和贮藏是否妥当，显著影响茶汤汤色的深浅、清浊、鲜陈、明暗。茶汤冲泡后，以在短时间内汤色不变为上品。

最后，湿看叶底色泽。叶底色泽与汤色关系较大。叶底色泽鲜亮、汤色清澈；色泽枯暗，汤色浑浊。

绿茶中的炒青应呈黄绿色，烘青应呈深绿色，蒸青应呈翠绿色，龙井则应在鲜绿色中略带米黄色。绿茶的气色应呈浅绿或黄绿，清澈明亮。如果色泽灰暗、深褐，质量必定不佳；若为暗黄或浑浊不清，也必定不是好茶。红茶应乌黑油润，汤色红艳明亮，有些上品工夫红茶，其茶汤可在茶杯四周形成一圈黄色的油环，俗称“金圈”；若汤色暗淡，浑浊不清，必是下等红茶。乌龙茶则以色泽青褐光润为好。

2. 香气

各类茶叶本身都有香味，如绿茶具有清香，上品绿茶还有兰花香、板栗香等；红茶具有清香，即甜香或花香；乌龙茶具有熟桃香等。若香气低沉，则为劣质茶；有陈气的为陈茶；有霉气等异味的为变质茶。花茶则更以浓香吸引茶客。

3. 口味

口味也称茶叶的滋味，茶叶本身的滋味由苦、涩、甜、鲜、酸等多种成分构成。其成分比例得当，滋味就鲜醇可口，同时，不同的茶类，滋味也不一样，茶叶品级以鲜爽且有微甜味为上。上等绿茶初尝有苦涩感，但回味浓醇，饮后令人口舌生津；粗老劣茶则淡而无味，甚至涩口、麻舌。上等红茶滋味浓厚、强烈、鲜爽；低级红茶则平淡无味。苦丁茶入口是很苦的，但饮后口有回甘。

4. 外形

从茶叶的外形可以判断茶叶的品质，因为茶叶的好坏与茶采摘的鲜叶直接相关，也与制茶相关，这都反映在茶叶的外形上。品质优良的茶叶，形状、大小等均一致（见图 8-2）。如好的龙井茶，外形光、扁平、直，形似碗钉；好的珠茶，颗粒圆紧、均匀；好的工夫红茶条索紧齐，红碎茶颗粒整齐划一；好的毛峰茶芽毫多、芽锋露等。如果条索松散，颗粒松泡，叶表粗糙，身骨轻飘，就算不上是好茶了。

二维码 8-2
茶的分类

图 8-2　恩施玉露

三、世界知名产茶区

世界茶产区在地理上的分布，多集中在亚热带和热带地区，可分为东亚、南亚、东南亚、西亚、欧洲、东非和中南美六区。

1. 东亚茶区

东亚茶区的主产国有中国和日本，2020年中国的茶叶产量占世界茶叶总产量的45%左右。

中国茶区最早的文字表述始见于唐代陆羽的《茶经》。唐朝人工栽培的茶树分布于今四川、陕西、河南、安徽、湖北、江西、浙江、江苏、贵州、福建、广东等13个省区的42州1郡，全国划分为山南、淮南、浙西、剑南、浙东、黔中、江西和岭南这八大茶区。1949年之后，中国茶区又有很大发展。茶区主要分布在浙、苏、闽、湘、鄂、皖、川、渝、贵、滇、藏、粤、桂、赣、琼、台、陕、豫、鲁、甘以及秦岭以南的等省区的上千个县市。

日本茶区主要分布在九州、四国和本州东南部，其中静冈县产量最高，占日本全国总产量的45%。

2. 南亚茶区

南亚茶区的主产国有印度、斯里兰卡和孟加拉，所产茶叶占世界总产量的44%左右、总出口量的50%左右。其中印度产量最多，2020年印度的茶叶产量约占世界总产量的20%。印度的茶区分布在北部(包括东北部)和南部，北部又分为阿萨姆茶区和西孟加拉茶区。斯里兰卡的茶园多集中在中部山区。孟加拉的茶区主要分布在东北部的锡尔赫特和东南角的吉大港以及位于上述两区间的帖比拉。

3. 东南亚茶区

东南亚产茶国家有印度尼西亚、越南、缅甸、马来西亚、泰国、老挝、柬埔寨、菲律宾等。印度尼西亚茶区主要分布在爪哇和苏门答腊两大岛上；越南茶区主要分布在越南北部；马来西亚茶区主要分布在海拔1220米的加米隆高地。

4. 西亚和欧洲茶区

西亚茶区的主要产茶国有土耳其、伊朗。土耳其茶区主要分布在东北部属亚热带地中海式气候的里泽地区；伊朗大部分地区属温带大陆性气候，雨量较少，寒暑变化剧烈，不宜种

茶，茶区主要分布在黑海沿岸的吉兰省和马赞德兰省。欧洲茶区的主要产茶国为格鲁吉亚、阿塞拜疆等，在黑海沿岸的俄罗斯的克拉斯诺达尔等地也有少量茶区。

5. 东非茶区

东非茶区的主要产茶国有肯尼亚、马拉维、乌干达、坦桑尼亚、莫桑比克等国，其中肯尼亚产量最高。肯尼亚茶区分布在肯尼亚山的南坡，内罗毕地区西部和尼安萨区；马拉维是东非第二大产茶国，茶区主要集中分布于尼亚萨湖东南部和山坡地带；乌干达是新兴的产茶国之一，茶区主要分布在西部和西南部的托罗、安科利、布里奥罗、基盖齐、穆本迪、乌萨卡等地区；坦桑尼亚茶区主要分布在西北部的维多利亚湖沿岸；莫桑比克茶区主要集中在南谋里和姆兰杰山区。

6. 中南美茶区

中南美茶区的产茶国有阿根廷、巴西、秘鲁、厄瓜多尔、墨西哥、哥伦比亚等国。

任务二　时尚咖啡饮品

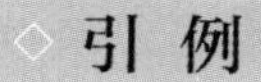

引例

咖啡的起源与发展

“咖啡”(Coffee)一词源自埃塞俄比亚的一个名叫卡法的小镇，在希腊语中的意思是“力量与热情”。咖啡树为茜草科咖啡属多年生常绿灌木或小乔木，日常饮用的咖啡是用咖啡豆配合不同的烹煮器具制作出来的，而咖啡豆就是用咖啡树果实内的果仁，以适当的烘焙方法制作而成的。

咖啡的起源至今没有确切的考证，传说约 850 年，咖啡首先被一位牧羊人凯尔迪发现，当他发现羊吃了一种灌木的果实变得活泼时，他品尝了那些果实，觉得浑身充满了活力。他把这个消息报告给当地的寺院。寺院的僧侣们经过试验后，将这种植物制成提神饮料。另一种传说是，一位名为奥马尔的阿拉伯人与他的同伴在流放中，快要饿死了，在绝望中发现了无名的植物，他们摘取了树上的果实，用水煮熟充饥。这一发现不仅挽救了他们的生命，而且生长神奇树（即咖啡树）的地方还被附近居民作为宗教纪念地，他们将那种神奇的植物和果实称为莫卡。

历史上最早介绍并记载咖啡的文献，是在980—1038年间，由阿拉伯哲学家阿比沙纳所著。在1470—1475年间，麦加当地居民喝咖啡的习惯影响了前往朝圣的人。这些人将咖啡带回自己的国家，使得咖啡在土耳其、叙利亚、埃及等国逐渐流传开来。而全世界第一家咖啡专门店则于1530年在伊斯坦布尔（当时称君士坦丁堡）诞生，这也是现代咖啡厅的鼻祖。之后，咖啡传到了意大利，接着传入英国、法国、德国等国家。

也门是第一个把咖啡作为农作物进行大规模生产的国家。今天的也门摩卡咖啡的种植和处理方法与数百年前基本相同。据统计，全世界有76个国家栽培咖啡。我国大陆地区的咖啡树最早是于1884年从台湾地区引种来的。1908年，华侨自马来西亚带回大粒种种在海南岛。目前，我国主要的咖啡栽培区分布在云南、广西、广东和海南。

一、咖啡的生产工艺

咖啡豆必须经过烘焙才能呈现出不同咖啡豆本身所具有的独特芳香、味道与色泽。咖啡豆所蕴藏的香味、酸味、甘甜、苦味等要淋漓尽致地释放出来，主要受其烘焙的火候影响。滚筒式咖啡烘焙炉工作示意图和流体床热风式咖啡烘焙炉工作示意图分别见图8-3和图8-4。

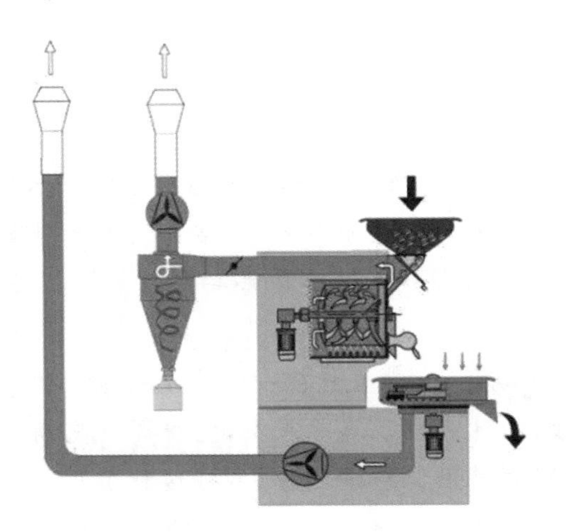

图8-3　滚筒式咖啡烘焙炉工作示意图

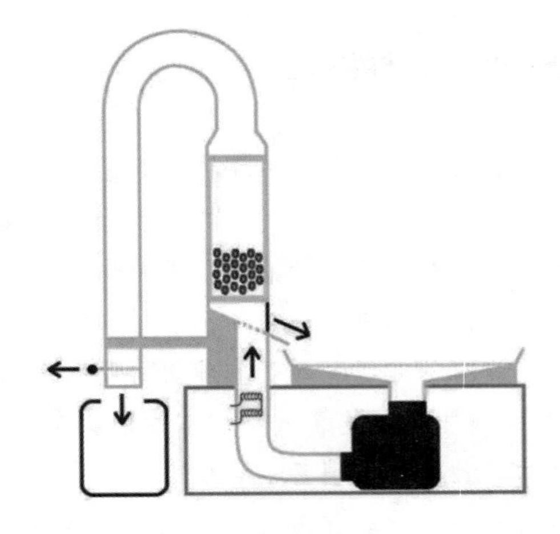

图8-4　流体床热风式咖啡烘焙炉工作示意图

生咖啡豆的颜色是淡绿色的，随着烘焙时间的延长，咖啡豆就会由淡绿色变为浅褐色，再转变为深褐色，甚至黑褐色。

烘焙大致分为五种：浅焙、中浅焙、中焙、中深焙和深焙（见图 8-5）。人们根据咖啡豆的特点和用途，决定使用哪种烘焙方法。通常，浅焙的咖啡豆颜色浅，味道较酸。中焙的咖啡豆颜色较深，味道适中。深焙的咖啡豆颜色较深，有苦香味。

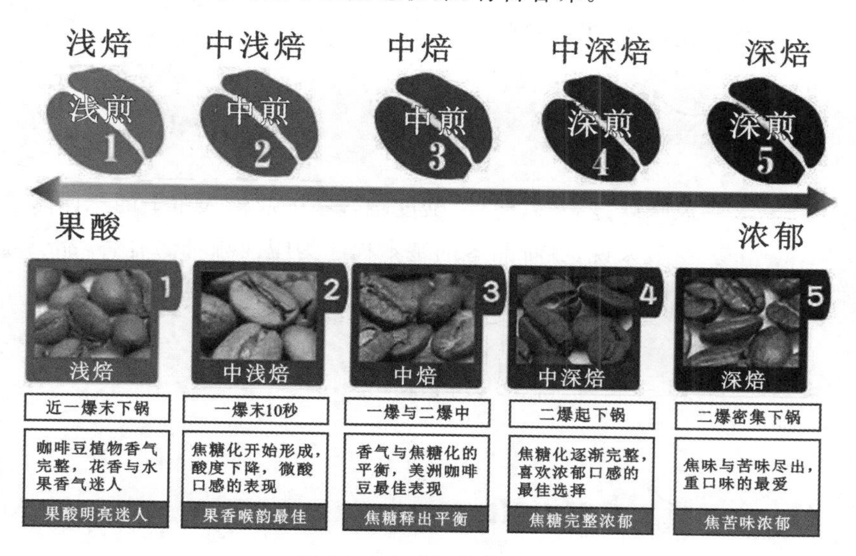

图 8-5 咖啡豆烘焙程度

二、咖啡的鉴别与分类

（一）咖啡的鉴别

1. 气味

气味是咖啡调配完成后所散发出来的气息与香味。用来形容咖啡气味的词包括焦糖味、炭烤味、巧克力味、果香味、草味、麦芽味等。

2. 酸度

咖啡的酸度是指促使咖啡发挥提振心神、涤清味觉等功能的一种清新、活泼的特质。这种酸度不是酸碱度中的酸性或酸臭味，也不是进入胃里让人不舒服的酸。在冲调咖啡时，酸度的表现是很重要的，在良好的条件及技巧下，可发展出酸度清爽的特殊口味，这是高级咖啡必备的条件。

3. 醇度

醇度即为饮用咖啡后，舌头感觉到的饮料的重量或者密度。醇度的变化可分为清淡如水、淡薄、中等、高等、脂状几种。例如，印度尼西亚的咖啡就如糖浆般浓稠。

4. 风味

风味就是香气、醇度、酸度融合在一起给人留下的总体印象。

一般来说，咖啡品鉴的基本程序为嗅闻咖啡的甘香，品尝咖啡喝到口中的风味，感知回味，认识酸度、感知醇度及发现缺陷。

（二）咖啡豆的种类

1. 蓝山咖啡豆

蓝山咖啡是咖啡中的极品，用蓝山咖啡豆所冲泡出的咖啡香郁醇厚，口感非常细腻。蓝山咖啡豆因生产在牙买加的蓝山上而得名。由于产量有限，其价格比其他咖啡豆都要昂贵。蓝山咖啡豆的主要特征是豆子比其他种类的咖啡豆要大。

二维码 8-3
主要的
咖啡品种

2. 曼特宁咖啡豆

曼特宁咖啡豆的风味香浓，口感苦醇，但是不带酸味，很适合单品饮用，同时也是调配综合咖啡的理想种类。曼特宁咖啡豆主要产于印度尼西亚的苏门答腊等地。

3. 摩卡咖啡豆

摩卡咖啡豆的风味独特，甘酸中带有巧克力的味道，适合单品饮用，也是调配综合咖啡的理想种类。目前以也门所生产的摩卡咖啡豆品质最好，其次则是埃塞俄比亚的咖啡豆。

4. 牙买加咖啡豆

牙买加咖啡豆仅次于蓝山咖啡豆，风味清香优雅，口感醇厚，甘中带酸，味道独树一帜。

5. 哥伦比亚咖啡豆

哥伦比亚咖啡豆香醇厚实，带点微酸但是口感强烈，并有奇特的地瓜片风味，品质与香味稳定，因此可用来调配综合咖啡或加强其他咖啡的香味。

6. 巴西圣多斯咖啡豆

巴西圣多斯咖啡豆香味温和，口感略微甘苦，属于中性咖啡豆，是调配综合咖啡不可缺少的咖啡豆种类。

7. 危地马拉咖啡豆

危地马拉咖啡豆芳香甘醇，口味微酸，属于中性咖啡豆。与哥伦比亚咖啡豆的风味极其相似，也是调配综合咖啡理想的咖啡豆种类。

8. 夏威夷咖啡豆

夏威夷咖啡豆豆形平均整齐，具有强烈的酸味和甜味，口感湿顺、滑润。它是夏威夷西部火山所栽培的咖啡，也是美国唯一生产的咖啡品种，口感较强，香味浓，带强酸，风味独特，品质相当稳定，是夏威夷游客的必购土特产之一。

三、世界知名咖啡产区

不同地区种植的咖啡具有不同的风味：一个国家或地区独有的土壤、气候条件和种植方式使得该国或地区出产的咖啡具有独一无二的风味。咖啡生产地大部分分布在赤道至南北回归线之间，即热带或亚热带赤道以北 25 度及赤道以南 30 度，年平均气温为 16～25℃、无霜降，降雨量为 1600～2000 毫米的地区。全球咖啡种植区有三个：拉丁美洲、东非和阿拉伯半岛、东南亚和环太平洋地区。

（一）拉丁美洲地区的咖啡

拉丁美洲地区咖啡有可可味和坚果味，酸度低、醇度高。此产地的咖啡豆味道生动而温和，精致口味使它受到高度评价。

1. 巴西

巴西为世界上最大的咖啡产国，咖啡总产量居世界第一，约占全球总产量的1/3，且主要集中于巴西中部及南部。巴西咖啡豆属中性，口味温和而滑润、酸度低、醇度适中、有淡淡的甜味，可单品来品尝，适合用最大众的手法冲泡，也是制作意大利浓缩咖啡和各种花式咖啡的最好原料。

2. 哥伦比亚

哥伦比亚为世界第二大咖啡生产国，咖啡生产量约占世界总产量的12%。其咖啡树多种植于纵贯南北的三座山脉中，其咖啡豆品质优良，风味则较巴西豆更为甘醇，香味丰富而独特、酸中带甘、苦味适中，无论单饮或混合饮用都非常适宜。

3. 秘鲁

咖啡是秘鲁出口的主要农产品之一。秘鲁咖啡豆外形圆润、醇度适中、不稠不淡、酸度适中，略带核果的味道。目前秘鲁咖啡受到越来越多人的喜爱。

4. 哥斯达黎加

哥斯达黎加的咖啡树生长较慢，出产的咖啡豆有着岁月沉淀的味道，咖啡豆气味均衡、颜色清亮，以其浓郁的浆果味和丰富的水果酸闻名。哥斯达黎加咖啡豆颗粒饱满、酸度理想、香味独特浓烈。优质的哥斯达黎加咖啡豆被称为“特硬豆”，此种咖啡可以在海拔1500米以上生长。

5. 危地马拉

危地马拉地区性气候差异很大，有七大咖啡产区，其中安提瓜的咖啡拥有均衡爽口的果酸、浓郁的香料味、上等的酸味与丝滑甜味，同时略带炭烧味，使得危地马拉的咖啡闻名于世。

（二）东非和阿拉伯半岛地区的咖啡

这里是咖啡最早的原产地，有柑橘味和花香味咖啡豆，酸度偏高、醇度偏低。

1. 埃塞俄比亚

埃塞俄比亚是拥有堪称咖啡原产地的历史和传统的国家。咖啡树原产于埃塞俄比亚西南部的高原地区，它原是这里的野生植物，“咖啡”这个名字源于埃塞俄比亚的小镇“卡法”（Kaffa）。事实上，埃塞俄比亚许多咖啡树现在仍是野生植物，这里咖啡树上生长的咖啡果实颗粒饱满，略带酒香。

2. 肯尼亚

肯尼亚咖啡的特色是带有明显的水果香和果酸，浓郁的口感中还有一点点酒香，多栽种于肯尼亚西南部及东部的高原区。

3. 也门

也门以乳香或香料贸易而闻名，也是世界上最早种植摩卡咖啡的地方。也门咖啡生长在地势陡峭、降雨少、土地贫脊、阳光不够充足的坡地上，这样独特艰难，不利于咖啡生长的条件，却孕育出咖啡世界无以取代的也门摩卡。也门摩卡的口味特点比较鲜明，口感特殊，层次多变。它酸味较强，是那种令人愉悦的水果酸味，而且有明显的巧克力的味道，咖啡越浓，巧克力的味道就越容易被品尝出来。

（三）东南亚和环太平洋地区的咖啡

东南亚和环太平洋地区的咖啡有泥土芳香味和香料味，酸度、醇度适中。这里出产的咖啡历史悠久、充满大地气息，是极受欢迎的咖啡品种。

1. 印度

印度咖啡生产量位于世界前列。栽种区域主要在印度南部的西高止山到阿拉伯海间的区域。

2. 印度尼西亚

印度尼西亚的咖啡产地主要为爪哇岛、苏门答腊岛、苏拉威西岛。这里所产的曼特宁咖啡也称“苏门答腊咖啡”，颗粒较大，豆质很硬，栽种过程中出现瑕疵的概率偏高，容易导致咖啡品质良莠不齐，加上烘焙程度不同也直接影响口感，因此成为争议较多的单品。

四、常见咖啡饮品

（一）拿铁咖啡

1. 意大利式拿铁咖啡

意大利式拿铁咖啡的做法极其简单，就是在刚刚做好的意大利浓缩咖啡中倒入接近沸腾的牛奶。事实上，加入多少牛奶没有一定之规，可依个人口味自由调配。

2. 美式拿铁咖啡

如果在意大利式拿铁咖啡的热牛奶上再加上一些打成泡沫的冷牛奶，就成了一杯美式拿铁咖啡。星巴克的美式拿铁就是用这种方法制成的，底部是意大利浓缩咖啡，中间是加热到65～75℃的牛奶，最上层是不超过半厘米厚的冷的牛奶泡沫（见图8-6）。

图8-6 星巴克美式拿铁

3. 欧蕾咖啡

欧蕾咖啡可以视为欧式拿铁咖啡。欧蕾咖啡的做法也很简单，就是把一杯意大利浓缩咖啡和一大杯热牛奶同时倒入一个大杯子，最后在液体表面放两勺打成泡沫的奶油。欧蕾

咖啡区别于美式拿铁咖啡和意大利式拿铁咖啡最大的特点就是，它要求牛奶和浓缩咖啡一同注入杯中，牛奶和咖啡在第一时间相遇。

（二）摩卡咖啡

摩卡咖啡是一种最古老的咖啡，其历史要追溯到咖啡的起源。它是由意大利浓缩咖啡、巧克力酱、鲜奶油和牛奶混合而成的，摩卡得名于有名的摩卡港。

15 世纪时，整个东非咖啡生产国的对外运输业不兴盛，也门摩卡港是当时红海附近一个主要输出商港，当时只要是集中到摩卡港再向外输出的非洲咖啡，都统称摩卡咖啡。

虽然新兴的港口代替了摩卡港的地位，但是摩卡港时期摩卡咖啡的产地依然保留了下来，这些产地所产的咖啡豆，仍被称为摩卡咖啡豆。

摩卡咖啡上层通常是一些打起了的奶油和肉桂粉或者可可粉。

有种摩卡的变种是白摩卡咖啡，它用白巧克力代替牛奶和黑巧克力。除了白摩卡咖啡之外，还有一些变种是用两种巧克力糖浆混合，它们有时被称为“斑马”（Zebras），也有时会被称作“燕尾服摩卡”（Tuxedo Mocha）。某些欧洲和中东地区会以摩卡奇诺（Moccaccino）去形容加入了可可或者巧克力的意式拿铁咖啡。在美国，摩卡奇诺就是指加入了巧克力的意式卡布奇诺。

随着意大利花式咖啡的诞生，人们尝试着向普通咖啡中加入巧克力来代替摩卡咖啡，这就是现在大家常常能够喝到的花式摩卡。意大利花式摩卡咖啡，将 1/3 的意大利浓缩咖啡与 2/3 的热牛奶混合，然后加入巧克力。传统的意大利花式摩卡咖啡使用巧克力浆作为原料，而随后由于摩卡咖啡广受欢迎，更多的家庭制作的摩卡咖啡中巧克力浆被巧克力碎末代替。今天的摩卡咖啡除了用黑巧克力，牛奶巧克力也同样可以作为材料之一。与卡布奇诺浓厚的牛奶泡沫不同，摩卡的顶部没有牛奶泡沫，取而代之的是鲜奶油，并加入可可粉和肉桂。蜜饯也被用作摩卡咖啡的装饰品放在其顶部。摩卡咖啡如图 8-7 所示。

所以，如今的摩卡咖啡，其实是摩卡豆咖啡和花式摩卡咖啡的统称，人们在品尝摩卡咖啡的时候，一定要注意这一点，以免所点的咖啡并不是心目中的那道摩卡咖啡。

图 8-7　摩卡咖啡

（三）卡布奇诺咖啡

20世纪初，意大利人阿奇加夏发明蒸汽压力咖啡机的同时，也创作了卡布奇诺咖啡。卡布奇诺是在偏浓的咖啡上，倒入以蒸汽发泡的牛奶。此时咖啡的颜色就像卡布奇诺教会的修士在深褐色的外衣上覆上一条头巾一样，该咖啡因此而得名。

特浓咖啡的质量在牛奶和泡沫下会看不太出来，但它仍然是决定卡布奇诺口味的重要因素。把经过部分脱脂的牛奶倒入一只壶中，然后用起沫器让牛奶起沫、冲气，并且让牛奶不经过燃烧就可以像掼奶油一样均匀。盛卡布奇诺的咖啡杯应该是温热的，不然倒入的牛奶泡沫会马上散开。平时可以将这些杯子放在咖啡机的顶部保温。将牛奶和泡沫倒在特浓咖啡上面，自然形成厚厚一层膜，就好像把下面的咖啡包了起来。需要注意的是，冲泡好的意大利咖啡倒入杯中至约五分满，打过奶泡的热牛奶倒至八分满。最后可随个人喜好，撒上少许切成细丁的肉桂粉或巧克力粉，剩余的牛奶也可以一起倒进去。这样，一杯美味的卡布奇诺就制成了。卡布奇诺咖啡如图8-8所示。

所谓干卡布奇诺是指奶泡较多，牛奶较少的调理法，喝起来咖啡味浓过奶香，适合重口味者饮用。湿卡布奇诺则指奶泡较少，牛奶量较多的做法，奶香盖过浓厚的咖啡味，适合口味清淡者。湿卡布奇诺的风味和时下流行的拿铁咖啡差不多。一般而言，卡布奇诺的口味比拿铁要重，对于重口味的人来说，卡布奇诺或干卡布奇诺是比较好的选择；而对于不习惯浓厚咖啡味的人来说，拿铁咖啡或湿卡布奇诺是比较好的选择。

图8-8　卡布奇诺咖啡

（四）玛奇朵咖啡

玛奇朵咖啡是奶咖啡的一种，它是先将牛奶和香草糖浆混合后再加入奶沫，然后再倒入咖啡，最后在奶沫上淋上网格状焦糖，如图8-9所示。该咖啡起源于20世纪80年代的意大利，当时有客人习惯在浓缩咖啡里加少量牛奶，但牛奶很快就会在咖啡油脂中消失。于是咖啡师想将一份纯意式浓缩咖啡和包含少量牛奶的浓缩咖啡区别开来，就用奶泡在咖啡油脂上面“标记”一个白点。玛奇朵咖啡由于在浓缩咖啡的顶部增加了绵密的奶泡，所以在保留浓缩咖啡强烈风味的同时，口感如浮云般细腻顺滑。

图 8-9　玛奇朵咖啡

（五）美式咖啡

美式咖啡是最普通的咖啡之一，是使用滴滤式咖啡壶所制作出的黑咖啡，又或者是意式浓缩中加入大量的水制成。美式咖啡如图 8-10 所示。其名称来自美军，当时欧洲的美军习惯将热水兑进欧洲常见的小份浓缩咖啡。因为美国人对咖啡的制备一般都比较随意且简单，这种方法很快随着美国连锁店在世界上的普及而流行开来。再后来，滴滤、法压等器具做出来的黑咖啡都可以叫作美式咖啡。美式咖啡口味比较淡，浅淡明澈，几近透明，甚至可以看见杯底的褐色咖啡。

图 8-10　美式咖啡

任务三 时尚可可饮品

◇引例

可可的起源与发展

可可豆是可可树的果实，将其加工成粉状，经过冲泡，就制成了可可饮料。这种饮料常加入适量的糖，放入热水或牛奶混合而成。加入牛奶的热可可饮料常称作热巧克力奶。

根据史料，在公元前 4000 年亚马逊河盆地已经生长有野生的可可树了。哥伦布发现美洲后，带给西班牙国王费迪南的珍奇物品中，有一个装满各种新奇植物和物品的包裹，其中含有一些很像杏仁的棕黑色的可可豆。16 世纪 20 年代，西班牙冒险家——赫尔南·科斯特斯在征服并占领墨西哥时，发现印第安人使用可可豆制作饮料，并在可可粉中加入蔗糖、肉桂和香草，甚至牛奶，使之成为巧克力热饮品。可可定名很晚，直至 18 世纪，瑞典的博学家林奈才将其命名为“可可树”。后来，由于巧克力和可可粉在运动场上作为重要的能量补充剂，发挥了巨大的作用，有些人便把可可树誉为“神粮树”，把可可饮料誉为“神仙饮料”。

一、可可的生产工艺

可可树如图 8-11 所示。可可豆是可可树的种子，如图 8-12 所示。每个种子都有两个子叶（可可豆瓣）和一个小胚芽，被包在豆皮（壳）内。子叶为植物生长提供养料，并在种子发芽时成为初始的两片叶子。被储存的养料含有脂肪，也就是可可脂，它占干重的一半左右。脂肪的数量和熔点、硬度等性质取决于可可的种类和生长环境。

可可豆发酵时，种子外面的果浆和种子内部都会发生很多化学变化。这些变化赋予可可豆巧克力风味，并且改变了可可豆的颜色。经过干燥后，可可豆作为粗原料交给工厂加工成可可泥、可可粉和可可脂。加工的第一步是烘烤（改变颜色和风味）和去壳，之后进行碱化处理，从而改变其风味和颜色。可可粉（脂）生产流程如图 8-13 所示。

图 8-11　可可树

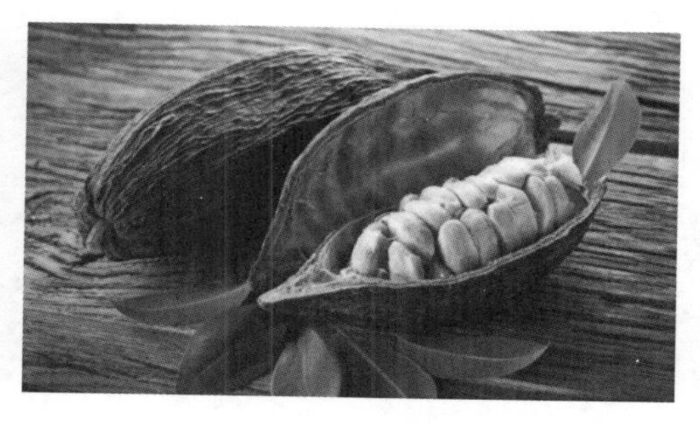
图 8-12　可可豆

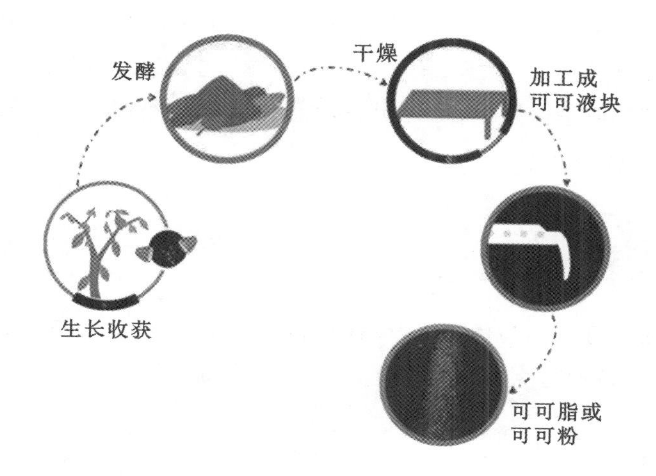

图 8-13　可可粉(脂)生产流程示意图

碾碎可可豆瓣就制成了可可泥。可可泥的质量由使用的可可豆决定。生产者通常把不同类型的可可豆混合在一起，以达到要求的质量、风味和口感。可可泥可以经受更进一步的烘焙、碱化处理，从而改变其颜色、风味，以及化学成分。

人们可以由可可泥制得可可粉。挤压过程去除了一部分脂肪，剩下的固体原料被称作可可油饼。这些油饼经过碾磨就形成了可可粉。人们通过调整加工工艺，能生产出不同成分和脂肪含量的可可粉，如图 8-14 所示。

图 8-14　可可粉

二、可可的品质鉴别

1. 目测外观，观察颜色

品质较好的可可粉含水量较少，无结块。

从颜色上来看，天然的可可粉应该呈浅棕色，若呈正常棕色甚至是深棕色，里面一定是加入了可可皮或是其他的食用色素；碱化可可粉的颜色应该是棕红色，碱化过重，灰粉含量过多，就会呈现深棕色或是棕黑色；可可黑粉的颜色应该是深棕色到棕黑色，加入食用色素后会呈现纯黑色甚至是深黑色。

2. 细度辨别

触摸可可粉，粉质细腻的为优。可可粉的细度对于生产巧克力来说非常重要，用细度不达标的可可粉生产处理的巧克力口感很差，并且具有粗糙感。

3. 闻味道

冲泡后香味醇厚、持久的为上品。

天然可可粉有淡淡的清香，品质较差的粉则是浓香或是有焦味；碱化可可粉的气味比天然可可粉的味道要浓一些，但没有焦味，如果香气太浓或是有焦味，则为品质较差的粉；可可黑粉的气味和碱化可可粉差不多，很容易有焦味，没有焦味的为上品。

4. 含脂量

取少量的可可粉置于手掌心，两手对搓，含脂量在10%以上的可可粉会有明显的油腻感，含脂量在8%以下的可可粉基本上感觉不到油腻。

三、世界知名可可产区

世界可可豆的主要产地在赤道两侧，即南北纬20度以内，10度以内更为适合。世界知名可可产区主要有中南美洲、西非及东南亚等地。比较集中在西非，以科特迪瓦、加纳、尼日利亚、喀麦隆产量为最高。其次分布在拉丁美洲，以巴西、厄瓜多尔、墨西哥为主。近年来亚洲可可增产很快，其中马来西亚和印度尼西亚产量最大。

科特迪瓦是世界上最大的可可豆生产国，产量超过150万吨，占全球产量的30%以上。可可出口占其出口总收入的40%，其经济高度依赖可可。

四、常见可可饮品

目前除了用可可粉加糖调制的可可饮料外，其饮用方法大致还有下列几种。

1. 可可汁

将55克可可粉，250克白糖搅匀，加250克水烧开，小火约熬5分钟，即成可可汁。

2. 牛奶可可汁

将250克牛奶烧沸，加入100克可可汁，倒入杯中即成。

3. 冷可可汁

将50克可可汁倒入玻璃杯中，加入冷牛奶250克，上放鲜奶油即成，如图8-15所示。

图 8-15 冷可可汁

4. 冰淇淋可可汁

将50克可可汁浇在100克可可冰淇淋上即成。

5. 可可冰淇淋

将 50 克可可汁和 200 克冷牛奶搅匀，放入冰淇淋球，再放 25 克打制鲜奶油即成，如图 8-16 所示。

图 8-16　可可冰激凌

6. 威士忌可可

准备 60 毫升爱尔兰布什米尔牌威士忌酒、120 毫升热巧克力。将爱尔兰布什米尔牌威士忌酒、热巧克力放入爱尔兰杯中，用调酒棒搅拌，上面漂上抽打过的鲜奶油，再在奶油上面放少许碎巧克力片。

任务四　认识软饮料

引例

果蔬汁饮料的特点和饮用方法

果蔬汁饮料色香味俱全。各种果蔬汁颜色不尽相同，但色泽艳丽；香气浓郁优雅；多数口味酸中带甜。果蔬汁饮料富含维生素，其中最丰富的是维生素 C，能增强人体抵抗力，因此常饮果蔬汁饮料对人的身体健康大有益处。

果蔬汁饮料还不同程度地含有钾、钠、镁、钙、磷、铁等人体生长发育所需的矿物质及微量的蛋白质、脂肪、氨基酸等。大部分果蔬汁饮料都呈酸性。果蔬汁中特有的有机酸能帮助人体维持酸碱平衡，促进胃肠道消化液的分泌，具有开胃健脾、增加食欲的功能。

果蔬汁饮料容易酸败变质，未经杀菌处理或添加防腐剂的果蔬汁饮料需冷冻保存。果蔬汁饮料可以和蒸馏酒、利口酒类混合，调成鸡尾酒。

果蔬汁饮料可以冰镇，或加入冰块。可用果汁杯、水杯或高身杯上桌服务，使用高身杯时，应附上吸管。浓缩果蔬汁要按比例加入冰水进行稀释，并适当搅拌均匀。

软饮料是指酒精含量低于0.5%（质量比）的天然或人工饮料，也称为冷饮和无酒精饮料。软饮料有很多种，根据原料和加工工艺，可分为碳酸饮料、果蔬汁饮料、乳品饮料、矿泉水、茶饮料和其他饮料。

一、碳酸饮料

碳酸饮料俗称汽水，是指在一定条件下充入二氧化碳气体的饮料制品，一般由水、甜味剂、酸味剂、香精、香料、色素、二氧化碳及其他辅料组成，如图8-17所示。

图8-17　碳酸饮料

1. 碳酸饮料的种类

（1）不含香料的二氧化碳饮品。

经由饮用水加工压入二氧化碳的饮料，饮料中不含有人工合成香料，也不使用任何天然香料。常见的有苏打水以及矿泉水碳酸饮料。

(2)含有香料的二氧化碳饮品。

一般为可乐型碳酸饮料，由多种香料与天然果汁、焦糖色素混合后充入二氧化碳而成，如可口可乐、雪碧等。美国是可乐饮料的发源地，其产品在世界上几乎处于垄断地位，代表品牌为可口可乐与百事可乐。

(3)带有水果味的二氧化碳饮品。

制作水果味碳酸饮料主要依靠的是食用香精和着色剂，赋予汽水一定的水果香味和色泽，如柠檬汽水、奎宁水等。

(4)含有果汁的二氧化碳饮品。

果汁型碳酸饮料是指原果汁含量不低于2.5%的碳酸饮料，是在原料中添加了一定量的新鲜果汁而制成的碳酸汽水，如橙汁汽水、菠萝汁汽水等。

2. 碳酸饮料的饮用方法与服务要求

碳酸饮料在常温下保存或冷藏储存。饮用时要冰镇，或加入冰块，可用水杯或果汁杯上桌服务。斟倒之前，应尽量少摇晃饮料瓶，斟倒时应放慢速度，可分两次斟倒。

二、果蔬汁饮料

果蔬汁饮料是指以新鲜或冷藏果蔬为原料，经过清洗、挑选之后，采用物理的方法如压榨、浸提、离心等得到的果蔬汁液，因此果蔬汁也有“液体果蔬”之称。以果蔬汁为基料，通过加糖、酸、香精、色素等调制的产品，称为果蔬汁饮料。它分为浓缩果蔬汁、稀释果蔬汁、果肉果蔬汁、发酵果蔬汁等。果蔬汁饮料如图 8-18 所示。

图 8-18 果蔬汁饮料

三、乳品饮料

乳品饮料通常是指以牛奶或乳制品为主要原料(含乳量为30%以上),加入水与适量辅料,如果汁、果料和蔗糖等物质,经有效杀菌制成的具有相应风味的含乳饮料。乳品饮料分为中性乳饮料和酸性乳品饮料,又按照蛋白质及调配方式分为配制型乳品饮料和发酵型乳品饮料。根据国家标准,乳品饮料中的蛋白质及脂肪含量均应大于1.0%。乳品饮料如图8-19所示。

图8-19　乳品饮料

四、矿泉水

矿泉水是指从地层溢出地面的含有大量矿物质的天然泉水。这些矿物质除含有氯化钠、碳酸钠、碳酸氢钠、钙盐、镁盐外,还有许多对人体有益的微量元素。天然矿泉水是取自自然涌出地表,或通过人工钻孔的方法引出的地下水。这种矿泉水常以产地命名,并在矿泉所在地直接包装。人造矿泉水是把普通的饮用水经过净化、矿化、除菌等过程加工而成的水。矿泉水必须具备风味佳、有独特的口感、含有对人体健康有益的成分、符合卫生要求等几个条件才能饮用。矿泉水如图8-20所示。比较知名的矿泉水品牌有依云、巴黎水、圣碧涛、爱士威尔、加泰罗尼亚威域矿泉水、圣培露、拓地矿泉水、滋宝圣泉皇妃矿泉水、芙丝等。

矿泉水一律可冰镇,一般不加冰块,可用高脚矿泉水杯或果汁杯上桌服务。饮用时可加入少许莱姆汁或柠檬片,以增加风味。

五、植物蛋白饮料

植物蛋白饮料是指以蛋白质含量较高的植物果实、种子或核果类、坚果类的果仁为原料,经加工制成的制品,例如花生露和杏仁露等(见图8-21)。

图 8-20　矿泉水

植物蛋白饮料风味清雅，口感滑润，营养丰富，容易被人体吸收。

图 8-21　植物蛋白饮料

六、茶饮料

茶饮料是用水浸泡茶叶，经提取、过滤、澄清等工艺制成的茶汤或在茶汤中加入水、糖液、酸味剂、食用香精、果汁或植物提取液等调制加工而成的制品，如图 8-22 所示。

图 8-22　茶饮料

七、其他饮料

其他饮料也称配制饮料，是指以符合无酒精饮料要求的饮用水为主要原料，加入对人体有某种生理调节作用的或天然或人工合成配料制成的饮料（见图 8-23），如高能饮料、低热饮料和强化饮料等。

图 8-23　其他饮料

任务五　酒吧常见时尚饮品鉴赏

一、十大流行酒吧饮料

最流行的酒吧饮料源自使用杜松子酒、朗姆酒或伏特加酒等酒的几个简单配方。据说调酒师如果能制作玛格丽特酒和台克利鸡尾酒，就能制作更多需要的饮料。

1. 莫吉托（Mojito）

莫吉托是最有名的朗姆调酒之一，如图 8-24 所示。其配制方法比较简单，轻轻捣碎青柠，将青柠汁、糖和薄荷叶放入杯中，将薄荷叶稍微挤压一下，加入白朗姆酒，然后放入冰块至八分满，之后添加一点苏打水，稍微搅拌一下。目前，莫吉托的配方也变得多种多样，很多人的独特创新均赋予了它不同的感觉，比如苹果、蜜桃、西瓜口味等。

2. 大都会（Cosmopolitan）

大都会如图 8-25 所示。这是一种用橙味烈性酒 Triple Sec 制作的鸡尾酒，它是最有名的马天尼鸡尾酒之一，以伏特加为基酒，加入蔓越莓汁、鲜榨青柠汁和橙味利口酒等辅料制作而成。

图 8-24　莫吉托

图 8-25　大都会

3. 玛格丽特（Margarita）

玛格丽特被称作“鸡尾酒之后”，它是除马天尼以外世界上知名度最高的传统鸡尾酒之一。除了我们平时常见的标准玛格丽特外，还有近二十几种调制方法，其中以各种水果风味的玛格丽特和各种其他颜色的玛格丽特居多（标准玛格丽特为黄色）。玛格丽特酒由龙舌兰、橙汁（或柠檬汁）和橙味的利口酒调配而成。大多数的玛格丽特鸡尾酒都会在酒杯的边沿撒上一点盐巴，并饰以一片柠檬。

4. 马天尼（Martini）

马天尼（如图 8-26 所示）的原型是杜松子酒加某种酒，最早以甜味为主，选用甜苦艾酒为副材料。随着时代变迁，辛辣的味感逐渐成为主流。马天尼被称为“鸡尾酒中最佳杰作”“鸡尾酒之王”。马天尼的搭配性很强，可以用多种方法来调配不同口味的鸡尾酒。

5. 迈代鸡尾酒（MaiTai）

MaiTai 在泰语中是“好”的意思。据说这种饮料是 1940 年在波利尼西亚餐厅调制出的。它是一种混合白朗姆酒、黑朗姆酒、菠萝汁、糖浆和酸橙汁的甜鸡尾酒，有时还添加杏仁糖浆。如图 8-27 所示。

图 8-26　马天尼

图 8-27　迈代鸡尾酒

6. 凯匹林纳鸡尾酒（Caipirinha）

这种著名巴西饮料的主要成分是“cachaça”，是一种类似朗姆酒的酒精饮料，用蔗糖发酵制成。这是一种简单的鸡尾酒，用柠檬切片作为装饰物。

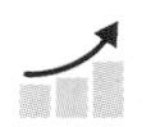
7. 台克利酒（Daiquiri）

台克利酒的经典组合是朗姆酒、糖加上新鲜酸橙汁。台克利酒易于调制，可以添加任何水果，如草莓、香蕉和甜瓜，或者加冰，口感甜美，很受欢迎。

8. 椰林飘香（Piña Colada）

椰林飘香诞生于波多黎各，也被称为波多黎各的“国饮”，是由白朗姆酒、凤梨汁和柠檬汁调制而成。用一块凤梨或一颗樱桃作为装饰成为该鸡尾酒的点睛之笔，椰林飘香可以让人尽享加勒比海的气息。

9. 长岛冰茶（Long Island Iced Tea）

这是一种流行的美国鸡尾酒，虽然名字如此，但它不含茶。制作时一般将伏特加、龙舌兰酒、杜松子酒、朗姆酒、橙皮酒和可乐混合彻底后倒入一个高脚杯。如图 8-28 所示。

10. 白色俄罗斯（White Russian）

这是一种基于咖啡的鸡尾酒，如图 8-29 所示。它将伏特加、Tia Maria 等咖啡烈性酒混合在一起。这种酒的命名原因为其主要成分是伏特加。

图 8-28　长岛冰茶

图 8-29　白色俄罗斯

二、常见时尚饮品及制作

1. 手摇茉莉花茶

配料：茉莉花茶包 2 包、开水 150 克、果糖水 30 克、冰块 150 克。

操作流程：先把开水用咖啡发泡机打沸，将茉莉花茶包浸泡在沸水中 5 分钟，并用甜品勺挤压（目的是将茶味泡出）；将冰块倒入冰沙机中，加入泡好的茶液和果糖水，搅拌 30 秒。

2. 手摇冰奶茶

配料：冰红茶液 200 克、三花植脂奶 20 克、冰块 50 克、太妃酱 20 克。

操作流程：将冰红茶液、三花植脂奶、冰块、太妃酱倒入冰沙机，混合搅拌 30 秒后倒入果汁杯。

3. 绿野仙踪

配料：薄荷花蜜 10 毫升、冰块 5 块、绿茶冰淇淋 1 个、雪碧适量。

操作流程：在果汁杯中加入薄荷花蜜，再加入雪碧至七分满，再加入冰块和 1 个绿茶冰淇淋，配一长勺及吸管奉客，如图 8-30 所示。

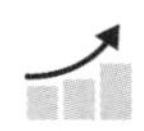

4. 雪域咖啡

配料：咖啡液 200 克、果糖水 30 克、冰块 100 克、喷射奶油、香菜冰淇淋 1 球。

操作流程：将咖啡液、果糖水、冰块倒入冰沙机，混合搅拌 30 秒后倒入果汁杯中，再加喷射奶油和香菜冰淇淋球。

5. 彩虹飞仙

配料：玫瑰花蜜 10 毫升、雪碧适量、草莓冰淇淋 1 个。

操作流程：在果汁杯加入玫瑰花蜜，再加入雪碧至七分满，加入草莓冰淇淋，配长勺及吸管奉客。

6. 加州阳光

配料：果杂 50 克、芬达适量、香草冰淇淋 1 个。

操作流程：在果汁杯中加入果杂，再加入芬达至七分满，加入香草冰淇淋，配长勺及吸管奉客。

7. 冰凉雪吻系列

配料：碳酸汽水、喷射奶油、冰淇淋、冰块。

操作流程：取一冷饮杯，将冰块装至七分满后加入碳酸汽水，喷上一圈奶油，最后在奶油中间加一粒冰淇淋球，如图 8-31 所示。一般来说，可乐配巧克力冰淇淋，雪碧配草莓冰淇淋，芬达配香草冰淇淋。

图 8-30　绿野仙踪

图 8-31　冰凉雪吻系列

8. 雪域奥利奥

配料：冰块 12 克、奥利奥饼干 4 块、巧克力冰淇淋球 1 颗、混合溶液 50 毫升（将炼奶 100 克、牛奶 120 克、淡奶油 50 克混合均匀备用）、冰水 50 毫升。

操作流程：将冰块、奥利奥饼干、巧克力冰淇淋球、混合溶液放入冰沙机内充分搅拌均匀后倒入果汁杯中；在杯口喷满奶油，在奶油上面加两圈半的巧克力酱。

9. 黄金奇冰

配料：奇异果酱 50 毫升、牛奶 30 毫升、冰块 100 克、西瓜汁若干。

操作流程：将奇异果酱、牛奶和冰块在冰沙机中搅拌均匀后倒入果汁杯中，接着倒入西瓜汁即可。

10. 柔情烈焰

配料：果粒橙汁 120 毫升、柠檬片 1 片、果糖水 5 毫升、干红 40 毫升、冰块 5 块。

操作流程：将果粒橙汁、柠檬片、果糖水混合均匀；在红酒杯中加入冰块，接着倒入橙汁混合溶液；最后，用汤匙接着干红倒入杯中，让饮料有黄红明显分层。

思考题

1. 简述茶叶的一般生产工艺。
2. 简述中国主要产茶区。
3. 简述咖啡的生产工艺。
4. 简述咖啡的品鉴程序。
5. 针对某一个特定群体设计调制一款咖啡饮品（可可饮品、软饮料），要求写出设计思路、调制原料、步骤，调制成功后请特定群体代表进行品鉴，并记录品鉴意见。用视频和文字记录整个过程。

二维码 8-4

项目八

思考题

参考答案

项目九　酒吧服务质量控制管理

◇ 本项目目标

知识目标：

1. 掌握酒吧调酒、待客的服务标准；
2. 掌握酒吧服务员的日常工作内容；
3. 掌握酒吧服务的规范程序；
4. 掌握酒吧服务质量的构成、特点和主要控制管理内容。

能力目标：

1. 能根据酒吧的特点，制订酒吧服务培训方案；
2. 能依据服务规范，按程序进行酒吧服务；
3. 能根据所学知识，指出酒吧质量控制管理中的问题，并提出改进建议。

情感目标：

1. 树立正确的经营服务意识；
2. 培养注重职业仪容仪表和礼貌礼节的习惯；
3. 弘扬严谨的科学态度、求真务实的踏实作风和细心节约的工作习惯。

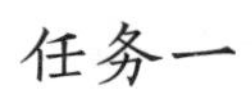

任务一 酒吧服务标准

◇ 引例

中国的城市酒吧文化

随着国人消费升级、城镇化进程加快，酒吧作为一种“独特文化”渐渐融入年轻一代的大都市生活中，近年来，我国酒吧行业发展迅速。目前，全国各地已经形成了各具特色的酒吧文化。

酒吧最初源于欧洲大陆，在2003年开始进入我国。近年来，人们的生活水平不断提高，各种娱乐方式也是层出不穷。而酒吧作为一种既前卫又时尚的新型娱乐方式，正以较强的社交性、娱乐性和体验性的特点融入城市居民的生活之中。目前，我国各城市形成了各具特色的酒吧文化，比如北京是粗犷开阔，上海是细腻伤感，广州是热闹繁杂，深圳则是富有激情。而成都作为诗人饮酒文化的诞生地，在全国酒吧数量上排名第一。

一个城市酒吧数量的多少，可以直接反映该城市的夜生活情况。随着酒吧文化在国内盛行，酒吧已然成为最受年轻人欢迎的夜生活场所之一。在酒吧里，人们可以卸掉一天的伪装，做回真实的自己，不用再被职业装包裹，也不用保持职业的微笑，可以放声高歌，大声宣泄，让自己完全放松下来。

一、调酒服务标准

在大部分酒吧，调酒师与顾客只隔着一道吧台，调酒师的任何动作都是透明的，因此调酒师不但要注意调制的方法、步骤，还要留意操作姿势及卫生标准。

1. 姿势、动作

调酒时要注意姿势端正，不要弯腰或蹲下调制。尽量面对顾客，保持大方仪态，动作要

潇洒、轻松、自然、准确，不要紧张。用手拿杯时要握杯子的底部，不要握杯子的上部，更不能用手指碰杯口。调制过程中尽可能使用各种工具，不要用手，特别注意不用手代替冰夹，直接抓冰块放进杯中。也不要做摸头发、揉眼、擦脸等小动作。更不能在酒吧中梳头、照镜子、化妆等。

2. 先后顺序与时间

调制出品时要注意顾客到来的先后顺序，要先为早到的顾客调制酒水。同来的顾客要优先为女士（或老人、小孩）配制饮料。调制任何酒水的时间都不能太长，以免顾客不耐烦。这就要求调酒师平时多练习，以做到调制时动作快捷熟练。一般的果汁、汽水、矿泉水、啤酒可在 1 分钟内完成；混合饮料可用 2 分钟左右完成；鸡尾酒包括装饰品可用 4 分钟左右完成。

有时多位顾客同时点酒水，也不必慌张忙乱，可先一一答应下来，再按次序调制。一定要答应顾客，不能不理睬顾客，只顾自己做。

3. 卫生标准

在酒吧调酒一定要注意卫生标准，稀释果汁和调制饮料都要用凉开水，无凉开水时可用容器盛满冰块倒入开水使用，不能直接用自来水。调酒师要经常洗手，保持手部清洁。配制酒水时有时允许用手，例如拿柠檬片、做装饰物。凡是过期、变质的酒水不准使用。腐烂变质的水果及食品也禁止使用。要特别留意新鲜果汁、鲜牛奶和稀释后果汁的保鲜期，天气热更容易变质。其他卫生标准可参考《中华人民共和国食品卫生法》。

4. 观察、询问与良好服务

要注意观察酒吧台面，看到顾客的酒水快喝完时要询问顾客是否再加一杯；留意顾客使用的烟灰缸是否需要更换；酒吧台面有无酒水残迹，经常用干净湿毛巾擦抹。让顾客在不知不觉中获得各项服务。总而言之，优良的服务在于留心观察加上必要而及时的行动。在调酒服务中，因各国顾客的口味、饮用方法不尽相同，有时顾客会提出一些特殊要求与特别配方，调酒师不一定会做，这时可以询问、请教顾客怎样配制，也会得到满意的结果。

5. 清理工作台

工作台是配制供应酒水的地方，位置很小，要注意经常清洁与整理。每次调制完酒水后一定要把用完的酒水放回原来位置，不要堆放在工作台上，以免影响后续操作。斟酒时滴下或不心倒在工作台上的酒水要及时抹掉。专用于清洁、抹手的湿毛巾要叠成整齐的方块，不要随手抓成一团。

二、待客服务标准

1. 接听电话

拿起电话，用礼貌用语称呼对方；切忌用“喂”来称呼顾客。报上酒吧名称和服务员姓名，需要时记下顾客的要求，例如订座、人数、时间、顾客姓名、公司名称；要简单准确地回答顾客的询问。礼貌用语包括“您好”“晚上好”“请”“对不起”“欢迎光临”“再见”等。

2. 迎接顾客

顾客来到酒吧时，要主动地招呼顾客。面带微笑，目光注视顾客问好，并用优雅的手势请顾客进入酒吧。若是熟悉的顾客，可以直接称呼顾客的姓氏，使顾客觉得有亲切感。

3. 领顾客入座

带领顾客到合适的座位前，单个的顾客喜欢到酒吧台前的酒吧椅就座。帮顾客拉椅子，示意顾客入座，将座椅向前推至顾客腿部，要记住女士优先。如果顾客需要等人，可选择能够看到门口的座位。

4. 递上酒水单

顾客入座后将酒单打开第 1 页，用双手将酒单礼貌地递给顾客。如果几批顾客同时到达，要先一一招呼顾客坐下后再递酒水单。要特别留意酒水单应完好，无污迹、无破损。

5. 请顾客点酒水

递上酒单后稍等一会儿，可微笑地问顾客“对不起，先生/女士，我能为你点单吗?”、“您喜欢喝饮料吗?”、“请问您要喝点什么呢?”，如果顾客还没有做出决定，服务员（调酒师）可以为顾客提建议或解释酒水单。但介绍者本身要清楚酒吧中供应的酒水品种。如果顾客谈话或仔细看酒水单，那也不必着急，可以再等一会儿。

6. 写酒水单

拿好点单和笔，点单书写要字迹工整，填写完整；点单完后要向顾客重复一遍酒水名称、

数量，同时点单上要写清楚座号、台号、服务员姓名、酒水饮料的品种、数量及特别要求。未写完的行格要用笔划掉。一些烈酒或特殊饮料要询问顾客如何饮用。

7. 酒水供应服务

调制好酒水后可先将饮品、杯垫和小食（有些酒吧免费为顾客提供）放在托盘中，用左手端起走近顾客，并说："打扰一下，这是您要的饮料。"上完酒水后可说"请喝"或"请您品尝"等。服务在吧椅上坐的顾客，可直接将酒水、杯垫拿到吧台上而不必用托盘。使用托盘时要注意将大杯的饮料放在靠近自己的位置。上酒水给顾客时从顾客右手边端上。几个顾客同坐一台时，如记不清哪一位顾客点的什么酒水，要问清楚每位所点的饮料后再端上去。

在顾客眼里，调酒服务操作是一项具有浓厚艺术色彩的专门技术。在酒品的服务中，通常包括以下一些基本技巧。①

(1)示瓶。

在酒吧中，顾客常点整瓶酒。凡顾客点的酒品，在开启之前都应让顾客过目，一是表示对顾客的尊重，二是核实一下有无误差，三是证明酒品的可靠。基本操作方法是：调酒师站立于主要饮者（大多数为点酒人或是男主人）的右侧，左手托瓶底，右手扶瓶颈，酒标面向顾客，让其辨认。在得到顾客认可后，方能进行下一步的工作，示瓶往往标志着服务操作的开始，是具有重要意义的环节。

(2)冰镇。

许多酒品的饮用温度大大低于室温，这就要求对酒液进行降温处理，比较名贵的瓶装酒大多采用冰镇的方法。冰镇瓶装酒需用冰桶，一般用服侍盘托住桶底，以防凝结水滴打湿台布。冰桶中放入大小合适的冰块（不宜过大或过碎），将酒瓶插入冰块内，酒标向上。之后，用一块毛巾搭在瓶身上，连桶送至顾客的餐桌上。一般说来，10 分钟即可达到冰镇的效果。从冰桶取酒时，应以一块折叠的餐巾护住瓶身，防止冰水滴落，弄脏台布或顾客的衣服。

(3)溜杯。

溜杯是另一种降温方法。调酒师手持杯脚，杯中放一块冰，然后摇杯，使冰块产生离心力在杯壁上溜滑，以降低杯子的温度。有些酒品的溜杯要求很严，直至杯壁溜滑凝附一层薄霜为止。也有用冰箱冷藏杯具的处理方法，但这种方法不适用于高雅场合。

(4)温烫。

很多酒需要温烫以后饮用。温烫有四种常见的方法。

① 水烫法：把即将饮用的酒倒入烫酒器，然后置入热水中，使其升温。

② 火烤法：把即将饮用的酒装入耐热器皿，置于火上，使其升温。

③ 燃烧法：把即将饮用的酒盛入杯盏内，点燃酒液，使其升温。

④ 冲泡法：把即将饮用的酒用滚沸的饮料（水、茶、咖啡）冲入，或将酒液注入热饮料中。

水烫法和燃烧法常需即席操作。

---

① 酒吧服务人员中，调酒师是核心和灵魂人物，也是服务人员的组成部分之一，所以这里将其作为服务人员介绍。

(5)开瓶。

世界各类酒品的包装方式多种多样,以瓶装酒和罐装酒最为常见。开启瓶塞、瓶盖,打开罐口时应注意动作的正确和优美。

① 使用正确的开瓶器。开瓶器如图 9-1 所示。开瓶器有两大类,一类是专开葡萄酒瓶塞的螺丝钻刀,另一类是专开啤酒、汽水等瓶盖的启子。螺丝钻刀的螺旋部分要长(有的软木塞长达 89 厘米),头部要尖,另外,螺丝钻刀上最好装有一个起拔杠杆,以利于瓶塞拔起。

图 9-1 开瓶器

② 开瓶时尽量减少瓶体的晃动,避免汽酒冲冒,陈酒发生沉淀物蹿腾。一般将酒瓶放在桌上开启,动作要准确、敏捷、果断。如果软木塞有断裂危险,可将酒瓶倒置,用内部酒液的压力顶住断塞,然后再旋进螺丝钻刀。

③ 开拔声越轻越好。开任何瓶罐都应如此,其中也包括香槟酒。在高雅严肃的场合中,嘈杂声与安静的环境显然是不协调的。

④ 拔出瓶塞后要对酒加以检查,看是否是病酒或坏酒,原汁酒的开瓶检查尤为重要。检查的方法主要是嗅辨,以嗅瓶塞插入瓶内的那一部分为主,如图 9-2 所示。

图 9-2 嗅辨检查

⑤ 开启瓶塞(盖)以后,要仔细擦拭瓶口,将积垢擦去。擦拭时,切忌使污垢落入瓶内。

⑥ 开启的酒瓶、罐原则上应留在顾客的餐桌上。一般放在主要顾客的右手侧,底下垫瓶垫,以防弄脏台布;或是放在顾客右后侧茶几的冰桶里。使用酒篮的陈酒,连同篮子一起放在餐桌上,但需注意,酒瓶颈背下应衬垫一块餐巾或纸巾,以防斟酒时酒液滴出。空瓶、空罐一律撤离餐桌。

⑦ 开启后的封皮、木塞、盖子等物不要直接放在桌上。一般用小盆盛放,在离开餐桌时应一并带走,切不可留在顾客面前。

⑧ 开启带汽或冷藏过的酒罐封口,常会有水汽喷射出来,因此,在顾客面前开拔时,应将开口一方对着自己或侧面,并用手握遮,以示礼貌。

(6)滗酒。

许多远年陈酒有一定的沉淀物积于瓶底内,为了避免斟酒时产生混浊现象,要事先剔除沉渣以确保酒液的纯净。调酒师一般使用滗酒器滗酒去渣,在没有滗酒器时,可以用大水杯代替,方法如图 9-3 所示。

① 将酒瓶事先竖立若干小时,使沉渣积于瓶底,再横置酒瓶,动作要轻。

② 准备一光源,置于瓶子和水杯的一端,调酒师位于另一端,慢慢将酒液滗入水杯中。

③ 当接近含有沉渣的酒液时,需要沉着果断,争取滗出尽可能多的酒液,剔除混浊物。

④ 滗好的酒可直接用于服务。

(7)斟酒。

在非正式场合中,由顾客自己斟酒,在正式场合中,斟酒则是服务人员必须进行的服务工作。斟酒有桌斟和捧斟两种方式。

① 桌斟。将杯具留在桌上,斟酒者立于饮者的右边,侧身用右手把握酒瓶向杯中倾倒酒液。瓶口与杯沿保持一定的距离。切忌将瓶口搁在杯沿上或高溅注酒,斟酒者每斟一杯,都需要换一下位置,站到下一位顾客的右侧。左右开弓、手臂横越顾客的视线等,都是不礼貌的做法。桌斟时,还需掌握好满斟的程度,有些酒需要少斟,有些酒需要多斟,过多过少都不好。斟毕,持酒瓶的手应向内旋转 90°,同时离开杯具上方,使最后一滴挂在酒瓶上而不落在桌上或顾客身上。然后,左手用餐巾拭一下瓶颈和瓶口,再给下一位顾客斟酒。如图 9-4 所示。

图 9-3　滗酒

图 9-4　桌斟

② 捧斟。捧斟时，服务人员一手握瓶，另一手将酒杯捧在手中，站立于饮者的右方，然后向杯内斟酒，如图9-5所示。斟酒动作应在台面以外的空间进行，然后将斟毕的酒杯放在顾客的右手处。捧斟主要适用于非冰镇处理的酒品。另外，至于手握酒瓶的姿势，各国不尽相同，有的主张手握在酒标上（以西欧国家多见），有的则主张手握在酒标的另一方（以中国多见），各有解释的理由。服务人员应根据当地习惯及酒吧要求去做。

图9-5　捧斟

（8）饮仪。

我国饮宴礼仪与其他国家有所不同，与通用的国际礼仪也有所区别。在我国，人们通常认为，席间最受尊重的是上级、顾客、长者，尤其是在正式场合中。服务顺序一般为：先为首席主宾、首席主人、主宾、重要陪客斟酒，再为其他人员斟酒；顾客围坐时，采用顺时针方向依次服务。国际上比较流行的服务顺序：先为女宾斟酒，后为女主人斟酒；先为女士，后为先生；先为长者，后为幼者。

（9）添酒。

正式饮宴上，服务人员要不断为顾客在杯内添加酒液，直至顾客示意不要为止。当顾客的酒杯已空时，服务人员袖手旁观是严重失职的表现。在斟酒时，有些顾客以手掩杯、倒扣酒杯或横置酒杯，都是谢绝斟酒的表示，服务人员切忌强行劝酒，使顾客为难。

凡需要增添新饮品的，服务人员应主动询问后再更换客人用过的杯具，不同饮品连用同一杯具显然是不合适的。当着客人的面，不声不响就撤收空杯是不礼貌的行为，服务人员一定要征询客人的意见。

顾客祝酒时，服务人员应回避。祝酒完毕，方可重新回到服务场所添酒。在酒席主人走动祝酒时，服务员可持瓶尾随主要祝酒人，以随时添酒。

8. 更换烟灰缸

当烟灰缸内有3个烟蒂时应马上更换，取干净、无水迹、无破损的烟灰缸放在托盘上，

到顾客的台前，用右手拿起一个干净的烟灰缸，盖在台面上有烟灰的烟灰缸上，两个烟灰缸一起拿到托盘上，再把干净的烟灰缸放回顾客的桌子上。在吧台，可以直接手拿干净烟灰缸盖在有烟灰的烟灰缸上，把两个烟灰缸一起拿到工作台上，再把干净的烟灰缸放回吧台上。不能直接拿起有烟灰的烟灰缸放到托盘上，再摆干净的烟灰缸，这样操作可能会使飞扬起来的烟灰掉进顾客的饮料里或落到顾客的身上，造成意想不到的麻烦。有时顾客把没抽完的香烟或雪茄烟架在烟灰缸上，可以先摆上一个干净的烟灰缸并排放在用过的旁边，把香烟移到干净的烟灰缸上，然后再取另一个干净的烟灰缸盖在用过的烟灰缸上，一起取走。

9. 撤空杯或空瓶罐

服务人员要注意观察顾客的饮料是不是快要喝完了。如有杯子只剩一点点饮料，而台上已经没有饮料瓶罐，就可以问顾客是否再来一杯。如果顾客点的下一杯与前一杯相同，可以不换杯子；如果点的不同饮品，就另上新杯子给顾客。当杯里的饮料已经喝完，可以拿托盘到顾客身边问，“请问可以收走您的空杯子吗?”，顾客点头允许后再把杯子撤走。只要发现顾客台面上有空瓶罐可以随时撤走。

10. 香烟服务及为顾客点烟

根据顾客的要求，在点单上写清顾客的台号、香烟的种类及数量，使用托盘为顾客服务香烟；将盛有香烟和火柴（或打火机）的盘子轻放在顾客桌子上，并礼貌地告诉顾客这是您点的香烟；看到顾客取出香烟准备抽烟时，可以马上掏出打火机或擦亮火柴为顾客点烟。注意火苗高度为 1.5 厘米左右，待顾客吸燃香烟后马上关掉打火机或挪开火柴吹灭。燃烧的打火机或擦亮的火柴不可以靠近顾客，应离香烟 10 厘米左右，让顾客靠近火源点烟。

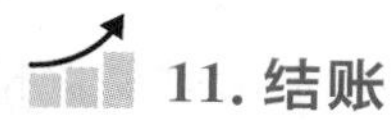

11. 结账

顾客要结账时，请顾客稍等一下，立即到收款台处取账单，拿到账单后要核对账单，保证台号、酒水的品种、数量正确，再用账单夹放好，拿到顾客面前有礼貌地说：“这是您的账单，多谢。”切忌大声地读出账单上的消费额。有些做东的顾客不希望他的朋友知道账单的数目。如果顾客认为账单有误，绝对不能同顾客争辩，应立即到收款处重新把账单核对一遍，有错马上改，并向顾客致歉；没有错可以向顾客解释清楚每一收费款项，取得顾客的谅解；如顾客付现金，应把账单的第一联及找的零钱放在账单夹中，在顾客面前打开交给顾客；如顾客签单，应请顾客写正楷，并核对房卡卡套上的房间号码是否正确；如顾客使用信用卡，当顾客签完字后要核对笔迹是否和卡上相同并由收款员检查信用卡是否可用。

12. 送客

当顾客起身时，要主动帮助顾客移开椅子让顾客容易站起来，特别注意照顾年老顾客；检查桌椅上下是否有顾客遗忘的物品，然后和顾客道别，一般说“多谢光临”“再见”等，注意说话时要面带微笑，热情、庄重而不显示过分的高兴。

13. 清理台面

顾客离开后，用托盘将台面上所有的杯、瓶、烟灰缸等都收走。再用湿毛巾将台面擦干净，重新摆上干净的烟灰缸和用具。

14. 放纸餐巾

拿给顾客用的纸餐巾要先叠好插到杯子中。一般叠成菱形，叠前要检查一下纸餐巾是否有破损或带污点，将不平整或有破洞、有污点的纸餐巾挑出来。

15. 准备小食

酒吧免费提供给顾客的配酒小吃（花生、炸薯片等）通常在厨房做好后用干净的小玻璃碗装好端给顾客。

16. 端托盘的要领

用左手端托盘，五指分开，手指与手掌边缘接触托盘，手心不碰托盘；酒杯饮料放入托盘时不要放得太多，以免把持不稳；高杯或大杯的饮料要放在靠近身子一边；走动时要保持平衡，酒水多时可用右手扶住托盘；端起时要拿稳后再走，端给顾客前要停下，待托盘平衡后再取酒水。

17. 擦酒杯

擦酒杯时要用酒桶或容器装热水（八分满），将酒杯的口部对着热水（不要接触），让水蒸气熏酒杯直至杯中充满水蒸气，之后用清洁、干爽的餐巾（镜布、口布）擦，手握酒杯底部，右手拿着餐巾塞入杯中擦，擦至杯中的水蒸气完全干净，杯子透明锃亮为止。擦干净后要对着灯光照一下，看看有无漏擦的污点。擦好后，手指不能再碰酒杯内部或上部，以免留下痕迹。需要注意的是，在擦酒杯时，不可太用力，防止扭碎酒杯。

三、酒吧服务员的日常工作

1. 服务前的准备工作

酒吧服务员开始服务前有大量的工作要做，在营业前对照日常工作检查表检查所需的用品、工具、设备、原料等是否已安排就绪。

在开始工作前，必须仔细检查个人仪表，确保符合要求，如头发整理整齐、刮净胡须、着装整洁、皮鞋光亮等。

进入酒吧后，酒吧服务员应检查灯光，确保已调至适宜的亮度。吧台应整理干净，没有杂物，酒吧所用口布、小毛巾备用充足，杯子都洗净擦干，无油污、无水迹。各种酒类均应取出放到应放之处，散装饮料也应放到固定的位置，冷柜应加以检查，不断补充所缺物品。

酒吧正式营业前应准备制作鸡尾酒所需装饰。打开樱桃、橄榄罐头，将鲜橙、柠檬、青柠切成片，若还需要其他材料如薄荷、糖浆等，都应按质量标准备好。

2. 服务流程

(1)迎客。

当顾客进入酒吧后，迎宾员应立即迎上前，说："先生/女士晚上好！欢迎光临！"

(2)领位。

询问顾客是否有预订："请问您几位，有预订吗？"如没有预订，则询问顾客是坐吧台还是散座。如果顾客是一位或几位年轻顾客，则尽量先将顾客带至吧台(利润集中营)，然后征询顾客意见："您看这个位置可以吗？"

(3)点单。

顾客入座后，应礼貌地双手递上酒水单，酒水单务必打开，价格表正对顾客，请顾客点单："这是我们的酒水单，请过目。"

(4)推销。

给顾客递上酒水单后，应根据顾客的人数、特征推销主推酒水："先生/女士，请问您需要喝洋酒还是红酒？"如果顾客需要的是洋酒："好的，××对吗？请问一瓶还是两瓶？"并向顾客推荐促销活动酒水："现在我们这里有优惠活动，××酒水买三送一，您看需要吗？"顾客点完酒水后，可以开始推销小吃和果盘："请问几位还需要再来点小吃和果盘吗？我们这里的×××味道不错，是我们这里的特色，想不想试试？""要不要给这位女士来份爆米花？"

(5)复单。

当顾客点完酒水及小吃和果盘后，应及时写单并重复一遍，以免记错或记漏："您点的是×××，对吗？"同时，要记住点单顾客的特征。

(6)写单。

酒水单一式三份,一份留底,一份送收银,一份送吧台。

(7)买单。

牢记酒水价格,如果顾客点单后马上买单,立刻报上价格,并询问请问哪位买单。如需找零,应将所找零钱放于托盘上:“先生/女士,这是您的找零××元,请拿好!”

(8)上酒水。

服务员动作要快,送酒水要及时准确,上台前应跟进所需物品:“对不起,让您久等了,这是您点的酒水。”

帮顾客斟酒时,注意啤酒倒八分满,冰块加三块为准,红酒或洋酒倒1/3,倒酒时,要先问清每位顾客需要什么酒,并微笑示意顾客:“请慢用。”

(9)中途服务。

保持桌面清洁,及时收走空杯、空瓶及空扎壶,烟缸里的烟蒂应不超过3个。换烟缸时应站在顾客右侧,说:“对不起,打扰一下!”营业过程中,时刻注意顾客动向。如有顾客召唤,应立即上前:“您好,请问我能为您做点什么吗?”

(10)二次促销。

当顾客酒水只剩下1/5时,及时向顾客进行第二次推销:“请问您需不需要再来一瓶或几瓶酒?”

(11)调节带动酒吧气氛。

当歌手或演员表演完后,应大声鼓掌、吹口哨,让顾客感受到气氛的热烈。

(12)送客。

当顾客离开时,应大声地提醒顾客带好随身物品:“对不起,请检查一下是否遗留贵重物品。”并礼貌向顾客告别:“各位请慢走,欢迎下次光临!”

任务二 酒吧服务程序

◇引例

酒吧的服务水平重要吗?

一个酒吧能不能经营成功,跟酒吧的服务水平有密不可分的关系。一般来说,如果酒吧的工作人员工作规范、热情、服务周到,顾客会觉得这间酒吧很不错,在消费中得到

了满足，也就成了回头客。经营酒吧应注意提供差异化服务，从而树立亲情化的企业服务形象。

即使酒吧工作人员对工作充满热情，也尽全力认真完成自己的工作，但如果缺乏标准规范，也很难提高服务的质量。因此酒吧必须制定一套比较完善的工作制度，明确酒吧岗位职责规范，并且严格执行下去。酒吧经营者应对服务人员进行岗前培训和在岗培训，服务人员的工作技能和专业知识是其提高服务质量的基础。

一、开吧

营业前工作准备俗称“开吧”。开吧主要包括酒吧内清洁、领货、补充酒水、酒水记录、酒吧摆设、调酒准备等。

1. 酒吧内清洁

（1）酒吧台与工作台清洁。

酒吧台通常由大理石及硬木制成，表面光滑。顾客喝酒水时会泼洒或溢出少量的酒水在酒吧台的光滑表面，形成点块状污迹，这些污迹在隔了一段时间后会硬结。清洁时先用湿毛巾擦，再用清洁剂喷在表面擦抹，至污迹完全消失为止。清洁后，要在酒吧台表面喷上蜡光剂以保护光滑面。不锈钢材料的工作台表面可直接用清洁剂或肥皂粉擦洗，清洁后用干毛巾擦干即可。

（2）冰箱清洁。

冰箱内常由于堆放罐装饮料和食物，底部形成油滑的尘积块，网隔层也会由于果汁和食物的翻倒粘上滴状和点点污痕，因此隔 3 天左右必须对冰箱彻底清洁 1 次，从底部、壁到网隔层。先用湿布和清洁剂擦洗干净污迹，再用清水抹干净。

（3）地面清洁。

酒吧柜台内的地面多用大理石或瓷砖铺砌。每天要多次用拖把擦洗地面。

（4）酒瓶与罐装饮料的表面清洁。

瓶装酒在散卖或调酒时，瓶上残留的酒液会使酒瓶变得黏滑，特别是餐后甜酒，由于酒中含糖量多，残留酒液会在瓶口结成硬颗粒状；瓶装或罐装的汽水、啤酒、饮料则由于长途运输、存储而表面积满灰尘，每天要用湿毛巾将瓶装酒及罐装饮料的表面擦干净以符合食品卫生标准。

（5）酒杯、工具清洁。

酒杯与工具的清洁与消毒要按照规程做，即使没有使用过的酒杯，每天也要进行消毒。

(6)酒吧柜台外的地方清洁。

每日按照酒吧的标准清洁方法去做,或由公共地区清洁工或服务员完成也可以。

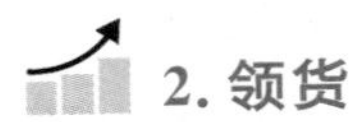

2. 领货

(1)领酒水。

每天根据酒吧需要领用的酒水数量填写酒水领货单,送酒吧经理签名(规模较小的酒店由餐饮部经理签名),拿到食品仓库交保管员取酒发货。此项工作要特别注意,在领酒水时清点数量以及核对名称,领货后要在领货单上收货人一栏签名,以便核实查对。食品(水果、果汁、牛奶、香料等)领货程序大致与酒水领货相同,但是还要经行政总厨或厨师长签名认可。

(2)领酒杯和瓷器。

酒杯和瓷器容易损坏,领用和补充是日常要做的工作。领酒杯和瓷器时,要按用量规格填写领货单,再拿到管事部仓库交保管员发货,酒杯和瓷器领回酒吧后要先清洗消毒才能使用。

(3)领百货。

百货包括各种表格(酒水供应单、领货单、调拨单等)和笔、记录本、棉织品等用品。一般每星期领用一到两次。领用百货时需填好百货领料单交酒吧经理、饮食部经理和成本会计签名后才能拿到百货仓库交仓管员发货。

3. 补充酒水

将领回来的酒水分类堆好,需要冷藏的如啤酒、果汁等放进冷柜内。补充酒水一定要遵循先进先出的原则,即先领用的酒水先销售使用,先存放进冷柜中的酒水先卖给顾客,以免因酒水存放过期而造成浪费。水果食品更是如此,例如纸包装的鲜牛奶的保质期只有几天,稍微疏忽就会引起不必要的浪费。

4. 酒水记录

为便于进行成本检查以及防止失窃,酒吧需要设立一本酒水记录簿,上面清楚地记录酒吧每日的存货、领用酒水、售出数量、结存的具体数字,使人们取出酒水记录簿就可一目了然地知道酒吧各种酒水的数量。值班人员要准确地清点数目,记录在案,以便上级检查。

5. 酒吧摆设

酒吧摆设主要是指瓶装酒的摆设和酒杯的摆设。酒吧摆设要遵循几个原则,即美观大方、有吸引力、方便工作和专业性强。酒吧的气氛和吸引力往往集中在瓶装酒和酒杯的摆设

上。该摆设要使顾客一看就知道这是酒吧，是喝酒享受的地方。瓶装酒的摆设要注意以下几点：一是要分类摆，开胃酒、烈酒、餐后甜酒分开；二是价钱贵的与便宜的分开摆，如干邑白兰地，便宜的几十元一瓶，贵重的几千元一瓶，两种是不能并排陈列的；三是瓶与瓶之间要有间隙，可放进合适的酒杯以增加气氛。酒吧经常用的散卖酒与陈列酒要分开，散卖酒要放在工作台前触手可及的位置，以方便使用；不常用的酒放在酒架的高处，以减少从高处拿酒的麻烦。酒杯分悬挂与摆放两种，悬挂的酒杯主要用于装饰酒吧气氛，一般不使用，因为拿取不方便，必要时，取下后要擦净再使用；摆放在工作台位置的酒杯要方便操作，要加冰块的杯（如柯林杯、平底杯）放在靠近冰桶的地方，不加冰块的酒杯放在其他空位，啤酒杯、鸡尾酒杯可放在冰柜冷冻。

6. 调酒准备

（1）取放冰块。

用桶从制冰机中取出冰块放入工作台上的冰块池，把冰块放满；没有冰块池的可用保温冰桶装满冰块盖上盖子放在工作台上。

（2）配料。

常用配料如李派林汁、辣椒油、胡椒粉、盐、糖、豆蔻粉等，放在工作台前面，以备调制时取用。鲜牛奶、淡奶、菠萝汁、番茄汁等，打开罐子后装入玻璃容器中（不能开罐后就在罐中存放，因为钛罐打开后，内壁有水分很容易生锈引起果料变质），存放在冰箱中。橙汁、柠檬汁要先稀释后再倒入瓶中备用（或存放在冰箱中）。其他调酒用的汽水也要放在伸手就能拿到的位置。

（3）水果装饰物。

预先将橙子切成角状，与樱桃穿在一起摆放在碟子里备用，上面盖上保鲜纸。从瓶中取出少量咸橄榄放在杯中备用，取出红樱桃用清水冲洗后放入杯中（因樱桃用糖水浸泡，表面太黏）备用。柠檬片、柠檬角也要切好摆放在碟子里，用保鲜纸盖好备用。以上几种装饰物都要放在工作台上。

（4）酒杯。

把酒杯拿去清洗间消毒后按需要放好。工具用餐巾垫底摆放在工作台上，量杯、酒吧匙、冰夹要浸泡在干净水中。杯垫、吸管、调酒棒和鸡尾酒签也要放在工作台前（吸管、调酒棒和鸡尾酒签可用杯子盛放）。

7. 更换棉织品

酒吧使用的棉织品有两种：毛巾和餐巾。毛巾是用来清洁台面的，要湿用；餐巾（镜布、口布）主要用于擦杯，要干用，不能打湿。棉织品都要使用一次清洗一次，不能连续使用而不清洗。每日要将脏的棉织品送到洗衣房清洗干净。

8. 工程维修

在营业前要仔细检查各类电器如灯、空调、音响，各类设备如冰箱、制冰机、咖啡机，以及所有家具、酒吧台、椅、墙纸及装饰等。如有任何不符合标准要求的地方，要马上填写工程维修单交酒吧经理签名后送工程部，由工程部派人维修。

9. 单据表格

检查所需使用的单据表格是否齐全够用，特别是酒水供应单与调拨单一定要准备好，以免影响营业。

二、酒吧营业中

酒吧营业中的工作程序包括酒水供应程序、结账程序、酒水调拨程序、酒杯的清洗与补充、清理台面与处理垃圾、调酒操作与待客服务等。

1. 酒水供应程序

酒水供应程序一般模式为：顾客点酒水→调酒师或服务员开单→收款员立账→调酒师配制酒水→供应酒品。

（1）顾客点酒水。

顾客点酒水时，调酒师要耐心细致，有些顾客会询问酒水品种的质量、产地和鸡尾酒的配方等内容，调酒师要简单明了地介绍，不要表现出不耐烦的样子。还有些无主见的顾客请调酒师介绍品种，调酒师介绍时需要先询问顾客喜欢的口味，再介绍品种。如果一张台有若干顾客，务必对每一个顾客点的酒水做记号，以便正确地将顾客点的酒水送上。

（2）调酒师或服务员开单。

调酒师或服务员在填写酒水供应单时要重复顾客所点的酒水名称、数目，避免出差错。酒吧中有时会由于顾客讲话声音低或调酒员精神不集中而听错导致制错饮品，所以要特别注意听清楚顾客的要求，并跟顾客确认。酒水供应单一式三联，填写时要清楚地写上日期、经手人、酒水品种、数量、顾客的特征或位置及顾客所提的特别要求，填好后交收款员。

（3）收款员立账。

收款员拿到供应单后须马上立账单，将第一联供应单与账单钉在一起，第二联盖章后交还调酒师（当日收吧后送交成本会计），第三联由调酒师自己保存备查。

（4）调酒师配制酒水。

调酒师凭经过收款员盖章后的第二联供应单配制酒水，没有供应单的调酒违反酒吧的

规章制度，不管理由如何充分都不应提倡。凡在操作过程中因不小心、调错或翻倒浪费的酒水需填写损耗单，列明项目、规格、数量后送交酒吧经理签名认可，再送成本会计处核实入账。配制好的酒水由服务员按服务标准送给顾客。

2. 结账程序

结账程序一般为：顾客要求结账→调酒师或服务员检查账单→收现金、信用卡或签账→收款员结账。顾客打招呼要求结账时，调酒师或服务员要立即反应，不能让顾客久等。顾客投诉多是因结账时间过长。调酒师或服务员需仔细检查一遍账单，核对酒水数量、品种有无错漏，这关系顾客的切身利益，必须认真，核对完后将账单拿给顾客，顾客认可后，收取账单上的现金(如果是签账单，那么签账的顾客要用正楷写上姓名、房号及签名，信用卡结账按银行所提供的机器滚压填单办理)，然后交收款员结账，结账后将账单的副本和零钱交给顾客。

3. 酒水调拨程序

在酒吧中经常会出现特殊的营业情况，使某些品种的酒水卖完，这就需要马上从别的酒吧调拨所需酒水品种，如果是在酒吧中调拨，则称为店内调拨。发出酒水的酒吧要填写一式三份的酒水调拨单，上面写明调拨酒水的数量、品种、从什么酒吧调拨到什么酒吧，经手人与领取人签名后交酒吧经理签名。第一联送成本会计处，第二联由发酒水的酒吧保存备查，第三联由接收酒水酒吧留底。

4. 酒杯的清洗与补充

在营业中要及时收集顾客使用过的空杯，及时送清洗间清洗消毒，而不能等一群顾客一起喝完后再收杯。清洗消毒后的酒杯要马上送回酒吧备用。在操作中，要有专人不停地运送、补充酒杯。

5. 清理台面与处理垃圾

调酒师要注意经常清理台面，将酒吧台上顾客用过的空杯、吸管、杯垫收下来。一次性使用的吸管、杯垫扔到垃圾桶中，空杯送去清洗，台面要经常用湿毛巾抹，不能留有脏水痕迹。需要回收的空瓶放回筛中，其他的空罐与垃圾要轻放进垃圾桶内，并及时送去垃圾间，以免时间长产生异味。顾客用的烟灰缸要经常更换，换下后要清洗干净，严格来说烟灰缸里的烟头不能超过 3 个。

6. 调酒操作与待客服务

（参见“酒吧服务标准”）

7. 其他

营业中除调酒、取物品外，调酒师要保持正立姿势，两腿分开站立。不准坐下或倚墙、靠台。要主动与顾客交谈、聊天，以增进调酒师与顾客间的感情。要多留心观察装饰品是否快用完，将近用完时要及时补充；还要注意酒杯是否干净、够用，看到没洗干净的或有破损的杯子，应及时更换。

三、酒吧营业后

酒吧营业后的工作程序包括清理酒吧、完成每日工作报告、清点酒水、检查火灾隐患、关闭电器开关和收尾整理。

1. 清理酒吧

即使过了营业时间，也要等顾客全部离开后，才能动手收拾酒吧。清理酒吧过程中要先把脏的酒杯全部收起送清洗间，只有酒杯清洗消毒并全部取回并摆好后，酒吧才算完成一天的任务。垃圾桶要送垃圾间倒空，清洗干净，否则第二天早上，酒吧就会因垃圾发酵而充满异味。把所有陈列的酒水小心取下放入柜中，散卖和调酒用过的酒要用湿毛巾把瓶口擦干净再放入柜中。水果装饰物要放回冰箱中保存，并用保鲜纸封好。凡是开了罐的汽水、啤酒和其他易拉罐饮料（果汁除外）要全部处理掉，不能放到第二天再用。酒水收拾好后，酒水存放柜要上锁，防止失窃。酒吧台、工作台、水池要清洗一遍。酒吧台、工作台用湿毛巾擦抹，水池用洗洁精清洗。单据表格夹好后放入柜中。

2. 完成每日工作报告

每日工作报告主要有几个项目：当日营业额、顾客人数、平均消费、特别事件和顾客投诉。每日工作报告主要供上级掌握酒吧营业的详细状况和服务情况。

3. 清点酒水

把当天所销售的酒水按第二联供应单数目及酒吧现存的酒水数字填写到酒水记录簿

上。这项工作要细心、诚实，不准弄虚作假。对于贵重的瓶装酒，记录更要精确。

4. 检查火灾隐患

全部清理、清点工作完成后，要对酒吧进行一遍整体检查，看有没有引起火灾的隐患，特别要留意掉落在地毯上的烟头。消除火灾隐患是一项非常重要的工作，每个员工都要担负起责任。

5. 关闭电器开关

除冰箱外，所有的电器开关都要关闭，包括照明、咖啡机、咖啡炉、生啤酒机、电动搅拌机、空调和音响等。

6. 收尾整理

最后留意把所有的门窗锁好，并将当日的供应单（第二联）与工作报告、酒水调拨单送到酒吧经理处。通常，酒水领料单由酒吧经理签名后，可提前投入食品仓库的领料单收集箱内。

任务三　酒吧服务质量控制管理

◇引 例

服务人员的素质影响酒吧服务质量

酒吧是为顾客提供休闲娱乐、让顾客放松心情的场所。在酒吧中，顾客对酒吧服务质量的评价包括多个方面。这里所说的服务是指酒吧为顾客提供的有形产品和无形产品的总和。

一个酒吧能不能经营成功，跟酒吧的服务水平有密不可分的关系。一般来说，工作人员工作规范、热情、服务周到，顾客就会觉得这间酒吧很不错，在消费中得到满足，也就成为了回头客。经营酒吧应实施差异化服务，从而树立亲情化的企业服务形象。

(1)尽管酒吧工作人员对工作充满热情，也尽全力认真完成自己工作，但是如果缺乏标准规范，服务质量也很难提高，所以必须制定一套比较完善的工作制度，并且严格执行下去。

(2)酒吧工作人员只有按要求完成自己的工作，才能达到酒吧服务质量要求，因此酒吧管理者也要建立一套完整的酒吧岗位职责规范，明确每个岗位需要做些什么工作。

(3)酒吧经营者应对服务人员进行岗前培训和在岗培训，服务人员的工作技能和专业知识是提高服务质量的基础。

随着酒吧业竞争日趋激烈，顾客对酒吧服务质量的要求越来越高。酒吧必须不断探索提高和完善自身服务质量的途径和方法，以取得良好的经济效益和社会效益。而对酒吧服务质量的含义、内容、特点、属性等的正确理解和把握，则是进行酒吧服务质量管理最基本的前提。

一、酒吧服务质量的构成和特点

1. 酒吧服务质量构成

(1)酒吧服务质量的含义。

狭义上的酒吧服务质量，指由服务员的服务劳动所提供的服务质量，不包括所提供的实物形态的产品的使用价值。广义上的酒吧服务质量包含组成酒吧服务的三要素，即酒吧设施设备、酒吧所提供的实物产品和服务人员提供的服务的质量。本书采用酒吧服务质量广义的概念，即认为酒吧服务质量为酒吧以其所拥有的设施设备为依托，为顾客所提供的服务活动能够达到规定效果和满足顾客需求的特征和特性的总和。

(2)酒吧服务质量的构成。

酒吧服务质量内涵丰富、构成复杂，是有形产品质量和无形产品质量的有机组合。它主要由以下几个部分组成。

① 设施设备质量。

酒吧的设施设备包括酒吧的实体建筑、前台顾客使用的设施设备、后台供应使用的设施设备和服务人员提供服务使用的设施设备。供应用酒吧设施设备要功能齐全、性能可靠、使用安全、外形美观；客用设施设备除了这些，还要具有高雅、舒适的魅力价值及独特的风格。

② 实物产品质量。

实物产品可直接满足顾客的物质消费需要，是酒吧服务质量的重要组成部分，通常包括以下方面。

一是小点心、酒水等食用品质量。这些食用品具有满足顾客生理及心理需要的各种特性。顾客食用品质量的评定，一般是根据以往的经历和经验，结合食用品质量的内在要素，通过各种感官鉴定得出的，因此，食用品质量的要素主要包括卫生、气味、色彩、形状、口味、质感、温度、器皿等。

二是客用品质量。客用品是指酒吧直接供顾客消费的各种用品。客用品质量应与酒吧档次相适应，数量应充裕。

三是服务用品质量。服务用品是指酒吧在提供服务过程中供服务人员使用的各种用品。服务用品应当品种齐全、数量充裕、性能优良、使用方便、安全卫生等。

③ 服务活动质量。

服务活动质量指酒吧服务人员在提供服务时表现出来的服务状态和水准，它是反映酒吧服务质量的重要内容，一般包括服务项目、服务态度、服务方式、服务时机、服务效率和服务技能等。

服务项目是酒吧为满足顾客需求而规定的服务范围和数目。酒吧服务项目具有多样性的特点。管理者对服务项目的设立应以满足顾客需求和方便为宗旨，加强市场调查，对顾客的兴趣、爱好、消费水平等进行了解，既满足顾客的要求，又考虑酒吧的服务成本，做到"两适"，即适应和适度。

服务态度指酒吧服务人员在对客服务中所体现出来的主观意向和心理状态。酒吧服务人员服务态度的好坏是很多顾客关注的焦点，顾客可以原谅酒吧的过错，但往往不能忍受酒吧服务人员恶劣的服务态度，因此，酒吧服务人员的服务态度应主动、热情、耐心、周到。

服务方式是服务活动和行为的表现形式，如站立方式、递送物品方式、斟酒方式等。服务方式在一定程度上反映了酒吧的服务规格。服务方式必须做到规范、优美、得体。

服务时机即在什么时候提供服务，包括营业时间和某一单项服务行为提供的时间。它在一定程度上反映了酒吧服务的适应性和准确性。

服务效率指酒吧服务人员提供服务的时限，即对时间概念和工作节奏的把握，是酒吧服务人员素质的综合反映。酒吧服务人员的服务力求快捷、有序。

服务技能指酒吧服务人员在对客服务过程中所表现出来的技巧和能力，是酒吧提高服务质量的技术保证。酒吧一般要求其服务人员掌握丰富的酒水、服务等专业知识，具备娴熟的操作技术，并能根据具体情况灵活运用这些知识和技术。

④ 环境氛围质量。

环境氛围是由酒吧的建筑、内外装饰、陈设、设施、灯光、声音、颜色以及服务人员的仪容仪表等因素构成的。这种视觉和听觉印象对顾客的情绪影响很大，顾客往往把这种感受作为评价酒吧服务质量优劣的依据，直接决定其是否再次光顾酒吧。因此，酒吧管理者必须十分注意环境的布局和气氛的烘托，让顾客感到舒适、愉快、安全、方便。

⑤ 安全卫生质量。

安全是顾客的第一需要，保证每一位顾客的生命和财产安全是酒吧服务质量的重要环节。酒吧要营造一种安全的氛围，给顾客以心理上的安全感，在日常服务中贯彻以防为主的原则，建立安全保卫组织制度和措施，做好防火、防盗工作，避免食物中毒等事件的发生。服务人员要保守顾客的秘密，以免引起不必要的麻烦。酒吧还要注意清洁卫生状况，这不仅直接影响到顾客的健康，也直接反映了酒吧管理水平和企业素质。

2. 酒吧服务质量的特点

(1)酒吧服务质量构成的综合性。

酒吧服务质量构成复杂，影响因素众多，每一个因素又都有很多具体内容，并体现在酒吧对客服务的各个方面，贯穿于酒吧业务管理过程的始终。这要求酒吧管理者树立系统的服务理念，把酒吧服务质量管理作为一项系统工程，多方收集酒吧服务质量信息，分析影响服务质量的各种因素，特别是可控因素，既抓好有形产品的质量，又抓好无形服务的质量，督促酒吧服务人员严格遵守各种服务、操作规程，提高酒吧的整体服务质量。

(2)酒吧服务质量评价的主观性。

酒吧服务质量评价是由顾客享受各种服务后的物质和心理满足程度决定的，顾客实际得到的满意程度越高，对酒吧服务质量的评价也就越高。因此，酒吧管理者要重视顾客对酒吧服务质量的各种评价，做好顾客对服务质量的反馈调查；一线服务人员在服务过程中要细心观察顾客的各种物质和心理需求，提高对客服务技巧，并重视服务过程的每个细节和每次服务的效果，最终提高酒吧服务质量水平。

(3)酒吧服务质量显现的短暂性。

酒吧服务质量是由一次次的、内容不同的具体服务组成的，而每一次具体服务的使用价值均只有短暂的显现时间，即酒吧每一次劳动提供的使用价值都是一次具体的酒吧服务质量。酒吧服务不能储存，服务结束，其就失去了使用价值，留下的只有感受，而且提供服务过程与顾客消费过程在同一时段。酒吧管理者应督促员工做好每一次服务工作，争取每一次服务都能让顾客感到满意，从而提高酒吧整体服务质量。

(4)酒吧服务质量对员工素质的依赖性。

酒吧服务质量是在有形产品的基础上，通过员工的劳务创造出来的，而这种表现又很容易受到员工个人素质和情绪的影响，具有很大的不稳定性。因此，酒吧管理者应合理配备、培训、激励员工，努力提高他们的素质，发挥他们的服务主动性、积极性和创造性，同时提高自身素质及管理能力，遵循“员工满意、顾客满意、顾客忠诚”的酒吧经营理念，培养满意的员工、满意的顾客、忠诚的顾客。

(5)酒吧服务质量的情感性。

酒吧服务质量还取决于顾客与酒吧和服务人员之间的关系。该关系融洽，顾客对服务质量的评价就相对较高，对酒吧服务的不足之处也比较容易谅解；反之，则顾客对酒吧服务的评价就比较差，对酒吧服务的不足之处也难以包容。因此，酒吧管理者要重视酒吧及服务

人员与顾客的感情沟通和交流，使顾客产生亲切感、归属感。

二、酒吧服务质量控制管理

1. 酒吧服务质量控制的内容

酒吧服务是有形服务和无形服务的有机结合，酒吧服务质量则是有形产品质量和无形产品质量的完美统一，有形产品质量是无形产品质量的凭借和依托，无形产品质量是有形产品质量的完善和体现，二者相辅相成。对有形产品和无形产品质量的控制，构成了完整的酒吧服务质量控制内容。

1)有形产品质量控制

有形产品质量控制是指对酒吧的设施设备质量、实物产品质量及服务环境质量进行的控制。有形产品质量主要满足顾客物质上的需求。

(1)酒吧设施设备质量控制。

酒吧设施设备是酒吧赖以生存的基础，是酒吧劳务服务的依托，反映出一家酒吧的接待能力。同时，酒吧设施设备质量也是服务质量的基础和重要组成部分，是酒吧服务质量高低的决定性因素之一，因此，要对酒吧设施设备质量进行控制。

① 客用设施设备又称前台设施设备，是指直接供顾客使用的设施设备，如餐厅、酒吧的各种设施设备等。客用设施设备要设置科学、结构合理，配套齐全、舒适美观，操作简单、使用安全，完好无损、性能良好。

其中，客用设施设备的舒适程度是影响酒吧服务质量的重要方面，舒适程度的高低一方面取决于设施设备的配置是否充足，另一方面取决于对设施设备的维修保养是否恰当。因此，随时保持设施设备的完好率，保证各种设施设备的正常运转，充分发挥设施设备的效能，是酒吧服务质量控制的重要组成部分。

② 供应用设施设备又称后台设施设备，是指酒吧经营管理所需的生产性设施设备，如吧台设备等。供应用设施设备要安全运行、保证供应，否则也会影响服务质量。

(2)酒吧实物产品质量控制。

酒吧实物产品可直接满足顾客的物质消费需求，其质量高低也是影响顾客满意程度的一个重要因素，因此实物产品质量控制也是酒吧服务质量控制的重要组成部分之一。酒吧实物产品质量控制通常包括以下内容。

① 菜点酒水质量控制。

不同顾客对饮食有不同的要求，如有的顾客喜欢品尝名菜佳肴，而有的顾客则喜爱家常小菜，但无论哪种宾客，他们通常都希望酒吧饮食产品富有特色和文化内涵，要求原料选用准确、加工烹制精细、产品风味适口等。另外，酒吧还必须保证饮食产品的安全卫生。菜点酒水质量控制是酒吧实物产品质量控制的重要构成内容之一，要求做到以下几点。

第一，合理安排菜肴品种，能适应顾客多类型、多层次的消费需求。

第二，根据餐厅的营业性质、档次高低、接待对象的消费需求，选择产品风味和花色品种，保证菜点的营养成分。

第三，花色品种和厨房烹调技术、原料供应、生产能力相适应。通常情况下，零点餐厅花色品种不少于50种，自助餐厅不少于30种，咖啡厅不少于35种，套餐服务不少于5种。产品应类型多样，冷菜、热菜、面点、汤类、甜食齐全，各产品结构高、中、低档比例合理。

② 客用品质量控制。

客用品也是酒吧实物产品的一个重要组成部分，它是指酒吧直接供顾客消费的各种生活用品，包括一次性消耗品(如牙签等)和多次性消耗品(如棉织品、餐酒具等)。客用品质量要好，避免提供劣质客用品。酒吧部提供的客用品数量应充裕且必须保证所提供客用品的安全与卫生。

客用品质量控制要求做到以下三点：第一，各种餐具、酒具要原套齐全，种类、规格、型号统一，质地优良，与酒吧营业性质、等级规格和接待对象相适应，新配餐具或酒具和原配餐具或酒具规格、型号一致，无拼凑现象；第二，餐巾、台布、香巾、口纸、牙签、开瓶器、打火机、火柴等各种服务用品配备齐全，酒精、固体燃料、鲜花、调味用品要适应营业需要；第三，筷子要保持卫生干净，不能脏污、变形，没有明显磨损的痕迹。

③ 服务用品质量控制。

酒吧服务用品质量控制是指对服务人员在提供服务过程中使用的各种用品(如托盘等)的质量进行控制。高质量的服务用品是提高劳动效率、满足顾客需求的前提，也是提供优质服务的必要条件。

(3)酒吧服务环境质量控制。

酒吧服务环境质量是指酒吧的服务气氛给顾客带来的享受感和满足感。它主要包括独具特色的餐厅建筑和装潢，布局合理且便于到达的酒吧服务设施和服务场所，充满情趣并富有特色的装饰风格，以及洁净无尘、温度适宜的酒吧环境和仪表仪容端庄大方的酒吧服务人员。这些内容构成了酒吧所特有的环境氛围。它在满足顾客物质方面需求的同时，又可满足其精神享受的需求。

通常对酒吧服务环境布局的要求是整洁、美观、有秩序和安全。设备配置要齐全舒适、安全方便，各种设备的摆放地点和通道尺度要适当，充分运用对称和自由、分散和集中、高低错落对比和映衬以及借景、延伸、渗透等装饰布置手法，形成美好的空间构图形象。同时，要做好环境美化工作，主要包括装饰布局的色彩选择和运用，窗帘、天棚、墙壁的装饰，盆栽、盆景的选择和运用等。在此基础上，酒吧还应充分体现出一种带有鲜明个性的文化品位。

顾客对酒吧的第一印象很大程度上是受酒吧环境气氛影响而形成的，为了使餐厅能够产生一种“先声夺人”的效果，酒吧管理者应格外重视对酒吧服务环境质量的控制。

2)无形产品质量控制

无形产品质量控制是指对酒吧提供的劳务服务的使用价值的质量，即劳务服务质量进行控制。无形产品质量主要是满足顾客心理上、精神上的需求。劳务服务的使用价值使用

以后，其劳务形态便消失了，仅给顾客留下不同的感受和满足程度。如餐厅服务员有针对性地为顾客介绍其喜爱的酒水和小吃，前厅问询员完美地回答顾客关于酒吧内各种服务项目的信息的询问，都会使顾客感到愉快和满意。

无形产品质量控制主要包括酒吧价格控制、仪容仪表控制、礼貌礼节控制、服务态度控制、服务技能控制、服务效率控制和安全卫生控制等方面。

(1)酒吧价格控制。

价格合理包括两方面含义：一是一定的产品和服务，按市场价值规律定相应的价格；二是顾客有一定数量的花费，就应该享受与其相称的一定数量和质量的产品或服务。如果使顾客感到物有所值，则酒吧经营的经济效益和社会效益都能实现。

(2)仪容仪表控制。

酒吧服务人员必须着装整洁规范、举止优雅大方、面带微笑。一般来说，酒吧男性服务人员保证无胡须，头发梳洗整洁，不留长发；女性服务人员化淡妆，不戴饰物。所有服务人员要保持指甲整洁，牙齿干净，口气清新，胸章佩戴位置统一。

酒吧服务人员要注重仪容仪表，讲究体态语言，举止合乎规范，要时时、事事、处处表现出彬彬有礼、和蔼可亲、友善好客的态度，让顾客产生一种宾至如归的亲切感。

(3)礼貌礼节控制。

酒吧服务员直接面对顾客进行服务的特点使得礼貌礼节在酒吧管理中备受重视。礼貌是人与人在接触交往中相互表示敬重和友好的行为规范。它体现了时代风格和个人的道德品质。礼节是人们在日常生活和交际场合中，相互问候、致意、祝愿、慰问以及给予别人必要的协助与照料的惯用形式，是礼貌的具体表现。

酒吧服务中的礼貌礼节通过服务人员的语言、行动或仪表来表现。同时，礼貌礼节还表达出服务人员谦逊、和气的态度和意愿。

(4)服务态度控制。

服务态度控制主要包含以下方面。

① 面带微笑，向顾客问好，最好能以姓氏称呼顾客。

② 主动接近顾客，但要保持适当距离。

③ 含蓄、冷静，在任何情况下都不急不躁。

④ 遇到顾客投诉时，按处理程序进行，注意态度和蔼，并以理解和为顾客着想的心理接受和处理各类投诉。

⑤ 在服务时间、服务方式上，处处方便顾客，并在细节上下功夫，让顾客感受到服务的周到和效率。

(5)服务技能控制。

服务技能是酒吧服务水平的基本保证和重要标志，是指酒吧服务人员在不同场合、不同时间，为不同顾客提供服务时，根据具体情况灵活恰当地运用相应的操作方法和作业技能以取得最佳的服务效果，从而所显现出的技巧和能力。

服务技能的高低取决于服务人员的专业知识和操作技术，要求其掌握丰富的专业知识，具备娴熟的操作技术，并能根据具体情况灵活应变地运用，从而达到具有艺术性且给顾客以美感的服务效果。如果服务人员没有过硬的基本功，服务技能水平不高，即使态度再好、微笑得再甜美，顾客也会礼貌地拒绝。只有掌握好服务技能，才能使酒吧服务达到标准，保证酒吧服务质量。

(6)服务效率控制。

酒吧服务效率包括以下三类：一是用工时定额来表示的固定服务效率，如摆台用 5 分钟等；二是用时限来表示的服务效率，如办理结账手续的时间不超过 3 分钟、接听电话响铃不超过三声等；三是有时间概念，但没有明确的时限规定，是靠顾客的感觉来衡量的服务效率，如点菜后多长时间上菜等。最后一类服务效率问题在酒吧中大量存在，若是顾客等候时间过长，就容易产生烦躁心理，并会引起不安感，进而直接影响其对酒吧的印象和对服务质量的评价。

服务效率并非仅指快速服务，还强调适时服务。服务效率指服务人员在服务过程中的时间概念和工作节奏。它应根据顾客的实际需要灵活调整，要求即时提供顾客最需要的某项服务。服务效率不但反映了酒吧的整体服务水平，而且反映了酒吧的管理水平和服务人员的素质。

(7)安全卫生控制。

酒吧安全卫生状况是顾客消费时考虑的首要问题，因此，酒吧要打造安全的卫生环境，给顾客提供心理上的安全感。酒吧安全卫生主要包括酒吧各区域的清洁卫生、食品饮料卫生、用品卫生、个人卫生等。酒吧安全卫生直接影响顾客身心健康，是优质服务的基本要求，所以对其必须加强控制。

① 在生产布局方面，应保证所有工艺流程符合法定要求的卫生标准。

② 制定酒吧的卫生标准。

③ 制定各工作岗位的卫生标准。

④ 制定酒吧工作人员个人卫生标准。

⑤ 要制定明确的安全卫生规程和检查保证制度。安全卫生规程要具体地规定设施、用品、服务人员、膳食饮料等在生产、服务、操作程序各个环节上，为达到清洁卫生标准而在方法、时间上的要求。

在执行安全卫生制度方面，要坚持经常和突击相结合的原则，实现安全卫生工作制度化、标准化、经常化。

上述有形产品质量控制和无形产品质量控制形成的最终结果是顾客满意程度。顾客满意程度是指顾客享受酒吧服务后得到的感受、印象和评价。它是酒吧服务质量的最终体现，也是酒吧服务质量控制努力的目标。顾客满意程度主要取决于酒吧服务的内容是否适合、能否满足顾客的需要，是否为顾客带来享受感。酒吧管理者要重视顾客满意程度，重视酒吧服务质量控制构成的所有内容。

2. 酒吧服务质量控制的方法

1)服务质量控制的基础

(1)必须建立服务规程。

酒吧服务质量标准即服务规程标准。服务规程是指酒吧服务所应达到的规格、程序和标准。为了保证和提高服务质量,应该把服务规程视为服务人员应当遵守的准则和服务工作的内部法规。酒吧服务规程必须根据顾客消费水平和服务需求的特点来制定。另外,还要考虑市场需求、酒吧类型、酒吧等级和规格,国内外先进水平等因素,并结合具体服务项目的内容和服务过程,来制定适合酒吧的标准服务规程和服务程序。

在制定服务规程时,不能照搬其他酒吧的服务程序,而应该在广泛吸取国内外先进管理经验、接待方式的基础上,紧密结合本酒吧大多数顾客的饮酒习惯和本地的风味特点等,推出全新的服务规范和程序。同时,要注重服务规程的执行和控制,特别要注意抓好各服务过程之间的薄弱环节。要用服务规程来统一各项服务工作,使之达到服务质量的标准化、服务过程的程序化和服务方式的规范化。

(2)必须收集质量信息。

酒吧管理人员应该知道服务的结果如何,即顾客对酒吧服务是否感到满意,有何意见或建议等,从而采取改进服务、提高质量的措施。同时,应根据酒吧的服务目标和服务规程,通过巡视、定量抽查、统计报表、听取顾客意见等方式,收集服务质量信息。

(3)必须抓好员工培训工作。

新员工在上岗前,必须进行严格的基本功训练和业务知识培训,不允许未经职业技术培训、没有取得上岗资格的人上岗操作。对在职员工,必须利用淡季和空闲时间进行培训,以不断提高其业务技术能力、丰富其业务知识,最终达到提高服务人员整体素质和服务质量的目的,使酒吧更有竞争力。

2)服务质量分析

(1)服务质量问题分析。

服务质量问题分析主要包括收集服务质量问题信息,信息的汇总、分类和计算,找出主要问题等。

(2)服务质量问题原因分析。

进行服务质量问题原因分析,首先要找出现存的服务质量问题,之后讨论分析,找出产生该问题的各种原因,最后罗列找到的各种原因,从中找出主要原因,为下一步做好准备。

(3)PDCA 管理循环。

进行服务质量问题原因分析之后,就要寻求解决问题的措施与方法,这就需要运用 PDCA 管理循环。PDCA 即计划(Plan)、实施(Do)、检查(Check)、处理(Action)。PDCA 管理循环是指按计划、实施、检查、处理这四个阶段进行管理,并循环不止地进行下去的一种科学管理方法。PDCA 管理循环运作的过程,就是质量管理活动开展和提高的过程。

3)服务质量控制的具体方法

(1)酒吧服务质量的预先控制。

酒吧服务质量的预先控制包括人力资源的预先控制、物资资源的预先控制、卫生质量的预先控制、事故的预先控制等。

(2)酒吧服务质量的现场控制。

酒吧服务质量的现场控制包括酒吧物资供应的质量管理、设施的质量管理、安全的质量管理、卫生的质量管理、环境的质量管理、质量信息的管理、对顾客服务的质量管理等。

(3)服务质量的反馈控制。

服务质量的反馈控制就是通过质量信息的反馈,找出服务工作在准备阶段和执行阶段的不足之处,并采取措施加强预先控制和现场控制,提高服务质量,使顾客更加满意。信息反馈系统由内部系统和外部系统构成。内部系统的信息来自酒吧服务人员和管理人员。外部系统的信息来自顾客的反馈。

为了及时得到顾客的意见,吧台上可放置意见表,也可在顾客用餐后主动征求其意见。需要注意的是,顾客主动的投诉属于强反馈,应予以高度重视,保证以后不再发生类似的问题。建立和健全内外两个信息反馈系统,酒吧服务质量才能不断提高,才能更好地满足顾客的需求。

思考题

1.什么是滗酒?简述滗酒的操作方法。

2.试述在酒吧营业中酒水的供应程序。

3.什么是有形产品质量控制和无形产品质量控制?请阐述酒吧服务质量控制的方法。

4.班级内四人一组,每小组设计一个酒吧服务情景项目,请另一个小组模拟展示,并对展示环节进行服务质量评价。

二维码 9-1
项目九
思考题
参考答案

项目十　酒会策划与营销

◇ 本项目目标

知识目标：

1. 了解酒会的内涵、类型和工作程序；
2. 掌握酒单的概况、实施策略、设计与筹划的原则与内容；
3. 了解酒吧成本构成、采购控制、验收储存管理和生产控制的主要内容；
4. 掌握酒吧产品、渠道、促销和价格营销的主要方法和手段。

能力目标：

1. 能根据酒吧的特点和工作程序，制订酒会策划方案和酒吧服务培训方案；
2. 能依据服务规范，按程序进行酒吧服务；
3. 能结合酒吧特色，设计一份简单的酒吧酒单；
4. 能对酒吧成本管理的难点进行分析、说明原因，并举出优化对策；
5. 能根据酒吧要求，制订营销计划。

情感目标：

1. 培养良好的责任意识和道德品质；

2. 具备良好的职业服务规范，弘扬“追求卓越、精益求精、用户至上”的大国工匠精神和一丝不苟的工作态度；

3. 培育诚信观念和创新发展的品质。

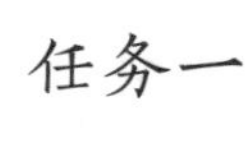

任务一 酒会策划与实践

一、酒会的内涵与类型

（一）酒会的内涵

酒会也称鸡尾酒会，起源于欧美国家。酒会已成为企业招待贵宾、提升企业形象、展示企业文化的绝佳方式，也是社会人士享受休闲、扩大社交的平台之一。酒会一般有商业酒会、新年酒会、婚庆酒会、家庭酒会、友谊酒会、生日酒会、展览酒会、时装发布会、签约仪式、时尚派对等。酒会形式比较灵活，一般以酒水为主，略备小吃，不设座椅，仅置小桌或茶几以便顾客随意走动。酒会通常准备较多酒类品种，有鸡尾酒和各种混合饮料以及果汁、汽水、矿泉水等，一般不用或较少用烈性酒。酒会现场如图 10-1 所示。

图 10-1　酒会现场

酒会最大的特点是打破了传统聚餐或宴会的僵化格局，与会者无论地位高低、身份贵贱、年龄长幼都可以在席间随意走动，轻松而不受任何约束。不善饮酒的顾客可以用混合饮料或不含酒精的鸡尾酒去应酬来自各方面的敬酒，既落落大方，又不失礼节。而喜爱喝酒的人士又可以尽情享用。酒会十分适宜制造热烈、融洽、和谐的气氛，为许多庆典活动所采用。另外，酒会规模大小、时间长短等都可以因人、因事而有所不同，比起正式宴会来，既经济实惠，又可节省大量人力、物力，而且不失隆重、热烈的气氛。

（二）酒会的类型

1. 根据主题分类

酒会一般都有明确的主题，如婚礼酒会、开张酒会、招待酒会、庆祝庆典酒会、产品介绍、签字仪式、乔迁、祝寿等。这种分类对组织者很有意义，对于服务部门来说，也可以针对各种不同的主题，配以不同的装饰和酒类品种。

2. 根据组织形式分类

酒会从组织形式上可分为两大类，即专门酒会和正式宴会前的酒会。专门酒会单独举行，包括签到、组织者和来宾致辞等，有的甚至是表演酒会，比如时装表演、歌舞表演等。专门酒会可分自助餐酒会和小食酒会，自助餐酒会一般在进食午餐或晚餐的时候进行，而小食酒会则多在下午进行。正式宴会前的酒会则比较简单，它的功能只是作为宴会前召集顾客，在较盛大的宴会召开前不致使等候着的顾客受冷落的一种形式；也有人把这种酒会作为宴会点题、致辞欢迎的机会，同时为顾客提供一个自由交流、联络感情的场所。

3. 根据收费方式分类

从经营者的角度来看，人们比较注重以收费方式来划分。因为这牵涉到酒会的安排、组织和费用的计算。按不同付费方式，酒会可分为四类，即定时消费酒会、计量消费酒会、定额消费酒会和现付消费酒会。

（1）定时消费酒会。

定时消费酒会也称包时酒会，通常将顾客的人数、时间定下后就可以安排，消费额在酒会结束后结算。定时酒会的决定因素是时间，通常有 1 小时、1.5 小时、2 小时几种可供选择。定下时间后，顾客只能在固定的时间内参加酒会，时间一到将不再供应酒水。例如，有一定时消费酒会约的时间是下午 5 点至 6 点，人数为 250 人；酒吧仅提供这 1 个小时内饮用的酒水，即在 5 点前不供应酒水，5 点开始供应，顾客可随意饮用，但一到 6 点整就不再供应任何酒水了。目前，这种定时消费酒会比较流行，主要是方便顾客掌握时间。

（2）计量消费酒会。

计量消费酒会是根据酒会中顾客所饮用的酒水数量进行结算的。这种酒会是不限时间、不限品种、不限数量地为顾客提供酒水服务的一种酒会形式，一般有普通型与豪华型两种。普通型的计量消费酒会由顾客提出要求，通常酒水品种只限于流行品牌；而豪华型的酒会可以摆出些较为知名品牌的酒水，供顾客选择饮用。在酒会中，酒水实际用量多少就计算多少，全部费用待酒会结束后一起进行核算。

(3)定额消费酒会。

定额消费酒会是按人均消费额提供酒水服务的酒会形式,如果顾客的消费超过标准便不再提供酒水。这种酒会经常与自助餐连在一起。顾客在预定酒会时,先确定每位来宾所消费的金额,然后确定酒水与食物各占的比例,食物部分由厨师长负责,酒水部分由酒吧负责。酒吧则按照顾客确认的消费额合理地安排酒水的品种、品牌和数量。因此,举办这种形式的酒会,既要最大限度地满足顾客的需求,又必须有效地控制酒会酒水的成本。

(4)现付消费酒会。

现付消费酒会多用于表演晚会,主人只提供入场券和节目表演,参加酒会的顾客必须现点现付,顾客喜欢什么饮料、饮用多少由自己决定,但必须自己结账。这种酒会一般在主人的公司或者家里举办,以显示其身份和排场。酒吧按收费的标准类型准备酒水、器皿和酒吧工具,运到顾客指定的地方。这种类型的酒会要注意的是准备工作要做得充分,因为它不像在酒吧里,缺什么临时可以补充。不仅冰块和玻璃杯要准备得十分充足,而且各种类型的酒水也要准备足够。除了定额消费酒会可以按定额运去酒水外,其他消费形式的酒会宁可多运一些品种、数量的酒水去,也不要等到酒水不够时再回来取。

二、酒会策划方案

酒会策划方案一般包括以下内容。

(一)举办酒会的背景、目的

举办酒会的背景就是指酒会所面临的宏观的、外部的总体情况。一般来说,每一场酒会都要对策划背景进行分析。酒会背景的主要内容包括基本情况简介、主要执行对象、近期状况、组织部门、活动开展原因、社会影响,以及相关目的或动机等。此外,还应说明酒会所面临的内外部环境。

举办酒会的目的陈述要简洁明了,也要具体化。在陈述目的要点时,语言要凝练简化,要明确写出该酒会的经济效益、社会利益、媒体效应等内容;在陈述酒会活动目标时,要具体化,体现重要性、可行性和时效性。

(二)举办酒会的主题

酒会一般都有较明确的主题,如婚礼酒会、开张酒会、招待酒会、产品介绍酒会、庆祝庆典酒会、签字仪式、乔迁、祝寿等酒会。这种分类对组织者很有意义,对于服务部门来说,应针对不同的主题,配以不同的装饰、酒食品种。

（三）举办酒会的时间、地点

举办酒会的时间和地点对于客人而言，是极其重要的信息点，务必在明显的位置以非常显眼的形式展现出来，让客人一目了然。

（四）举办酒会的形式

举办酒会的形式一定要明确写出，因为不同的酒会形式，活动形式、持续时间和收费方式都不一样。只有这样，客人才能根据自己的实际需要做出恰当的安排。而作为主办方，确定了酒会形式，也方便进行酒会前的各项准备工作。举办酒会的形式有自助晚餐、酒会及舞会、精彩演出、抽奖活动等。

（五）酒会前期准备工作

酒会前期准备工作包括确认邀请嘉宾、请柬呈送、现场物品准备（见表 10-1）等。

表 10-1　现场物品准备表示例

项目	数量	项目	数量
签到本	1 个	干果小吃	若干
抽奖卡	若干	水果及矿泉水	若干
布景板	若干	酒杯	若干
宣传海报	若干	调酒酒具等	若干
宣传资料	若干	易拉宝展架	2 个
投影设备	1 个	酒	若干
鲜花、彩带等	若干	礼品、奖品	若干

（六）酒会会场布置

酒会会场布置包括指示牌、背景板、海报、宣传手册、电脑、音响、投影仪、酒水、干果小吃、水果盘、签到墙（册）、礼品袋等准备到位。

（七）酒会的筹备进程、活动流程安排

酒会筹备进程如表 10-2 所示，活动流程安排如表 10-3 所示。

表 10-2 酒会筹备进程

时间节点	筹备内容	备注
×月×日前	确定举办场地、时间	
×月×日前	确定演员及节目单	
×月×日前	确定酒会菜单、酒水	
×月×日前	确定会场布置方案	
×月×日前	确定所有工作人员	
×月×日前	网络发布酒会消息	
×月×日前	对所有工作人员进行培训	
×月×日前	筹备好酒会的全部工作	
×月×日前	发出邀请函	
×月×日前	基本确认参会人员	
×月×日前	参会人员名单印制完毕，确定好接送交通车	
酒会前一天	确定全部工作准备完毕，对所有参会工作人员做培训指导	
酒会前一天晚上	布置会场舞台、灯光、音响设备	

表 10-3 酒会活动流程安排示例

项目	时间	进程	工作内容	备注
入场前	13:30—14:30	酒会物品摆放	果盘、干点、酒水提前摆放	
		指示牌、现场布景墙、宣传资料检查	确认摆放到位	
		公司介绍滚动投影播放	资料准备，检查设备	
	14:30—15:00	主持人及礼仪小姐到位	确认人员到位	
	15:00—15:15	嘉宾入场、签到并发放资料	宣传页、抽奖券准备	播放暖场音乐
	15:15—15:30	负责嘉宾戴花	为嘉宾戴胸贴或花	
酒会开始	15:30—15:40	主持人开场、领导致辞	开场词准备，准备好讲话稿	
	15:40—15:50	负责人介绍		投影 PPT 展示
	15:50—16:00	嘉宾讲话	与发言嘉宾沟通	人员待定
	16:00—16:10	酒窖观赏		人员引领介绍
	16:10—16:30	品酒师与来宾交流	准备好相关酒品	品酒、有奖问答
	16:30—16:45	自由品酒	相关人员做好服务工作	与来宾相互交流
	16:45—17:00	有奖问答及大奖抽取	主持人引导	详见活动说明
结束	17:00—17:15	品酒会结束	礼品酒赠送	

（八）酒会工作人员安排

酒会工作人员包括接待人员、主持人、后勤保障人员、活动统筹人员等。酒会工作人员安排如表10-4所示。

表10-4 酒会工作人员安排

人员	人数	工作内容
接待人员	若干	各相关负责人，酒会时接待顾客，与顾客进行交流
筹划人员	3	活动内容细化，与主持人沟通各环节衔接
组织人员	3	负责会场安插，灯光、音响等设备
后勤保障人员	2	负责酒会所需物品采办
主持人	1	负责开场白及酒会流程环节控制和有奖游戏、抽奖环节
礼仪小姐	4	负责酒会迎宾、接待，为有需要的顾客提供咨询服务
品酒吧台	2	待定
服务人员	6	主要负责现场服务和卫生
摄影师	1	拍摄精彩瞬间、精彩镜头，为有需要的顾客拍照留念
摄像师	1	拍摄酒会全过程，录制精彩片段
活动统筹人员	1	统筹安排

（九）酒会收费方式

酒会的服务方式既是主办方关心的核心问题，也是客人比较在意的关键事项。这是因为如何收费，关系到到酒会的安排、组织和费用的计算。

（十）酒会宣传

酒会宣传包括现场摄影、拍摄活动图片、报道活动内容等，该宣传可作为网站推广资料，也可配合媒体报道等。

（十一）酒会成本预算

酒会成本预算表模板如表10-5所示。

表10-5 酒会成本预算表模板

项目	费用（元）	备注
宣传用品（物料）		

续表

项目	费用(元)	备注
请柬和邀请函的制作费		
主持人1人		
品酒师		
摄影师1人		
礼仪小姐4人		
礼品		
酒、干点、水果、软饮		
广告费用		
会场装饰		
其他费用		
不可预测费用		
总计		

（十二）酒会安全、卫生保障措施

安全无小事，责任重于泰山。举办酒会，做好安全卫生保障预案极其重要。为了及时做出应急响应，处理举办酒会可能出现的突发事件，事先做好应急预案和保障措施必不可少。具体而言，酒会安全、卫生保障措施主要包括活动场地安全、交通运输安全、饮食卫生安全、活动组织安全和其他安全保障。

（十三）酒会其他注意事项

参加酒会时的推荐着装如下：男士可着正装、唐装等，请勿着便装、牛仔裤、运动鞋；女士可着晚装、时装、礼服、民族服装等。

三、酒会的工作程序

（一）酒会前的工作程序

1. 工作人员安排

接到宴会部发出的宴会编排表后，根据酒会的形式、规模和人数，决定使用多少名调酒

师及实习生；再按照酒会的时间来确定工作人员的工作时间。在大中型酒会中（200 人以上），每个酒吧需设置调酒师 2 人，实习生 1 人；在小型酒会中，每个酒吧需设置调酒师 1 人，实习生 1 人。

2. 准备酒水

酒会前一天要按酒会的来宾数、消费额来准备酒水的品种和数量，可按为每人每小时准备 3.5 杯饮料计算，晚餐酒会可按每人 3 杯饮料计算，每杯饮料为 220～280 毫升。所有酒水最少应在酒会前 2 小时从仓库运到酒会场地放好，以便有充足的时间来布置酒会场地。

3. 预备酒杯

酒杯的数量要预备充足，可按酒会的人数乘以 3.5。例如，300 人的酒会所需酒杯数量应是 1050 只。酒会酒杯的品种多为果汁杯、高球杯、柯林杯、啤酒杯等，其他杯用量很少，有少量备用即可。酒杯要在酒会前 1 小时全部洗干净，放入杯筛中，运到酒会场地。

4. 酒吧设置

按照宴会编排表的布置平面图设置酒会场地。酒会场地设置的方式有多种，要注重美观和方便工作两个要点。酒会场地要在酒会前 30 分钟设置完毕，并且进行反复仔细检查。布置酒会场地时要使用酒水销售表，酒水销售表应将酒会中所使用的酒水品种、数量一一列出，调酒师可对照该酒水销售表对酒水进行检查、选取。

5. 调果汁和什锦水果宾治

一般酒会中用量最大的就是果汁与什锦水果宾治，这两种饮料要在酒会前 30 分钟根据人数调好，通常可按每人 2 杯计算，调好后拿到酒会场地。

6. 提前倒饮料入杯

一般小型酒会可以在顾客到来以后，按顾客的要求为顾客斟酒水。若是大中型的酒会人数多，调酒师在数分钟内不可能为每位顾客供应酒水，因此大多数饮料要在顾客到来前将饮料倒入杯中。中型酒会可提前 10 分钟开始将饮料倒入杯中，大型酒会可提前 20 分钟开始将饮料倒入杯中。宴会开始，由宴会服务员将饮料放在托盘上送给顾客。

7. 各就各位

所有工作人员在酒会开始前 20 分钟，必须整齐地穿好制服，站在自己的工作岗位上。特别是大中型酒会，由于酒吧摆设多，调酒师如不按编排好的位置站立，场面就会很难控制。

（二）酒会中的工作程序

1. 酒会开始时的操作

酒会一般在刚开始的 10 分钟内是最拥挤的。到会人员可能会一下子涌入会场，服务人员要保证饮料供应及时。第一轮的饮料，要按酒会的人数，在 10 分钟内全部完成，送到顾客手中。负责酒会指挥工作的酒吧经理、酒吧领班等还要巡视酒会场地，防止部分区域超负荷操作。特别要留意靠近门口的右边，因为大部分人习惯于偏向右边取东西，这一区域可能需要抽调服务人员支援。

2. 放置第二轮酒杯

酒会开始 10 分钟后，酒会场地的压力会渐渐减轻，这时到会的人手中都有饮料了，酒吧主管要督促调酒师和实习生将空酒杯迅速放上酒吧台，排列好，数量与第一轮相同。

3. 倒第二轮酒水

第二轮酒杯放好后，调酒师要马上将饮料倒入酒杯中备用；大约 15 分钟后顾客就会饮用第二杯酒水。倒入杯后，酒杯及饮料必须按照一定次序排列好，不能东一杯、西一杯，让顾客以为是喝过或剩下的酒水。

4. 到清洗间取杯

两轮酒水斟完后，酒吧主管就要分派实习生到洗杯处将洗干净的酒杯不断地拿过来补充，在这个过程中，既要注意酒杯的清洁，又要使酒杯得到源源不断的供应。

5. 补充酒水

在酒会中经常会因为人们饮用时的偏爱而使某种酒水很快用完，特别是大中型酒会中

的果汁、什锦水果宾治和干邑白兰地。因此，调酒师要经常留意酒水的消耗量，在有的酒水快用完时，分派人员到酒吧调制什锦水果宾治和其他饮料，保证酒水正常供应。

6. 酒会高潮

酒会高潮是指饮用酒水比较多的时刻，也就是酒吧供应最繁忙的时间。通常是酒会开始后10分钟和酒会结束前10分钟以及宣读完祝酒词的时候。如果是自助餐酒会，在用餐前和用餐完毕时也会是高潮，这期间要求调酒师动作快、出品多，在尽可能短的时间内将酒水送到顾客手中。

7. 应对特别事项

有时顾客会需要酒会场地没有准备的品种，如果是一般品牌的酒水，可以立即去酒吧仓库取，尽量满足顾客的需要；如果是名贵的酒水，在征求主人的同意后才能取用。当发生打碎酒杯或翻倒饮料的情况时，要求临场的调酒师立即处理，绝不可袖手旁观。在人多的地方，碎玻璃杯或泼洒在地上的饮料很容易造成人员受伤，最好立刻清理完毕。其他的突发事件也要马上处理，如果服务人员无法单独处理，要立即上报经理。

8. 清点酒水用量

对于计量消费酒会和定时消费酒会，在酒会结束前10分钟，服务人员要对照酒水销售表清点酒水，确定酒水的实际用量，在酒会结束时能立即统计出数字，交给收款员开单结账。

（三）酒会后的工作程序

1. 填写酒水销售表

酒会一结束，服务人员应立即清点并再次核实酒水用量，并由调酒师开好消耗单，交到收款员处结账。这项工作要求数字准确、实事求是。许多顾客对饮品的用量都很熟悉，用计算器一按即可知道数量是否合理，如果数字不合理会引起许多麻烦，调酒师一定要按照实际用量填写，不能报虚数。即便是实际用量很大，也要给顾客以合理的解释。

2. 收吧工作

顾客结账后，调酒师要清理酒吧，将所有剩下的饮料运回仓库，用剩的果汁和什锦水果宾治，要立即放入冰箱存放，或调拨到其他酒吧使用。酒杯要全部送到洗杯机处清洗，洗完后再装箱，并清点数量，记录消耗数字，将完好的酒杯装箱后退回给管事部。

3. 完成酒会销售表

酒会结束后，调酒师需做一份（一式两联）酒会销售表，将酒会名称、时间、参加人数、酒水用量、调酒师签名等内容填写好。第一联交成本会计计算成本，第二联交酒吧经理保存。

任务二　酒单的设计与筹划

引例

什么样的酒单才是好酒单？

在酒吧看酒单选酒是件挺让人头疼的事。怎样才能展现自己的葡萄酒知识，而又不显得过于张扬？怎样才能点到真正想要的葡萄酒，获得愉快的用餐体验呢？这些时候，一张好的酒单就显得十分重要。那么，怎样的酒单才算好酒单呢？

1. 合理的加价

餐厅里的酒卖得比超市零售的贵，多数人都是可以理解的，毕竟盈利是酒吧售酒的一大目的，从客人的角度来说，如果你认识酒单上的酒，并且知道它大概值多少钱，便能通过比价来判断出这家餐厅究竟有没有诚意让你愉快地喝酒。如果能看到餐厅的诚意，相信大家都会乐意选择一款稍贵的好酒，或是尝试一下从未饮用过的餐厅特色酒款。

2. 提供按杯售卖的葡萄酒

葡萄酒可不是用来显摆酒量的，真正爱葡萄酒的人都懂得这个道理，所以很少有人在独自用餐时会点上一瓶酒，然后一番牛饮，把酒瓶喝得见底才罢休。在安静而整洁的环境里享用精致的菜肴，小酌一杯好酒，美美地离去，也许这才是一个爱酒之人的日常追求。

3. 餐酒相配才是硬道理

罗列着各种名酒的酒单可以使酒吧显得高大上，但不一定会得到客人的赞赏。葡萄酒正是因为有恰当的美食与之相配，才有了在酒吧存在的价值。例如烧烤店里可以

提供风味浓郁、单宁强劲且充满香料气息的加州赤霞珠(California Cabernet Sauvignon)。

4. 丰富的选择

单一产区的单一酒款喝多了总是无趣的,酒吧可以尽量提供一些丰富的酒款类型,扩大客人可选择的范围。例如如果有些人喜欢清新淡雅的意大利灰皮诺(Pinot Grigio),他们便有可能尝试西班牙的阿尔巴利诺(Albarino)或法国卢瓦尔河谷的慕斯卡德(Muscadet)。

总体来说,酒吧的酒单不一定要有名酒加持,不一定要紧跟潮流,让葡萄酒回归原本的味道,让葡萄酒升华酒吧的气氛,让客人体验到饮酒的快乐,这或许才是大家理想中酒单应有的样子。

一、酒单概述

1. 酒单的概念

酒单就是酒吧中的菜单,如图 10-2 所示。由于能够发挥先入为主的作用,酒单的定制和设计对酒吧来说也是至关重要的。酒单的内容主要由名称、分量、价格及描述组成。

图 10-2 酒单

(1)名称。

酒单上的名称必须通俗易懂,冷僻、怪异的字尽量不要用,可按饮品的原材料、配料、饮品、调制出来的形态命名,也可按饮品的口感,冠以幽默的名称,还可针对顾客搜奇猎异的心理,抓住饮品的特色加以夸张等。

(2)分量。

对于分量,应给顾客一个明确的说明,指明特定酒的容量,比如是1盎司(30毫升),还是特定的一杯。顾客对于信息不明确的酒水品种,总会抱着怀疑及拒绝尝试的心态,不如大大方方地告诉顾客,并提出意见和建议。

(3)价格。

顾客如果不知道价格,便会无从选择。顾客很少点餐厅中标着“时价”的菜品,道理也是一样的。所以,在酒单中,各类品种必须明确标价,让顾客做到心中有数,自由选择。

(4)描述。

对某些新推出或引进的饮品,应给顾客以明确的描述,让顾客了解其配料、口味、做法及饮用方法。对一些特色饮品,在介绍时可配酒单的彩照,以增加真实感。

2. 酒单的作用

酒单是酒吧为顾客提供酒水产品和酒水价格的一览表。酒单在酒吧经营中起着极其重要的作用,它是酒吧一切业务活动的总纲,也是酒吧经营计划的具体实施。

(1)酒单是酒吧经营计划的执行中心。

任何酒吧,不论其类型、规模、档次如何,一般都存在着酒单设计、原料采购、原料验收、原料储藏、原料领发、服务、结账收款等业务环节,这些环节都是围绕酒吧经营计划中的目标设定的。酒单不仅规定了采购的内容,而且还支配着酒吧服务的其他业务环节,影响着整个酒吧的服务系统。

(2)酒单是酒吧经营计划的实施基础。

酒单是酒吧经营计划的实施基础,是酒吧服务活动和销售活动的依据,它在很多方面、以多种形式支配和影响着酒吧的服务系统。

① 酒单支配着酒吧原料采购及储存工作。

② 酒单决定着酒吧厨房设备的购置、用品的规格及数量。

③ 酒单决定着调酒师及服务员的选用及培训方向。

④ 酒单反映了企业经营计划中的目标利润。

⑤ 酒单反映了酒吧的情调设计。

(3)酒单标志着酒吧经营的特色和水准。

一份合适的酒单,是根据酒吧的经营方针,并经过认真分析目标顾客及市场的需求而制定的。所以,酒吧的酒单各有特色,酒单上饮品的品种、价格和质量可以体现酒吧经营的特色和水准。有的酒单还对某些饮品的原料及配制方法进行简单的描述,甚至还附加了图片,以此来表现及加深其特点。因此,酒单一旦制成,该酒吧的经营方针及其特色和水准也就确定了。

(4)酒单是沟通消费者与经营者之间关系的桥梁。

经营者通过酒单向消费者展示其产品的种类、价格,消费者根据酒单选购所需要的饮料品种,所以,酒单是沟通买卖双方关系的渠道,是连接酒吧和顾客的纽带。消费者和经营者

通过酒单“交谈”。消费者会将其喜好及意见、建议说出来或表现出来，而通过酒单向顾客推荐饮品则是酒吧服务人员的服务内容之一。

(5)酒单是酒吧的广告宣传品。

一份精美的酒单可以活跃消费气氛，反映酒吧的格调，可以使顾客对所列的饮品、食品及水果拼盘留下深刻的印象，并将之作为一种艺术品进行欣赏，从这一点来看，酒单无疑是酒吧的广告宣传品。

3. 酒吧饮品的分类

饮品的选择是酒单计划的关键。酒单上选择的饮品既要充足并符合酒吧类型，又要能充分满足顾客的不同需要。国外酒吧和国内酒吧的酒单对饮品的分类有所不同。

(1)国外酒吧对饮品的习惯分类。

国外酒吧对饮品的习惯分类如下：餐前酒(或称开胃酒)；雪莉酒和波特酒；鸡尾酒；无酒精鸡尾酒；长饮(冷饮)；威士忌；朗姆酒；金酒；伏特加酒；烈酒；科涅克；利口甜酒(餐后甜酒)；啤酒；特选葡萄酒；软饮料；热饮；果汁；小吃果拼。不同类型和档次的酒吧、餐厅、娱乐厅等场所，酒单上所设的酒品类别也各异。

(2)国内酒吧对饮品的习惯分类。

我国目前的独立经营酒吧(非饭店酒吧)对饮品的习惯分类如下：烈性酒类；鸡尾酒及混合饮料；葡萄酒、果酒类；啤酒；软饮料；热饮；果拼；佐酒小吃；食品。

上述分类方法并非一成不变的，如有的酒吧根据顾客的需求及消费特点将“茶水”单列一类或将“咖啡”单列一类，而有的项目在原料不能供应或顾客不感兴趣的情况下就可删除。

(3)酒吧常用饮品和小食品。

① 开胃酒。

开胃酒是餐前饮用的酒水。常用作开胃酒的烈性酒有马天尼(Martini)、仙山露(Cinzano)、潘诺酒(Pernod)和金巴利(Campari)。其中，金巴利可根据需要配橙汁或加冰。开胃酒以每杯或每盎司基酒为单位销售。配料价一般不计。

② 鸡尾酒。

鸡尾酒与上述开胃酒不同，不是按顾客个人的口味，而是根据销售成功的固定配方配制、以业已为人熟悉的奇妙的名称命名的。当前，国际上最畅销的鸡尾酒有血腥玛丽(Bloody Marry)、亚历山大(Brandy Alexander)、干马天尼(Dry Martini)、曼哈顿(Manhattan)、得其利(Daiquiri)、吉姆莱特(Gimlet)、青草蜢(Grasshopper)、玛格丽特(Margarita)、螺丝刀(Screwdriver)、古典鸡尾酒(Old Fashioned)、汤姆柯林斯(Tom Collins)、生锈钉(Rusty Nail)、咸狗(Salty Dog)、酸威士忌(Whisky Sour)、红粉佳人(Pink Lady)等。

鸡尾酒通常分长饮、短饮或无酒精饮料被列在酒单上。鸡尾酒需要调酒师当场配制并需要装饰点缀，因此价格要高于主要配料，按每份或每杯计价。

③ 波特酒。

波特酒通常作开胃酒，在餐前享用。有的酒单不将其另归一类，而是列在开胃酒里；有的则另设一类，以波特酒和雪莉酒做标题。该类酒干口味的在餐前用，甜口味的既可在餐前用，也可在餐后用，在酒单上以每杯计价。

④ 金酒。

金酒在酒吧可放入冰箱或冰桶中冰镇纯饮，也可加冰块饮用。金酒兑水饮用时，通常加入汤力水，并以一片柠檬做装饰。用金酒配制的鸡尾酒通常在餐前饮用。

⑤ 朗姆酒。

朗姆酒在酒吧中通常作为配制鸡尾酒的基酒。朗姆混合酒通常用于餐前，有的也可在餐后饮用。

⑥ 伏特加酒。

伏特加酒可以作为餐前酒、餐后酒，用利口酒杯服务；也可纯饮或加冰块饮用，用古典杯服务；还可以加软饮料或水及冰块调和饮用。

⑦ 威士忌。

威士忌可以纯饮或兑水、汽水或苏打水加冰块混合饮用。威士忌一般在餐前或餐后饮用。酒单上的威士忌往往分成苏格兰威士忌、波本威士忌和加拿大威士忌等几类。酒单上以每盎司威士忌基酒计价。

⑧ 葡萄酒。

鸡尾酒或许是餐前最理想的饮料，干邑白兰地、利口酒为餐后的最佳酒水，而葡萄酒在餐前、餐间和餐后都宜喝，主要用于佐餐，一般纯饮。白葡萄酒通常需要放在冰箱或冰桶中，或者加冰块冰镇。葡萄酒也可加苏打水和冰水调稀之后佐餐饮用。葡萄酒在酒单中通常按每瓶、每半瓶和每杯销售。

⑨ 干邑白兰地。

干邑白兰地在餐前或餐后饮用。在餐前饮用时用白兰地杯，手握杯体温热酒后饮用。在餐后饮用，采用常温纯饮，有的顾客喜欢加糖饮用。干邑白兰地除纯饮外，还可以加汽水或苏打水混合饮用。酒单上的干邑白兰地一般以每杯或每盎司计价。常用的干邑白兰地有拿破仑、马爹利、人头马、轩尼诗系列酒。

⑩ 利口酒。

利口酒也称餐后甜酒，该类酒为餐后饮用的酒水，以助消化，有少数酒也可作开胃酒。酒单通常以每杯计价。酒单中常采用的餐后甜酒有樱桃白兰地、薄荷酒、可可甜酒、君度和香橙酒等。利口酒的价格通常低于鸡尾酒。

⑪ 啤酒。

酒吧一般供应罐装啤酒，最常见的品牌是喜力(Heineker)、蓝带(Blue Ribbon)、生力(San Miguel)、嘉士伯(Carlsberg)和青岛(Tsing Tao)，以每罐计价。有的酒吧也供应生啤，以每扎计价。

⑫ 软饮料。

在酒单中常采用的软饮料品种有可口可乐、雪碧、苏打水、汤力水、矿泉水和橘子汁。通常以每罐计价。

⑬ 鲜榨果汁。

鲜榨果汁常采用应季新鲜的水果，用榨汁机现榨而成，通常现榨的果汁有西瓜汁、橙汁、葡萄汁、菠萝汁、芒果汁等。现在也常用蔬菜榨汁，有番茄汁、胡萝卜汁等。一般以每杯或每瓶计价。

⑭ 热饮料。

热饮料通常包括咖啡、牛奶、各色茶和可可等。有些酒吧取各国名牌咖啡豆，制作鲜磨咖啡。茶有英国红茶、柠檬茶、参茶等。热饮料以每杯计价。茶水以每壶计价。热饮料与软饮料通常为酒单上价格最低的饮料。

⑮ 小食品。

酒吧一般都提供一些简单的食品，供顾客配酒。酒吧小食品原料多为半成品或成品，制作方法较为简单。常见的小食品有下面几类：三明治、馅饼类、饼干、面包类、油炸小食品类、坚果类、蜜饯类、肉干类、干鱼片类、干鱿鱼丝类、水果拼盘类等。

4. 酒单的分类及形式

酒单是酒吧产品的目录表。随着餐饮市场需求日益多样化，许多餐厅和酒吧都根据自己的经营特色策划酒单。按照酒吧的经营特色，酒单可分为主酒吧酒单、西餐厅酒单、大堂酒吧酒单、中餐厅酒单、客房小酒吧酒单等。

一份好的酒单设计，要给人秀外慧中的感觉，酒单形式、颜色等都要和酒吧的水准、气氛相适应，因此，酒单的形式应不拘一格。一般来说，酒单有桌单、手单及悬挂式酒单三种形式。从样式看，可制成长方形、圆形或心形、椭圆形等。

(1)桌单。

桌单是将具有画面、照片等的酒单折成三角形或立体图形，立于桌面，每桌固定一份，顾客一坐下便可自由翻阅，这种酒单多用于以娱乐为主及吧台小、品种少的酒吧，简明扼要、立意突出。

(2)手单。

在目前的酒吧中，手单最为常见，一般用于经营品种多、有大吧台的酒吧。顾客入座后，由服务人员递上印制精美的手单。手单中，活页式酒单的样式也是可采用的。活页式酒单的优势在于如果调整品种、价格、撤换活页等，替换起来非常灵活、方便。手单设计时也可定活结合，条列季节性品种的酒水可采用活页形式设计酒单。

(3)悬挂式酒单。

有的酒吧会使用悬挂式酒单，一般在门庭处吊挂或张贴，配以醒目的彩色、线条、花边，具有美化及广告宣传的双重效果。

5. 常用酒单介绍

各种类型的酒吧因经营的方式和内容不同，提供的酒水差异很大，酒单的式样也就各异。下面介绍几种常见的酒单式样。

(1)主酒吧酒单。

酒吧是提供酒水服务的场所,因而酒品的种类比较齐全。不同酒吧的酒单上酒品的类别出入不大,但规模大、档次高的酒吧,酒水较为名贵些,品种也多些;档次低的酒吧,供应酒水的档次略低,品种亦少一些。有些酒吧还提供一些简单的快餐、点心和小吃。某五星级酒店酒吧的酒单表如表 10-6 所示。

表 10-6　某五星级酒店酒吧的酒单表(单价/瓶)

品牌	英文标识	单价
干邑	COGNAC	1380.00
百事吉	X. O. BisquitX. O.	1380.00
黄牌百事吉	BisquitPrestige	800.00
百事吉	V. S. O. P. BisquitV. S. O. P.	800.00
人头马路易十三	Remy Martin LouisXⅢ	12800.00
轩尼诗	X. O. HennessyX. O.	1380.00
人头马	X. O. Remy MartinX. O.	1380.00
拿破仑	X. O. CourvoisiierX. O.	1380.00
特级人头马	Club De Remy Martin	800.00
长颈干邑	F. O. V. Cognac	800.00
特醇轩尼诗	Hennessy	800.00
金牌马爹利	Martell GoldLabel	800.00
人头马	V. S. O. P. Remy MartinV. S. O. P.	800.00
拿破仑	V. S. O. P. CourvoisierV. S. O. P.	800.00

(2)葡萄酒吧酒单。

葡萄酒吧是一种专门经营葡萄酒的酒吧。酒单上列有种类较齐全的葡萄酒。这类专项酒单所列内容或以产地分类,或以酒水特征分类。类似的还有啤酒吧(坊)、茶吧等。这类酒单上只列各种品牌的专类酒水。

(3)娱乐厅酒单。

舞厅、KTV 厅、迪厅、保龄球等娱乐场所为酒水推销提供了合适的场所。有些舞厅、歌厅等甚至不收门票,专门靠销售酒水盈利。这些娱乐厅酒单的设定会因娱乐厅的档次和针对的顾客群体类别的不同而相异。档次高的娱乐厅应销售高级饮料,价格可定得高些。娱乐厅酒单会多考虑娱乐活动的需要,所供应酒水不能影响整个酒吧的经营活动,所以在厅内一般多供应一些低酒精和无酒精的碳酸饮料、矿泉水、果汁等软饮料,以及一些餐前、餐后的混合酒。对于包间,因不影响他人,可适当增设一些酒精饮料。

(4)餐厅酒单。

餐厅酒单要反映顾客用酒水的顺序。餐厅顾客一般在餐前、餐间和餐后会饮用不同的

酒水。餐前酒主要有鸡尾酒(马天尼、曼哈顿、得其利等)、开胃酒(金巴利)、啤酒和葡萄酒。佐餐酒主要有葡萄酒、啤酒和软饮料。餐后酒主要有葡萄酒、利口酒(餐后甜酒)、干邑白兰地和热饮料(如咖啡)。餐厅酒单的排印方法通常有酒单印在菜单上、单独印酒单和单列葡萄酒单三种。

(5)客房小酒吧酒单。

有的高档次饭店的客房中配备小酒吧为顾客提供服务,顾客不用出房或订酒水就可饮用自己喜欢的饮料,或用来解渴、消遣或招待朋友。客房小吧酒单提供的酒品主要有三类:存放在小冰箱里的啤酒、苏打水、汤力水、矿泉水、橙汁、可口可乐、雪碧等软饮料;威士忌、干邑 V.S.O.P、轩尼诗 X.O、朗姆酒、伏特加酒、金酒等小瓶烈火性洋酒;腰果、开心果、炸土豆片、巧克力等零食。

客房小吧酒水因不必使用人工服务,所以通常价格略低于酒吧酒单价格。

二、酒单的定价策略

酒单的定价是酒单实施的重要环节。酒单上每种经营项目的价格是否适当,直接影响着酒吧的销售状况和竞争力。

1. 酒单定价的原则

(1)价格反映产品价值的原则。

酒单上饮品的价值主要包括三部分:一是原材料消耗、设备、服务设施等耗费价值;二是以工资、奖金等形式支付给劳动者的报酬;三是以税金和利润形式为企业和国家提供的资金积累。

(2)适应市场供求规律的原则。

就一般市场供求规律而言,价格围绕价值的运动,是在价格、需求和供给之间的相互调节机制下实现的,具体表现为需求规律和供给规律。当某种商品的供应量一定时,其需求量增加,价格会趋于上涨;其需求量减少,价格则趋于下降。这就是需求规律。当某种商品的需求量一定时,供应量增加,价格就会下降;供应量减少,价格就会上升。这就是供给规律。

(3)综合考虑酒吧内外因素原则。

酒吧内部因素包括酒吧经营目标和价格目标、酒吧投资回收期以及预期收益等。酒吧外部因素则包括经济形势、政府的干预、法律规定、竞争程度及竞争对手定价状况、顾客的消费观念等。

(4)灵活机动的原则。

所有企业都强调价格的动态性和灵活性。酒吧定价要求在依据上述原则的前提下考虑形成定价的各种因素。在市场不断变化的情况下,酒吧只有根据市场情况灵活地制订和调整价格,才能使酒单定价不断趋于合理。

2. 酒单定价观念

(1)酒单定价的整体观念。

酒单定价与酒吧营销互相影响,相辅相成。价格方案的变化及其实施,会对整个营销方案产生深刻的影响,引起其组合的变动,因此,酒单定价必须从整体出发,既要适应企业外部环境因素,特别是消费者需求和市场竞争因素的要求,又要服从酒吧制定的经营目标。也就是说,酒吧定价决策必须纵观全局,在整体营销观念的指导下进行。

(2)酒单定价的策略观念。

酒吧在定价时首先必须明确目标市场,其次是产品定位,即提供何种饮品及该饮品在同类酒吧市场所处的地位。酒吧常用的定价策略有市场暴利价格策略、市场渗透价格策略及短期优惠价格策略。

① 市场暴利价格策略。

市场暴利价格策略即酒吧开发出新产品时,会将价格定得很高,以牟取暴利,当别的酒吧也推出同样的产品,顾客开始拒绝高价时再降价。这项策略运用于酒吧开发的新产品,产品独特性大,竞争者难以模仿,产品的目标顾客一般对价格的敏感度小。采取这种策略能在短期内获取尽可能多的利润,尽快回收投资资本。但是,由于这种价格策略能使酒吧获取暴利,会很快吸引竞争者模仿,引起激烈的竞争,从而导致价格下降。

② 市场渗透价格策略。

市场渗透价格策略即在市场有同类饮品的情况下,将产品价格定得较低。其目的是使产品迅速地被消费者接受,使酒吧能迅速打开市场,在市场上占有领先地位。

③ 短期优惠价格策略。

许多酒吧在开张期内或开发新产品时,暂时降低价格,使酒吧或新产品迅速进入市场,为顾客所了解。

(3)酒单定价的目标观念。

酒吧定价必须选择一定的目标作为定价的出发点,具体可以分为以下几种。

① 以取得满意的投资报酬率为目标,即主要考虑酒吧的投资回收及期望利润来定价。

② 以保持或扩大市场占有率为目标,即以价格手段来调节酒吧产品在市场中的销售量。一般而言,价格较低容易吸引更多顾客,使酒吧市场占有率上升。

③ 以应对或避免竞争为目标。

④ 以追求最佳利润为目标,立足于酒吧的长期最大利润来定价。要实现这一目标,就不能只顾眼前利益,不能盲目地以高价追求短期最高利润。

3. 酒吧产品的定价因素

1)酒水成本和费用因素

(1)酒水成本和费用的构成。

① 酒水成本。

主要指酒水的购进价,它占价格的比例很大。一般而言,档次越高的酒吧原料成本率越低,通常是售价的30%。低档次的酒吧原料成本占售价比例较大,有的甚至占60%~70%。饮料中零杯酒和混合饮料成本率要低于整瓶酒。

② 营业费用。

营业费用是酒吧经营所需要的一切费用,它包括人工费、折旧费、水电燃料费、维修费、经营用品费等。

(2)酒水成本和费用的特点。

酒水成本和费用的特点之一是变动成本较高,固定成本较低。变动成本是其总额随着产品销售数量的增加而按正比例增加的成本。酒水的原料成本以及费用中的燃料、经营用品(如餐巾纸、火柴等)、水电费、人工费用中有一部分会随销售数量变动而变动;而固定成本是不随产品销售数量的变动而变动的。在饮料产品中,折旧费、大修费、大部分人工费等不会随销售数量的变动而变动。低档酒吧变动成本比例高,而高档酒吧固定成本比例略高些。掌握饮品中哪些是变动成本、哪些是固定成本及各自所占比例,对于价格的优惠政策的确定具有十分重要的意义。如果饮品及其他变动成本占价格的70%,那么价格折扣率最多不能超过30%,否则,每多销售一份饮料会减少一些酒吧的利润。

酒水成本和费用的特点之二是可控制成本高,不可控制成本低。酒吧除了不能完全控制市场进价外,还不能完全控制饮料成本的高低,因其受采购、加工、调制和销售等多个环节影响。在营业费用中,除了折旧费和大修费用之外,其他各项费用均可以通过严格的管理来控制并设法减少。

(3)影响酒水成本和费用的市场因素。

在酒水成本和费用中,有许多因素是管理人员无法控制的,如原料成本和大部分营业费用受物价指数和通货膨胀率变动的影响。当物价上涨时,各种饮料的原料价格、水电费、燃料费、经营用品费、职工的工资都会相应提高。同时,人们的口味变化也会导致饮料原料价格的变动。近年来,人们开始喜欢天然的果汁和矿泉水,直接导致其价格上涨;而人们对高度数酒的冷淡也造成了高度数酒价格的下降。

2)顾客因素

(1)顾客对产品价值的评估。

虽然有的酒吧产品的成本和费用高,但顾客并不认为它的价格就应该高。酒吧产品的价格还取决于顾客对产品价值的评估。对顾客认为价值高的产品,价格可以定得高一些;反之,应定得低一些。顾客对酒吧产品的价值评估是根据以下几点进行的。

① 饮品的质量。它是指饮品的色、香、味、形等。一杯精心调制和装饰的饮品或者是名品酒(如人头马等),会使顾客产生色、香、味、形上的良好感觉,顾客就认为其价值高,愿意多花钱。

② 服务质量。有的饮品需要较复杂的服务(如彩虹鸡尾酒),顾客就会认为其价值高,愿意付高一点的价钱。

③ 环境和气氛。酒吧设施高档,气氛高雅,酒吧饮品会被认为价值高。

④ 地理位置。酒吧地理位置优越,如处于市中心地段,其产品会被认为价值高。

(2)顾客的支付能力。

不同类别的顾客对饮品的支付能力不同,要研究酒吧不同目标顾客群体对产品的支付能力。例如,收入高、经济条件好的顾客支付能力强,学生及经济条件差的人支付能力较差。管理人员应采取相应的价格策略来适应顾客的支付能力。

(3)顾客光顾酒吧的目的。

顾客光顾酒吧的目的不同,愿意支付的饮品费用也会不同。顾客光顾酒吧的动机主要有朋友叙旧、娱乐消遣、发泄放松、慕名体验、感受环境和品尝饮品等。管理人员要研究顾客光顾酒吧不同动机的价格心理,采取不同的产品和价格策略以迎合顾客的需要。

(4)其他因素。

还有许多其他因素会影响顾客对价格的承受程度,如顾客光顾酒吧的频率、结账方式、酒吧竞争对手、同种饮品价格等。

总之,管理人员要研究各种与顾客相关的因素对价格的影响,以采取相应的价格策略。

3)竞争因素

(1)酒单产品的竞争形势。

竞争越激烈,需求和价格的弹性就越大。只要价格稍有变动,需求量的变化就会很大。若酒单产品处于十分激烈的竞争形势下,酒吧通常只能接受市场的价格。

(2)酒单产品所处的竞争地位。

酒吧产品的竞争来自两个方面。一方面,同一地区同类酒吧产品间的竞争。酒吧经营项目越相似,档次越接近,竞争就越激烈。在这种情况下,应把竞争状况考虑进去,既可以采用略低一点的价格竞争原则争取顾客,也可以在保持原来价格不变的基础上提高服务质量,提高声誉,吸引顾客。另一方面,同一地区内不同类酒吧的竞争。顾客一般会被新的娱乐方式吸引,追求新的享受和乐趣,这时酒吧就有必要对价格做全面的调整,稳住原来的老顾客,争取新顾客。

(3)竞争对手对本酒吧价格策略的反应。

如果企业想增加销售数量而降低饮品价格的话,先要研究和注意竞争对手采取什么应对措施,分析他们是否也会降价而引起价格战。如果原料进价上涨,酒吧拟对酒单价格做大调整的话,也要分析竞争对手会采取什么措施,以及如果他们保持原价格不变,对本店销售会有什么影响。

三、酒单设计与筹划

1. 酒单设计

(1)酒单设计的原则。

酒单设计是酒吧管理人员、调酒师等人对酒单的形状、颜色、字体等内容进行设计的过程。美观、有吸引力,并体现酒吧或餐厅形象的酒单,不但便于顾客选择酒水,而且会在无形中提高酒水的销售量。一个设计优秀的酒单必须注意酒品的排列顺序、酒单的尺寸、酒单的色彩、字体的选择、酒单的外观及照片的合理应用等。

10-1 二维码
酒单色彩
设计

(2)酒单设计的内容。

① 酒单的色彩。

色彩对于酒单有着多种作用,使用色彩可使酒单更动人,更有趣味。制作彩色酒品照片,会使酒吧经营的酒品更具吸引力。但要注意,酒单上运用色彩的一般原则是,只能将少量文字印成彩色,因为大量的文字印成彩色,读起来既不容易,又伤眼睛。

② 酒单用纸。

一般来说,酒单的印刷从耐久性和美观性考虑,应使用重磅的涂膜纸。这种纸通常就是封面纸或板纸,经过特殊处理。由于涂膜,它耐水耐污,使用时间也较长。

③ 酒单的尺寸。

酒单的尺寸和大小是酒单设计的重要内容之一,酒单的尺寸太大,顾客拿着不方便;尺寸太小,又会造成文字太小或文字过密,妨碍顾客的阅读,进而影响酒水的推销。通过实践,比较理想的酒单尺寸约为 20 厘米×12 厘米。

④ 酒品的排列。

许多酒单酒品的排列方法都是根据顾客眼光集中点的推销效应,将重点推销的酒水排列在酒单的第一页或最后一页,以吸引顾客的注意力。

⑤ 酒单的字体。

酒单的字体应方便顾客阅读,并给顾客留下深刻印象。酒单上各品种一般用中英文对照,以阿拉伯数字排列编号和标明价格。字体要印刷端正,使顾客在酒吧正常的光线下容易看清。各类品种的标题字体应与其他字体有所区别,一般为大写英文字母,而且采用较深色或彩色字体,既美观又突出。所用外文都要根据标准的拼写法统一规范,慎用草体字。

⑥ 酒单的页数。

酒单一般是4～8页。许多酒单只有4页内容，外部则以朴素而典雅的封皮装饰。一些酒单只是一张结实的纸张，被折成三折，共为6页，其中外部3页是各种鸡尾酒的介绍并带有彩色图片，内部3页是各种酒品的目录和价格。

⑦ 酒单的更换。

酒单的品名、数量、价格等需要更换时，严禁随意涂去原来的项目或价格换成新的项目或价格，因为随意涂改一方面会破坏酒单的整体美，另一方面会给顾客造成错觉，认为酒吧在经营管理上不稳定或太随意，从而影响酒吧的声誉。所以，如需更换，最好更换整体酒单或重新制作。对某类可能会经常更换的项目可采用活页。

⑧ 酒单的广告和推销效果。

酒单不仅是酒吧与顾客进行沟通的工具，还具有广告宣传效果。对酒吧感到满意的顾客不仅是酒吧的服务对象，也会成为酒吧的义务“推销员”。有的酒吧在其酒单扉页上除印制精美的色彩及图案外，还配以优美的小诗或特殊的祝福语，给人以愉悦的感受；同时也加深了酒吧的经营立意，拉近了与顾客的距离。

同时，酒单上也应印有酒吧的简况、地址、电话号码、服务内容、营业时间、业务联系人等，以增加顾客对该酒吧的了解，起到广告宣传作用，并方便信息传递，以便招徕更多的顾客。

2. 酒单设计的依据

(1)目标顾客的需求及其消费能力。

酒吧必须首先选定自己的目标市场，并掌握目标市场的各种特点、需求和消费特征，这是设计酒单的基本依据。

(2)原料的供应情况。

凡列入酒单的饮品、果拼、佐酒小吃等，酒吧必须保证供应。某些酒吧酒单上的品类虽然丰富多彩，但在顾客点要时却常常得到这也没有那也没有的回答，招致顾客的失望和不满及对酒吧经营管理可信度的怀疑，直接影响到酒吧的信誉度。因此，在设计酒单时就必须充分掌握各种原料的供应情况。酒单设计者在确定各类品种时应充分估计各种限制条件，使用可保障供应及价格相对较低的原料。

同时，酒吧所需的一些原料，尤其是果拼，具有一定的季节性特点。季节性原料大量上市时，往往也是这些原料质量最好、价格最低的时候，酒单设计者还应根据时令节气，适当调整酒单。

(3)调酒师的技术水平及酒吧的设备能力。

调酒师的技术水平及酒吧的设备能力也会在相当程度上限制酒单的种类和规格。如果调酒师在果拼方面技术较差，而在酒单上攀比其他酒吧，并列举出大部分时髦造型果拼，只会在顾客面前暴露酒吧的不足，并引起顾客的不满。

另外，酒单上各类品种之间的数量比例应该合理，易于提供的净饮类与相对复杂的混合

配制饮品应搭配合理，如果酒单上大部分为鸡尾酒及混合饮料，势必造成调酒师工作量过大及服务速度降低。

总之，酒单设计者不能仅凭主观愿望决定酒单内容、规格和数量，必须了解调酒师的技术能力及酒吧的设备能力，避免酒单内容与调酒师技术水平及酒吧设备能力之间产生矛盾。

(4)季节性考虑。

酒单制作者也应考虑顾客在不同季节对饮品的不同要求，如在冬季，顾客大都点热饮，酒单品种应以热饮为主，如热咖啡、热奶、热茶、热果汁等，甚至为顾客温酒；夏季则要相应调整，以冷饮为主，如冰咖啡、冰奶、冰茶、冰果汁等，这样才能适应顾客的消费需求，使酒吧尽可能多地销售产品。

(5)成本与价格考虑。

如果饮品成本太高，顾客不大能接受，该饮品就缺乏市场；如果压低价格，影响毛利，又可能亏损。因此，在设计酒单时，必须考虑成本与价格因素，既要注意一种饮品中、高、低成本的成分搭配，也要注意一张酒单中、高、低成本饮品的搭配，以便制订有利于竞争和市场推销的价格，并保证在总体上达到目标毛利率。

(6)销售记录及销售史。

酒单的设计应随顾客消费需求及酒吧销售情况的变化而变化，即动态地设计酒单。如果目标顾客对混合饮料的消费量大，就应扩大此类饮料的品种供应；如果其对咖啡的消费量大，就可将单一的咖啡品种扩大为咖啡系列；同时将那些顾客很少点要或根本不要，而又对储存条件要求较高的品种从酒单上剔除。

3. 酒单策划

(1)酒单策划的原则。

酒单是顾客和酒吧经营者之间沟通的桥梁，是酒吧无声的“推销员”，是酒吧管理的重要工具。酒单在酒吧经营和管理中起着非常重要的作用。一份合格的酒单应反映酒吧的经营特色，衬托酒吧的气氛，为酒吧带来经济效益。同时，酒单作为一种艺术品，能给顾客留下美好的印象。因此，酒单的策划绝不仅仅是把一些酒名简单地罗列在几张纸上，而是通过集思广益、群策群力，将顾客喜爱的又能反映酒吧经营特色的酒水产品印制在酒单上。

(2)酒单策划的步骤。

酒单策划要经过以下步骤。

① 明确酒吧的经营策略，确认酒吧的经营方针。

② 明确市场需求、顾客饮酒水的习惯及对酒水价格的接受能力。

③ 明确酒水的采购途径、品种和价格。

④ 明确酒水的品名、特点、级别、产地、年限及制作工艺。

⑤ 明确酒水的成本、售价及企业合理的利润。

⑥ 选择优良的纸张，认真地对酒单进行设计和筹划，写出酒水的名称、价格、销售单位等内容。

⑦ 做好销售记录，定时评估、改进，将顾客购买率低的酒水品种去掉，重新筹划顾客喜爱的酒水产品。

(3)酒单策划的内容。

通常，酒单策划的内容包括酒水品种、酒水名称、酒水价格、销售单位(瓶、杯、盎司)、酒品介绍等。也会有一些酒单策划包括葡萄酒名称代码和酒吧的广告信息。

① 酒水品种。

酒单中的各种酒水应按照它们的特点进行分类，然后再将其以类别排列。每个类别的酒水列出的品种不要太多，数量太多会影响顾客的选择，也会使酒单失去特色。

酒单中的酒水最多分为20类，每类4～10个品种，并尽量使它们保持数量上的平衡，便于顾客选择酒水。同时，各种酒水的品种数量平衡，酒单会显得规范、整齐，并容易阅读。此外，选择酒水时，应注意它们的味道、特点、产地、级别、年限及价格的互补，使酒单上的每一种酒水产品都具有自己的特色。

② 酒水名称。

酒水名称直接影响顾客对酒水的选择。首先，酒水名称要真实，尤其是鸡尾酒的名称。其次，酒水产品必须与酒品名称相符，夸张的酒水名称、不符合质量标准的酒水产品必然会导致经营失败。尤其要注意鸡尾酒的质量须符合其名称的投料标准。最后，酒水的英文名也很重要，酒单上的英文名及其翻译后的中文名都是酒单的重要部分，要保证准确性，否则，顾客会对酒单失去信任。

③ 酒水价格。

酒单上应该明确地注明酒水的价格。如果在酒吧服务中加收服务费，则必须在酒单上加以注明；若有价格变动，应立即更改酒单，否则，酒单将失去作为推销工具的作用。

④ 销售单位。

销售单位是指酒单上在价格右侧注明的计量单位，如瓶、杯、盎司等。目前，许多优秀的企业已经对一些酒水产品的销售单位进行了更详细的注明，如白兰地、威士忌酒等烈性酒注明销售单位为1盎司(oz)，葡萄酒的销售单位注明为杯(Cup)、1/4瓶(Quarter)、半瓶(Half)、整瓶(Bottle)等。

⑤ 酒品介绍。

酒品介绍以精练的语言帮助顾客认识酒水产品的主要原料、特色及用途，使顾客可以在短时间内完成对酒水产品的选择，从而提高服务效率。为避免顾客对某些酒水产品不熟悉，而又因怕闹笑话而不敢咨询，可以在酒水产品名称后加一些说明文字。

⑥ 葡萄酒名称代码。

葡萄酒单上，葡萄酒名称的左边常有数字，这些数字是酒吧管理人员为方便顾客选择葡萄酒而设计的代码。由于葡萄酒来自许多国家，其名称很难识别和阅读，以代码代替酒水，方便了顾客和服务员，也增加了葡萄酒的销售量。

⑦ 广告信息。

一些酒吧在酒单上注明该酒吧的名称、地址和联系电话，这样，酒单起到了广告宣传的作用，使酒单成为联系顾客和酒吧的纽带。

任务三 酒吧的成本管理

◇引例

经营酒吧该如何合理地控制成本？

现在酒吧行业在国内遍地开花，而酒吧经营出现的问题也是层出不穷，比如常见的经营成本一直居高不下，就是让很多经营者头疼的问题。酒吧每天产生的店面费、水电费、人工费、酒水费等都属于酒吧经营的成本范畴，除了固定的成本，很多地方看似都是小钱，但是日积月累之后也是一笔很大的开销。那么，怎样才能在不影响经营业绩的情况下节省更多开支呢？大致来讲，可以从如下几方面入手。

1. 食材

食材是每家酒吧必不可少的东西，不论是水果还是奶制品，都极易腐坏。为了减少食材浪费，首先，常用的冰箱一定要时刻保持清洁，以保持食材的新鲜度；其次，合理利用食材，比如将各类瓜皮、果皮用于装饰；最后，采购食材前一定要有预算，不能盲目采购，盲目采购不仅会导致储存麻烦，还会因为食材腐坏失去价值，造成成本增加。

2. 酒水

酒吧最大的利润空间在于酒水，而酒水的损耗在酒吧总是居高不下的，要想在利润最大化的同时控制成本，首先要让调酒师养成拧紧酒瓶盖的习惯，避免酒精的挥发导致不必要的浪费；其次是做到酒水归类、合理摆放，避免在找不到已开酒水的情况下新开一瓶，以实现降低酒水成本的目的。

3. 时间

每一个环节都要提高效率，从顾客进门点单，到调酒师制作出品，都可以利用酒吧的管理软件来辅助运营，摒弃一些落后的方式，大大减少点单环节和时间耗费，从而减少顾客等待的时间，提高翻台率。

4. 人力

人力成本居高不下是酒吧的通病，除去必要的营销人员、服务人员，其他很多工作都可以借助智能管理系统完成，以大幅度节约人力成本。同时加强员工培训，注重做好各环节的协调工作，使整个团队的效率得以提升。

一、酒吧成本构成

1. 酒吧成本的概念及构成

酒吧成本是指酒吧经营酒水产品所产生的各项费用和支出。具体来说，酒吧经营成本包括原料成本、人工成本和经营费用。

10-2 二维码
酒吧成本的种类

原料成本指酒吧销售给顾客的各种产品的成本，也就是原料的直接成本，即原料的采购价格，它包括各种酒、饮料、小食品、装饰品、调味品的成本。原料成本以直接消耗的形式加入成本，成为酒吧成本的基本组成部分，也是酒吧进行成本核算的主要依据。

人工成本指酒吧生产经营活动中耗费的人力劳动的货币表现形式。它以经营和管理人员、技术人员、服务人员的基本工资、奖金津贴、福利、劳保等形式加入成本，成为酒吧成本的必要组成部分。人工成本在酒吧成本结构中所占比例较大，这是由于酒水不能大批量地进行机械化生产，而是根据顾客的需要进行小批量加工生产，同时大部分产品不能够储藏，须由服务人员直接向顾客提供服务。

经营费用指酒吧经营中除原料成本和人工成本以外的其他费用和支出，包括房屋租金、设备的折旧费、能源费用、通信和交通费用等。经营费用通常以渐进消耗的方式加入成本，成为酒吧成本的重要组成部分。

2. 酒吧成本构成的特点

(1)变动成本比例大。

酒吧的成本费用中，除酒水饮料的成本以外，物料消耗等变动成本在营业费中占的比例也较大，并随销售数量的增加而呈正比例增加。这个特点意味着酒水价格折扣的幅度不能太大。

(2)可控成本比例大。

营业费用中的折旧、大修理、维修费等是不可控制的，酒水饮料成本及其他大部分费用都是能够控制的。这些成本和费用的多少与管理人员对成本控制的好坏直接相关，而且这些成本和费用占营业收入的比例较大。

(3)成本漏洞点多。

酒吧成本的高低受经营管理的影响很大。酒单的设计、酒水的采购和保管、酒水的生产和销售等，每个环节都可能产生成本漏洞而影响酒吧成本。

3. 酒水成本指标

(1)毛利率。

毛利率是指毛利在收入中所占的比重，即单位收入中所含的毛利。收入减去直接成本即为毛利。计算公式如下：

$$毛利率=\frac{收入-直接成本}{收入}\times 100\%$$

例如，某酒吧一瓶法国红葡萄酒的售价为880元，其进价为220元，这瓶红葡萄酒的毛利率计算方式如下：

$$葡萄酒的毛利率=\frac{880-220}{880}\times 100\%=75\%$$

(2)成本率。

成本率是指直接成本在收入中所占的比例，也就是单位收入需要花费多少成本才能实现。计算公式如下：

$$成本率=\frac{直接成本}{收入}\times 100\%$$

例如，某酒吧一杯鸡尾酒的售价为50元，其原料成本为10元，这杯鸡尾酒的成本率计算方式如下：

$$鸡尾酒的毛利率=\frac{10}{50}\times 100\%=20\%$$

(3)成本利润率。

成本利润率是指单位成本所能带来的毛利。计算公式如下：

$$成本利润率=\frac{收入-直接成本}{直接成本}\times 100\%$$

例如，某酒吧整瓶干红葡萄酒的售价为90元，进价为30元，该红葡萄酒的成本利润率计算方式如下：

$$红葡萄酒的成本利润率=\frac{90-30}{30}\times 100\%=200\%$$

4. 酒水成本核算

酒水的成本核算分为日成本核算和月成本核算。

(1)酒水的日成本核算。

每日酒水成本的核算是根据每日的发料额来计算的。为了便于控制和检查，许多酒吧对每一种酒水的储存有规定的数量，即建立标准储存量制度。每日的领料额实际就是上日的饮料消耗额，计算公式为：

上日酒水消耗额＝本日各种酒水发料瓶数×每瓶成本单价

有些酒吧实行保留空瓶制度，即对零杯销售和混合销售的饮料要求保留空瓶，使这些酒水瓶保持标准数量。整瓶销售的酒水往往不能保证100％地回收空瓶，这就要求服务员填写整瓶销售单。在领料时不仅需填写领料单，而且还要附上空瓶和整瓶销售单。因此，每日酒水销售额就是各种酒水的空瓶数或整瓶销售数乘以每种酒水单价的总和。

还有一些酒吧通过清点库存量来计算领料量，当日的领料量即为当日酒水的消耗总额。计算公式为：

领料量＝各种饮料标准储存量－库存量

每日的酒水成本核算没有将酒吧未售完的半瓶酒考虑进去，因此不是十分精确。在每日酒水成本表中，列出逐日累积的成本额，精确度会更大。

(2)酒水的月成本核算。

酒水的月成本核算，需要对库房的酒水以及吧台结存的酒水进行盘点。在库房盘点时，要清点各种酒水的瓶及罐的数量，再乘以各种酒水的单价，由此汇总出库存酒水金额。在吧台清点时，除了要清点整瓶数外，还要对各类酒水的不满整瓶的量做出估计，先算出估计量，再核算出金额。通过对月初库存额、本月采购额和月末库存额的汇总，算出本月的消耗总额，再加减调整额和各项扣除额，得出本月酒水净成本额。计算公式为：

本月酒水消耗总额＝月初库房库存额＋月初吧台库存额＋本月采购额－
月末库房库存额－月末吧台库存额

二、酒吧的采购管理

1. 酒水采购管理的目的

酒水采购管理的目的在于保证酒水产品生产所需的各种主、配料的适当存货，保证各种主配料的质量符合要求，保证按合理的价格进货，最终保证酒吧的酒水供应。

2. 酒水采购人员的职责

企业的性质和规模往往决定了酒水采购工作责任者。不供应食品的小型酒吧，通常由经理负责材料的采购工作。在大型饭店里，则专门设置采购部，全面负责采购工作。为了便于控制，酒水采购人员不可同时从事调酒和销售工作。

3. 酒水采购管理的内容

（1）品种。

目标顾客不同，所供应的酒水也不同。比如，接待普通消费者的酒吧，主要采购国产啤酒、中档烈酒和果酒；接待中上等经济收入者的酒吧，则应采购进口啤酒、高档烈酒和果酒；豪华饭店、酒吧则应采购高级的进口酒水。

酒水采购品种的确定，必须通过市场调研仔细地分析客源市场和顾客的喜好，以避免浪费。

（2）供应商。

在选择酒水供应商时应考虑以下因素：供应商的地理位置、财务稳定性、信用状况、业务人员的业务技术能力、交货周期价格的合理程度等。

（3）数量。

一般而言，酒水的储存时间较长，因此可以适当批量采购。很多酒吧的酒水采购都使用永续盘存表制度。

永续盘存表一般都注明各种酒水的标准存货量、最高存货量和最低存货量。标准存货量是指最理想的酒水储存量，一般为一定时期正常使用量的 1.5 倍左右。最高存货量是指现有存货量可增加的最高限度，计算公式如下：

$$最高存货量 = 每天用量 \times 30 天 + 安全储备量$$

$$安全储备量 = 每天用量 \times 采购天数$$

最低存货量实际上是订货点，也就得到以下公式：

$$最低存货量 = 订货点 = 每天用量 \times 采购天数 + 安全储备$$

（4）质量。

根据使用情况，酒水可分为指定牌号和通用牌号两类。只有在顾客具体说明需要哪种牌号的酒水时，才供应指定牌号；顾客未说明需要哪一种牌号时，则供应通用牌号。饭店、酒吧的通常做法是：先从各类酒中选择一种价格较低或价格适中的牌子，作为通用牌号，其他各种牌号的烈酒则作为指定牌号。由于各饭店、酒吧的顾客和价格结构不同，用的通用牌号也不同。

（5）制订酒水采购订单。

负责存货和贮藏室工作的酒水管理员在月初填写酒水请购单（见表 10-7）。请购单一式两联：第一联送采购员，第二联由酒水管理员保存。采购员在订货之前要请管理人员审批酒水请购单并签名。采购员应在酒水订购单（见表 10-8）及酒水采购明细单（见表 10-9）上记录订货情况，一式四联：第一联送酒水供应单位；第二联送酒水管理员；第三联送验收员，以便验收货物；第四联则由采购员自己保存。

表 10-7 酒水请购单

数量	项目	单位容积	供货单位	单价	小计

表 10-8 酒水订购单

订货单位：		付款条件： 供应商： 订货日期： 送货日期：		
数量	容量	项目	单价	小计

表 10-9 酒水采购明细单

酒水名称： 用途： 一般概述：		
详细内容：	产地	类型
	等级	包装
	规格	容量
	品种	商标
特殊要求：		

三、酒吧的验收和储存管理

1. 酒吧酒水原料的验收管理

酒吧的酒水验收是指酒水验收员按照酒吧制定的酒水验收程序和质量标准，检查酒水供应商供给的原料是否符合要求，并将检验合格的酒水送到酒水仓库，记录检查结果的过程。验收是采购的最后环节，可以有效地避免因产品的质量、数量不符而造成的损失，这也是降低成本的一种重要手段。酒水的验收主要应注意以下内容。

(1)验收员。

酒水验收中，常会出现数量、品种、价格上的出入，为了防止这类情况发生，杜绝采购人员营私舞弊的现象，管理者应另派人员进行验收控制。

(2)验收管理的内容。

① 核对到货数量是否与订单、发货票上的数量一致。

② 核对发货票上的价格是否与订购单上的价格一致。

③ 检查酒水质量。验收员应从酒水的度数、保质期、颜色、有无沉淀、有无破瓶、有无瓶口折封、有无瓶盖松动等方面来检查酒水的质量是否符合要求。

④ 如没有发货票，则应填写“无购货发票收货单”。

⑤ 验收之后，验收员应在每张发票上盖验收章，并签名。

⑥ 验收员应根据发货票填写验收日报表(如表 10-10 所示)，然后送财务部，以便在进货日记账中入账和付款。

表 10-10 酒水验收日报表

<table>
<tr><td colspan="5">供货单位</td><td colspan="5">项目</td><td colspan="5">每箱瓶数</td><td colspan="5">箱数</td><td colspan="5">每瓶容量</td><td colspan="5">每箱成本</td><td colspan="5">每瓶成本</td><td colspan="5">小计</td></tr>
<tr><td colspan="5"></td><td colspan="5"></td><td colspan="5"></td><td colspan="5"></td><td colspan="5"></td><td colspan="5"></td><td colspan="5"></td><td colspan="5"></td></tr>
<tr><td colspan="5"></td><td colspan="5"></td><td colspan="5"></td><td colspan="5"></td><td colspan="5"></td><td colspan="5"></td><td colspan="5"></td><td colspan="5"></td></tr>
<tr><td colspan="40">分类</td></tr>
<tr><td colspan="8">果酒</td><td colspan="8">烈酒</td><td colspan="8">淡色啤酒</td><td colspan="8">啤酒</td><td colspan="8">甜酒</td></tr>
<tr><td colspan="8"></td><td colspan="8"></td><td colspan="8"></td><td colspan="8"></td><td colspan="8"></td></tr>
<tr><td colspan="8"></td><td colspan="8"></td><td colspan="8"></td><td colspan="8"></td><td colspan="8"></td></tr>
<tr><td colspan="40">酒水管理员：</td></tr>
<tr><td colspan="40">验收员：</td></tr>
</table>

验收员不必每天填写酒水验收日报表，所有进货成本信息可直接填入酒水验收汇总表，然后在某一控制期(1 周、10 天、1 个月)期末，再计算总成本。

2. 酒吧酒水储存管理

因为酒吧的酒水在储存的过程中极易被空气与细菌侵入，导致变质，所以购进的酒水应在酒窖中妥善储存，防止损耗。

10-3 二维码
酒窖应具备的条件

(1)酒窖。

酒窖是储存酒品的地方，酒窖的设计和安排应讲究科学性。

(2)酒品的堆放。

① 凡软木塞瓶子，要横置堆放。横放的酒瓶，酒液浸润软木塞，起隔绝空气的作用，这种堆放方式主要适用于葡萄酒的存放。

② 香槟酒主要采用倒置法堆放。因香槟酒的酿制方法与众不同，在酿制过程中，除在大酒槽内发酵 3～4 周外，不定期要装进瓶内，进行为期 3 个月左右的第二次发酵(碳酸气在此过程中产生)。其瓶塞也是特别的，倒置可使因继续发酵而成的沉淀物附在瓶塞上，发酵完成后只用换瓶塞而不必过滤。市场出售的香槟酒，通常已在酒厂存放 3～5 年，为防止其再次沉淀，倒置是最佳放法。

③ 蒸馏酒一般竖立存放。另外，同类饮料应存放在一起，以便于取酒。贮藏室的门上可贴上一张平面布置图，以便有关人员找到所需要的瓶酒。为了保证能在某一地方找到同一种饮料，还应规定各种饮料的代号，并将代号打印到存料卡上(如表 10-11 所示)。存料卡一般贴在搁料架上。

表 10-11　存料卡

项目：				存货代号：			
日期	收入	发出	结余	日期	收入	发出	

使用存料卡，可便于酒水管理员了解现有存货数量。如果酒水管理员能在收入或发出各种饮料的时候仔细地记录瓶数，便能从存料卡上了解各种饮料的现有存货数量。此外，酒水管理员还能及时发现缺少的瓶数，尽早报告，以便引起管理人员的重视。

3. 酒水存货管理

酒水存货记录称作“永续盘存表”(如表 10-12 所示)，此表一般由酒水成本会计保管，而不能由酒水管理员或酒吧服务员保管。酒水成本会计在每次进货或发料时做好记录，反映存货增减情况。它是酒水存货控制体系中一个不可缺少的成分。

表 10-12 永续盘存表

代号： 品名：		标准存货：	
日期	发出	发出	结余

存货中的每种酒水都应有一张永续盘存表。如果使用代号，永续盘存表应按代号数字顺序排列。收入单位数根据验收日报表或附在验收日报表上的发货票填写，发出单位数则根据领料表填写。

每月月末，酒水成本会计在酒水管理员的协助下，实地盘点存货，将实际盘存结果与永续盘存表中的记录进行比较，如有差异，要查明差异的原因，以便及时采取适当的措施。

四、酒吧的酒水生产控制

酒吧的酒水生产控制主要包括用量标准化、载杯标准化、酒谱标准化、酒牌标准化、操作程序标准化、酒水成本标准化和酒水售价标准化等内容。

1. 用量标准化

要做好酒水生产控制，管理人员应首先确定各种鸡尾酒或混合饮料中基酒的用量标准。酒水用量控制包括确定酒水用量和提供量酒工具两个方面。

(1)确定酒水用量。

调制鸡尾酒和大部分混合饮料，需使用一种或几种烈酒和其他辅料。酒吧必须根据国际、国内的标准配方和自己的实际情况对用量加以规定。

(2)提供量酒工具。

酒吧必须提供如量杯、配酒器和饮料自动配售系统的工具，以便调酒师精确地测量酒水用量。

2. 载杯标准化

载杯种类繁多，大小、规格、式样不尽相同，具体选用哪几种类型的酒杯和使用多少种酒杯，管理人员必须根据当前顾客或预期顾客的喜好，以及国际通用类型和标准酒谱的要求进行选定。

3. 酒谱标准化

标准酒谱是调制鸡尾酒、混合饮料的标准配方，它不仅是饮料质量的基础，而且是成本控制的重要工具和确定饮品销售价格的主要依据。在标准酒谱中必须列明调制鸡尾酒或混合饮料所需的烈酒（或称基酒）和其他配料的具体数量，说明调制方法，规定所有载杯的种类和型号，如表 10-13 所示。

一般来说，酒吧中烈酒的销售方式分为三种：整瓶销售、零杯销售、调制鸡尾酒或混合饮料销售。为了准确地计算烈酒的成本，酒吧一般都先行核算出该烈酒每盎司的成本，例如，一瓶 White Label 威士忌的单价为 184.5 元，容量为 32 盎司（1 盎司约为 30 毫升，以下同），那么每盎司成本计算方法为：

$$\text{每盎司成本}=\frac{184.5}{32}=5.8\text{ 元}^{①}$$

但在实际营业中，还应考虑酒液的自然溢损，普遍的做法是：每标准瓶酒扣除 1 盎司，因此，本例中 White Label 威士忌的每盎司成本约为 6 元。

至于酒吧中各种饮料的定价方法，在实践中各有不同，但一般都是利用成本加成法计算。不同类型的酒类有不同的加成额：鸡尾酒加成额最高（因为它需要调制、装饰）；烈酒加成额次之；葡萄酒加成额排第三；啤酒加成额最低。

表 10-13　标准酒谱示例

品名：蓝色夏威夷（Blue Hawaii）
酒谱 NO.001

原料	用量（盎司）	单价（元/盎司）	成本（元）
甜柠檬汁	2	0.8	1.6
菠萝汁	1	0.6	0.6
淡质朗姆酒	1	4.7	4.7
蓝色薄荷甜酒	1/2	4	2
成本			8.9
售价			44.5
成本率			20%
调制方法	将 150 克冰块置于调酒杯内，量入基酒、配料，用搅拌法搅拌 15～20 秒钟，滤入 5 盎司郁金香酒杯中，饰以菠萝片		
照片			

① 计算金额均为四舍五入的约数，下同。

4. 酒牌标准化

使用标准酒牌的酒是控制存货和向顾客提供质量稳定的饮料的最好方法之一。假如顾客指定用某一牌号的威士忌配制鸡尾酒，而酒吧却使用了低质量或其他牌号的酒来代替，将使顾客感到不满。

5. 操作程序标准化

标准的操作程序是管理酒吧的一种手段，实施标准操作程序可以保证酒吧服务与产品质量的一致性。这就要求我们制订标准程序，并对员工进行有效的培训。

6. 酒水成本标准化

确定标准配方和每杯标准容量之后，就可以计算任意一杯酒水的标准成本了。

(1)纯酒的标准成本。

① 方法一。

先求出每瓶酒实际所斟杯数，计算公式如下：

$$\text{每瓶酒实际所斟杯数}=\frac{\text{瓶酒容量}}{\text{每杯纯酒标准容量}}-\text{允许溢出量}$$

再求出每杯纯酒的成本，计算公式如下：

$$\text{每杯纯酒的成本}=\frac{\text{瓶酒成本(购进价)}}{\text{杯数}}$$

酒吧服务员不可能将酒瓶中的每一滴酒倒尽，同时在营业过程中，酒水总会蒸发一些，另外，服务人员在服务过程中也难免造成一些浪费，所以应规定每瓶酒的允许溢出量。

例如，某酒吧规定每杯通用牌号白兰地酒的标准容量为 1.5 盎司，每瓶白兰地酒的容量约为 25.4 盎司，购进价为 90 元人民币，每瓶酒允许溢出量为 0.3 杯，求每杯白兰地酒的成本可计算如下：

$$\text{一瓶酒所斟杯数}=\frac{25.4\text{ 盎司}}{1.5\text{ 盎司(杯)}}-0.3\text{ 杯}=16.6\text{ 杯}$$

$$\text{每杯成本}=\frac{90}{16.6}=5.42\text{ 元 / 杯}$$

② 方法二。

先求出每盎司成本，计算公式如下：

$$\text{每盎司成本}=\frac{\text{瓶酒成本(购进价)}}{\text{瓶酒盎司数}-\text{允许溢出量(盎司数)}}$$

再求出每杯纯酒标准成本，计算公式如下：

$$\text{每杯纯酒标准成本}=\text{每盎司成本}\times\text{每杯纯酒标准用量}$$

例如，某酒吧购进通用牌号金酒，进价假定为60元，容量约为33.8盎司，允许溢出量为1盎司(每杯标准用量为1.5盎司)，求每杯标准成本。可计算如下：

$$每盎司成本=\frac{60元}{33.8盎司-1盎司}=1.83元/盎司$$

$$每杯标准成本=1.83\times1.5=2.75元$$

在确定每杯纯酒的标准成本之后，应填写标准成本记录表，记录表模板如表10-14所示。酒水购价发生变化之后，应重新计算每杯标准成本。这样，酒吧管理者就能够了解每杯纯酒最新的标准成本数额。

表10-14　标准成本记录表

瓶酒代号	酒名	每瓶容量		每瓶成本	每盎司成本	每杯容量	每杯成本
		毫升	盎司				

(2)混合饮料的标准成本。

混合饮料通常需要使用几种成分的酒水，因此，每杯混合饮料的成本一般高于纯酒。只有了解每杯混合饮料的标准成本，酒吧管理者才能确定售价。

混合饮料的标准成本是标准配方中每一种成分的标准成本之和，现以马天尼为例进行说明。

① 马天尼的标准配方。

2盎司金酒，0.5盎司干味美思，1个橄榄。

② 确定金酒的成本。

一瓶金酒的容量：33.8盎司

金酒实际用量：33.8盎司－1盎司(溢出量)＝32.8盎司

一瓶金酒的成本(进价)：60元

每盎司金酒的成本：60÷32.8＝1.83元

配方上金酒的成本：1.83×2＝3.66元

③ 确定味美思的成本。

1瓶味美思的容量：25.4盎司

实际用量：25.4－0.45＝24.95盎司

每瓶味美思的成本：24元

每盎司味美思的成本：24÷24.95＝0.96元

配方上味美思的成本：0.96×0.5＝0.48元

④ 确定橄榄的成本。

每罐橄榄的容量：80个

每罐橄榄的成本：15 元

每个橄榄的成本：15÷80=0.19 元

⑤ 1 杯马天尼的总成本。

总成本=3.66+0.48+0.19=4.33 元

依此类推，酒吧经理可以计算出自己酒吧所供应混合酒的标准成本，并制成混合酒的标准配方和成本计算表，以便管理人员随时查阅。

7. 酒水售价标准化

确定并列出每杯标准容量饮料的标准成本之后，管理人员还要列出各种饮料的每杯售价，饮料会计师应保存一份完整的价目表。

饮料价目表的形式多种多样，最简单、最好的方法是在混合酒的标准配方细目和成本计算、售价记录的基础上，再增加“每杯售价”栏，如表 10-15 所示。

每个酒吧都必须制订每杯饮料的标准售价，以便服务员正确报价。当然，售价不是一成不变的，它会随着饮料成本的改变、顾客需求的变化等因素而相应调整。确定每杯饮料标准售价的最重要的原因是，保证酒吧所卖出的每杯饮料的成本率都和计划成本率一致。某种饮料按标准配方调整，假定每杯成本为 4.33 元，售价为 21.65 元，其成本率为 20%，即每出售杯饮料，酒吧营业收入应增加 21.65 元，饮料成本增加 4.33 元，毛利增加 17.32 元。这样，酒吧管理人员就能够在计划工作中，确定每增加一杯饮料对酒吧毛利额的影响。

表 10-15　供酒吧服务员使用的饮料价目表

酒名	每杯容量	成本		售价		成本率	
		每杯	每瓶	每杯	每瓶	每杯	每瓶

酒吧管理者在制定价格的同时还须考虑价格对销量的影响，因为它是成功制订价格的秘密。如果提高现有饮料的价格，成本不变，那么每销售一份饮品，毛利便随之增加。销量对价格的变化是很敏感的。正常情况下，价格上升，每份饮品的毛利上升，但是销量就会减少。

对酒吧而言，需求不仅受价格影响，而且与酒的质量、服务水平、装饰环境等因素关系密切，要考虑顾客选择酒吧时可以接受的最低价格是多少，以及多高的价格会失去顾客。很多酒吧是在需求对价格变化很敏感的竞争环境中经营的，这就需要酒吧管理者了解竞争形势，做出需求与价格的准确预测，并随时调整。

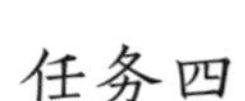

任务四 酒吧的营销策划

◇ 引 例

酒吧营销的七大策略

到酒吧的顾客会不自觉地关注酒吧的产品和服务，大多数情况下，第一印象非常关键，有时候寥寥数语便可以让顾客对该酒吧有不一样的感觉。

那么，如何让酒吧在市场中成为一股清流，既得到市场曝光度，又提高顾客的品牌忠诚度呢？在营销过程中，有以下七大策略可以参考。

1. 争取曝光度

酒吧营销是一项永无止境的工作，需要争取较高的曝光度。首先，要吸引消费者到店，俗称引流。宣传活动、推广运营做得好，就能让消费者产生进去看一看的兴趣。站在客人的角度，酒吧能提供什么值得让他们到此一游的价值？其次就是留客，会员制度、积分制度、充值就送、消费满减，这些价格上的优惠很有必要，特别是节假日，如果自己不做，消费者很有可能会被竞争对手抢去。除了价格折扣，利用消费者的情怀、追热点、从众心理、生活方式来对其进行情感上的引导，也比较符合年轻人口味。

2. 讲好故事

怎样才能更多的吸引目光，让顾客感到难忘并且建立信任感呢？关键在于讲好故事。一个令人满意的对话总是充满了有趣的轶事和动人的故事。但要注意的是，故事的主角不应该是酒吧，而是顾客。如果能引出顾客的情感共鸣，就成功了一大半。其实现在已经有很多公司开始明白并实施这一点。比如苹果公司的广告，从来不会让自己的产品当主角。其广告片中大多是关于创新或者有了苹果的产品和技术之后，人们的生活会有怎样的改变。酒吧经营者需要学习如何让自己酒吧的故事短小精悍，直达主旨，并且容易传播。

3. 保持谦逊

很多经营者试图告诉整个世界他的酒吧和鸡尾酒有多好，营销人员源自内心的“自负”会让他们迷失自己。酒吧经营的主旨要求经营者把顾客的需求放在第一位。通常顾客关心的是酒吧能为他们做什么，而不是酒吧本身有多么厉害。酒吧经营者需要思

考，并且谦虚地告诉顾客自己的初衷，而不要用天花乱坠的吹捧来欺骗顾客，要试图用谦逊的态度，真正地讲个故事。

4. 学会倾听

真正的倾听可不仅仅是把文字传送到脑子里，而是完全理解顾客所传达的信息和观点，这包含了顾客的需求、预想甚至是抱怨。酒吧经营者先需要学会倾听顾客或者市场的观点和预期。如果酒吧提供的服务无法满足顾客的需求，而经营者又拒绝倾听，那酒吧之后进行的便是无休无止徒劳的工作。

5. 开个好头

如何给顾客留一个好印象呢？关键是找好切入的时间，准备好内容，并站在顾客的角度上看待问题。永远要记住，目标客户关心的是酒吧能为他们做什么。说到底，酒吧要开展周密而详细的调查，研究自己的特色在哪里，有哪些与众不同的地方，从而进行精准的形象定位，确立自身的营销主题，在有限的空间中营造出富有想象力和感染力的特定氛围，提供热情而周到的服务，给顾客艺术般的体验，最大限度满足顾客的心理需求。

6. 不要喋喋不休

说话与不说话的时机与说出的内容一样重要。停下来开始聆听，是为了了解顾客对酒吧的想法，并据此有针对性地做出经营策略。当然，有时候，顾客的沉默与他们的语言一样有力。酒吧经营者可以看看酒吧的宣传在社交媒体上有没有什么反响，人们有没有被其吸引、会不会加入讨论。不要认为有负面评价和缺少回应就是失败，这只是一个进行调整的机会。酒吧经营者可以想些不同的点子来更好地迎合顾客需求。

7. 扔掉“攻略”

航班起飞前，空乘人员都会说一连串的注意事项，但有多少人会听呢？在瞬息万变的对话营销中，过于遵循某种守则反而会让人深陷桎梏。永远不要让自己的营销方式模式化，成功的经营者会努力地拓展自己的视野，停下时想想自己的目标、顾客的需求以及如何及时地调整策略。

营销就是根据顾客需求来销售产品，并尽量地占有市场份额，吸引顾客购买自己的产品。酒吧经营者应想办法扩大酒吧的知名度和吸引力，吸引顾客前来购买并且重复购买酒吧的产品和服务。

一、酒吧产品营销

1. 酒吧营销的目的

(1)树立酒吧形象。

① 使顾客知晓酒吧。

酒吧经营者要通过各种形式的推销手段，让顾客或大众了解酒吧的名称、位置、提供的服务内容和服务特色。

② 使顾客喜爱酒吧。

酒吧通过提供高质量的酒水和一流的服务来满足顾客的需要，让顾客从心理和行为上喜爱酒吧的产品和服务，从而喜爱酒吧。

③ 使顾客认同酒吧。

通过酒吧提供的产品、服务以及各种宣传，让顾客明确酒吧的价值观念、质量标准、服务特点等，使顾客认同酒吧的经营思想和服务理念。

④ 使顾客信赖酒吧。

顾客对酒吧服务、价值观的信赖是其再次光临的基础，而且会对酒吧的良好形象起到口头宣传的作用。

(2)促成顾客消费行为。

① 吸引顾客的注意力。

酒吧可以通过特色活动来吸引顾客注意力，增强顾客对酒吧的兴趣；提供产品质量、价格、服务等信息；突出自己产品给消费者带来的特殊利益，加深他们对酒吧产品的了解，并使他们愿意接受酒吧的产品。

② 激起顾客的购买欲望。

酒吧是人们精神享受的场所，如果营销使顾客确信能从酒吧产品中得到最大限度的享受，就能够激起顾客的购买欲望。

③ 促成顾客的消费行为。

通过酒吧的营销活动，顾客完全了解酒吧的产品，并对产品有较高的购买欲望时，就达到了促成顾客消费行为的目的。

④ 稳定销售。

酒吧要通过营销活动，使更多的消费者对本酒吧及产品产生偏好，达到稳定销售的目的。

2. 选择市场

(1)确定目标顾客。

① 在提供酒水的餐馆里就餐的顾客。

这类顾客的目的是在餐馆里享用一顿美餐，而酒类(不论是鸡尾酒、白酒或是餐后酒)则增加了顾客体验的整体乐趣。虽然食物也许是顾客首要关注的，但是通常情况下他们对酒类也会有所需求。

② 过路的顾客。

这类顾客的目的通常都是使自己恢复精力，即在一天的劳累之后，有个短暂的休息。那些在酒吧里等飞机、火车或约会朋友的人也属于此类。而为这些顾客提供服务的酒吧通常位于办公楼或工厂附近，还有些建在汽车站、火车站、机场或酒店的休息室内。

③ 休闲娱乐的顾客。

这类顾客有闲暇时间放松心情，他们喜欢到酒吧里寻找刺激、变化。这类顾客经常光顾酒吧、俱乐部或餐馆，因为这些地方有音乐、游戏、舞蹈和与新朋友结识的机会，在这里，他们能够接触社会时尚。这类顾客每晚也许会光顾几个不同的酒吧，但如果某个酒吧的娱乐项目、饮料和玩伴都不错的话，他们也会一整晚都待在那里。

④ 常光顾酒吧或餐馆的顾客。

在这些酒吧里，熟识的人经常聚集在一起，他们乐于享受生活、放松心情，但他们最原始的目的是与自己熟识并喜欢的人在一起。在酒吧里，顾客觉得像在家里一样心情舒适，有归属感。

(2)设计酒吧产品与服务。

一旦酒吧选定了特定的目标顾客，就应尽最大努力了解顾客的需要和要求，并相应调整酒吧的产品和服务。

(3)分析市场环境。

① 选址。

② 了解潜在的顾客市场。

③ 分析市场竞争环境。

④ 分析财务计划的可行性。

二、酒吧渠道营销

1. 环境形象营销

(1)酒吧的环境卫生。

酒吧卫生在顾客眼中比餐厅卫生更重要，因为酒吧的酒水都是不加热直接提供的，所以顾客对吧台卫生、桌椅卫生、器皿洁净程度、调酒师及服务人员的个人卫生习惯等非常重视。

(2)酒吧的氛围和情调。

氛围和情调是酒吧的特色,是一个酒吧区别于另一个酒吧的关键因素。酒吧的氛围和情调通常由装潢和布局、家具和陈列、灯光和色彩、背景音乐及活动等组成。酒吧的氛围和情调要突出主题,独具特色,以吸引顾客。

(3)酒吧名称。

酒吧名称,必须适合其目标顾客层次,适合酒吧的经营宗旨和情调,只有这样才能树立起酒吧的形象。酒吧名称基本要遵循以下原则。

① 笔画简洁。

笔画太多的字,顾客难以辨认,以至顾客认不出、叫不出酒吧名,甚至有时顾客见了这种酒吧名,掉头就走。

② 不用生僻字。

生僻字容易读错,也不利于酒吧形象的传播。

③ 字数要少。

酒吧名称以两三个字为佳,一般不要超过四个字。

④ 有独特性。

酒吧的名字要与众不同,才能在顾客心目中留下深刻的印象。

⑤ 发音容易。

发声要有差别,避免同声组合,避免发音困难的字,避免俗气的语音。

⑥ 不用易混淆的字。

避免使用在语音、字形上易混淆的字。

(4)酒吧招牌。

酒吧的招牌是十分重要的宣传工具,一般要求招牌设计美观且适合酒吧风格,能引起顾客的注意,加深印象。酒吧招牌中一般带有“bar”或“club”等字样。

(5)酒吧广告宣传。

酒吧为了扩大影响,增加销量,常需在桌上、柜台上或店内的墙上贴一些广告宣传单。精美的广告往往使人眼前一亮,甚至让人产生难以忘怀的印象。这些广告应具有以下特点。

① 对饮品的介绍让顾客一目了然,要尤其突出特色饮品和主要饮品。

② 显示优惠价格,当酒吧提供折扣价、优惠券或各种赠品时,应向顾客详细传达这方面的信息,以漂亮的广告向大众告知,以吸引顾客。

酒吧内部营销主要包括内部标记和印刷的重要通告、酒单、推销品种介绍单;员工的个人推销、口头宣传;装饰和照明;服务人员的情绪和酒吧的气氛;酒水和食物的色、香、味等。

2. 员工形象营销

(1)员工仪表。

酒吧员工的仪容、仪表,会直接影响酒吧的形象,必须予以重视。

① 着装。

按酒吧要求着装,保持整洁、合身,反映岗位特征。

② 神态。

通过脸部表情及眼神变化来吸引顾客,即眼神应充满自信神采。

③ 语言。

通过礼貌的语言,来表达对顾客的关心和重视。

(2)规范服务。

酒吧员工标准的服务规范,体现了酒吧的团体精神和员工的合作精神,给顾客一种训练有素的感觉。酒吧员工的工作态度和精神面貌,会给顾客留下深刻的印象,强化酒吧的形象。

3. 内部营销

营销工作从顾客一进门就开始了,顾客进来了,能否让他留下并主动消费,这是非常重要的。服务人员秀丽的外表、可爱的笑容、亲切的问候、主动热情的服务对留住顾客是至关重要的。同时,酒吧的环境和气氛也左右着顾客的去留。顾客坐下之后,行之有效的营销手段及富有导向性的语言宣传是顾客消费多少的关键。

当顾客消费结束离座时,服务员可以赠给顾客一份酒单小样、一块小手帕、一个打火机或一盒火柴,当然这上面都印有本酒吧的地址和电话,请顾客留作纪念,欢迎其下次光顾或转送给他的朋友。另外,陈列也是内部营销的手段之一。陈列品可以放在吧台的展览柜里,也可以放在朝向大街的玻璃橱窗里,也可以放在酒吧、餐厅入口的桌子上及房内的各个可装饰的角落。陈列品对顾客来说无疑是一种无声的诱惑,同样能起到很好的营销作用。

4. 酒单推销

(1)酒单上的酒应该分类。

酒单上的酒应该分类,以便顾客查阅与选择。对于大多数顾客都不太熟悉的酒,可以在每一类或每一小类之前附上说明,这样可以帮助顾客选择他们需要的酒。

(2)准备几种不同的酒单。

具有多种酒类存货的餐厅,通常有两种不同的酒单,一种为一般的酒单,一种则为贵宾酒单。前者放在每一张桌子上,通常整顿饭的时间都留在那儿;而后者只有当顾客要求,或是他无法在一般酒单上找到想喝的酒时才进行展示。

(3)注意拼写错误。

注意不要拼错酒名及酒厂名,也不要把酒的分类弄错,印刷之前应仔细校对,以免日后顾客提出质疑。要努力将顾客的注意力吸引到几种特别的酒上,以刺激消费。最常用的方法是从现有的酒单中,挑选出几种酒加强宣传。不过,对于刺激顾客消费,提高顾客对酒的认知才是长远之计。

(4)好酒论杯计价。

提供两种至六种不同价位的酒以杯销售,这已成为当前广受欢迎的销售方式。这样能够吸引顾客尝试新酒,也能够适应当前饮酒节制的需求。

(5)每日一酒或每周一酒。

越来越多的酒吧供应每日或每周特价酒。这些特价酒和以杯计价的酒一样,能够吸引顾客尝试酒单上的新酒,也可以促销一些原来销路并不理想的好酒。

5. 策略营销

10-4 二维码
酒吧节日
营销活动

(1)酒瓶挂牌推销。

酒吧可以在贵宾顾客品味过或饮剩的美酒酒瓶挂上写有其"尊姓大名"的牌子,然后将酒瓶陈列在酒柜里。高贵名酒与顾客身份相映生辉。之后顾客很可能与朋友结伴而来"故地重游""旧瓶再饮"。这是充分利用顾客炫耀心理达到推销的绝佳方式之一。各类名酒设置越多,酒吧就越有名气。

(2)知识性服务。

有的酒吧里备有报纸、杂志、书籍等,以供顾客阅读;有的播放外语新闻、英文会话等节目;有的将酒吧布置成图书馆风格。

(3)免费品尝。

酒吧推出新的品种时,为了让顾客对其有较快的认识,最有效的方法之一便是免费赠送给顾客品尝。顾客在不花钱的情况下品尝产品,他们定会十分乐意寻找产品的优点,也乐意无偿宣传酒吧的产品。

(4)有奖销售。

有奖销售即用奖励的办法来促进酒吧酒水的销售。顾客一方面可寄希望于幸运得奖,另一方面会认为即使不得奖,活动本身也是一种娱乐的方式。

(5)赠送小礼品。

一张餐巾、一根搅拌棒、一支圆珠笔,以及印上酒吧地址和电话的火柴盒、打火机、小手帕等,都可以作为小礼品赠送给顾客,能起到良好的宣传作用。

(6)折扣赠送。

酒吧向顾客赠送优惠卡,顾客凭卡可享受优惠价。

(7)宣传小册子。

设计制作宣传小册子的主要目的是向顾客提供有关酒吧设施和酒品服务方面的信息。宣传小册子一般应包括以下内容:酒吧名称和相关标识符号;酒吧简介;酒吧地址和电话;简明交通路线图;如果顾客需要更多信息,应和哪个部门或和谁联系。

6. 酒吧外部营销

酒吧外部营销主要包括人员营销,直接邮寄,广告、宣传品的分发等。

三、酒吧活动促销和营业促销

1. 酒吧活动促销

酒吧的活动促销是酒吧营销的重要组成部分,很多节日、活动能吸引大批不同类型的客源。

(1)活动促销原则。

① 新奇性。

酒吧新奇的活动一般能引起众人的兴趣,甚至是传播媒体的兴趣,吸引顾客。

② 新潮性。

酒吧要以新潮、具有现代感的活动来吸引顾客。

③ 参与性。

酒吧举办的活动应尽量吸引顾客参与,提高顾客的兴趣。

(2)活动促销形式。

活动促销形式可以分为节日活动、演出活动和参与活动三种。

酒吧可以在周末和其他时间举办特殊的歌舞、比赛、表演、抽奖等娱乐活动,吸引乐于参与活动的顾客光临酒吧。

2. 酒吧营业促销

(1)营业促销目标。

营业促销的具体目标主要是刺激顾客的购买欲,包括鼓励老顾客继续光临、促进新顾客消费、鼓励顾客在淡季光顾酒吧等。营业促销目标主要是开拓新客源市场,具体包括鼓励酒吧推销新产品或新样式、寻找更多的潜在顾客、刺激淡季商品的推销等。

(2)促销方式。

① 赠送。

顾客在酒吧消费时,免费赠送新的饮品或小食品以刺激顾客消费;或者为鼓励顾客多消费,对酒水消费量大的顾客,免费赠送一杯酒水,以刺激其他顾客消费。免费赠送是一种象征性促销手段,一般赠送的酒水价格都不高。

② 优惠券或贵宾卡。

酒吧在举行特定活动或新产品促销时,应事先通过一定方式将优惠券或贵宾卡发放到顾客手中,顾客持券或持卡消费时可以得到一定的优惠。这种方式应把顾客享受的优惠限制在特定的范围之内。对酒吧的常客,可赠给顾客优惠券或贵宾卡,只要顾客在本酒吧出示此卡就可享受到卡中所给予的折扣优惠,以吸引顾客多次光顾。

③ 折扣。

折扣是指在特定时间按原价进行折扣销售。折扣优惠主要吸引顾客在营业的淡季来消费,或者鼓励达到一定消费额度或消费次数的顾客前来消费。这种方式会使消费者在购买时得到直接利益,因而具有很大吸引力。

④ 有奖销售。

这是利用摸彩等方式进行的一种促销活动。通过设立不同程度的奖励,刺激顾客的短期购买行为,这种方式比赠券更加有效。

⑤ 现场表演。

在酒吧增设现场表演,利用展示饮品的某种性能和特色吸引顾客,增加销量。示范表演呈现给顾客一种动态的真实感,促销效果比较显著。

⑥ 门票中含酒水。

很多酒吧为吸引顾客,往往在门票中赠送一份酒水。

⑦ 最低消费中含酒水。

一些高级的酒吧和包厢往往设有最低消费额,主要是指在酒吧中酒水的消费量必须达到最基本的标准量。

⑧ 配套销售。

酒吧为增加酒水消费,往往在饮、娱、玩等酒吧系列活动中采取配套服务。如有些酒吧在饮品价格套餐中包含卡拉 OK,或在某些娱乐项目套餐中包含酒水。

⑨ 时段促销。

绝大多数酒吧在经营上受到时间限制。酒吧为增加非营业时间的设备利用率和收入,往往在非营业时间对酒水价格、场地费用及包厢最低消费额等采取折扣价。

(3)营业促销注意事项。

① 刺激对象的条件。

促销的刺激对象可以是全部顾客,也可以是部分顾客。

② 推广的途径。

酒吧要决定通过什么途径落实促销方案。

③ 促销的期限。

如果促销的时间过短，很多潜在顾客可能在此期限内不需要重复购买；如果促销的时间过长，可能会使消费者产生一种酒吧变相降价的印象。

④ 促销时间的安排。

通常是根据酒吧内部情况确定其促销的日程安排。

四、酒吧价格营销

1. 酒品定价方法

(1)以成本为基础的定价。

以成本为基础的定价方法是酒品定价最常用的方法，其具体包括以下几种。

① 原料成本系数定价法。

售价等于原料成本除以成本率。以原料成本系数定价法定价，需要两个关键数据：一是原料成本额；二是成本率。原料成本额从饮品实际调制过程中使用情况的汇总中得出，它在标准酒谱上以每份饮料的标准成本列出。成本系数是成本率的倒数。国内外很多餐饮企业运用成本系数，因为乘法比除法运算容易。

如果经营者计划自己的成本率是40%，那么成本系数即为2.5(即1除以40%)。

例如，已知一杯啤酒的成本为4元，计划成本率为40%，即成本系数为2.5，则其售价计算为：4÷40%=10元或4×2.5=10元。

② 毛利率法。

毛利率是由经验或经营要求决定的，故也称计划毛利率。

例如，1盎司威士忌的成本为6元，如计划毛利率为80%，则其售价为：6÷(1-80%)=30元。这种方法只计算饮品的原料成本，而不考虑其他成本因素。

③ 全部成本定价法。

此种定价法的计算公式表达如下：

售价＝(每份饮品的原料成本＋每份饮品的人工费＋每份饮品的其他经营费用)
　　　÷(1－要达到的利润率)

每份饮品的原料成本可直接根据饮用量计算；人工费用(服务人员费用)可由人工总费用除以饮品份数得到；其他经营费用可由此法计算出每份费用。

例如，某鸡尾酒每份的原料成本为5元，每份人工费为0.8元，其他经营费用每份为1.2元，计划经营利润率为30%，营业税率为5%，则鸡尾酒售价=(5+0.8+1.2)÷(1-30%-5%)=10.77元。

(2)本量利综合分析定价法。

本量利综合分析定价法是根据饮品成本、销售情况和盈利要求综合定价的一种方法。

其方法是将酒单上所有饮品根据销售量及其成本分类，每一种饮品总能被列入下面四类中的一类，即第一类高销售量、高成本；第二类高销售量、低成本；第三类低销售量、高成本；第四类低销售量、低成本。虽然第二类饮品容易使酒吧得益，但在实际操作中，酒吧出售的饮品四类都有。这样，在考虑毛利的时候，就要把第一类和第四类毛利定得适中一些，而把第三类加较高的毛利、第二类加较低的毛利，然后根据毛利率法计算酒单上酒品的价格。这一方法综合考虑了需求（表现为销售量）、酒吧成本和利润之间的关系，并根据"成本越大、毛利越大，销售量越大、毛利越小"这一规则定价。

酒品价格还取决于市场均衡价格，因此，在定价时，可以经过调查分析或估计，综合以上各因素，把酒单上的酒品分类，加上适当的毛利，有的取低的毛利率，有的取高的毛利率，还有的可取适中的毛利率。这种高、低毛利率也不是固定不变的，在经营中应随机适当调整。本量利综合分析定价法比较复杂，有一定难度，但当经营者做了一些调查分析，经过多种因素的综合考虑后，给饮品定的价格就会是比较合理、能使酒吧得益的。而且，这些市场调查分析的结果，能使酒吧经营服务得到不断改进。

（3）以竞争为中心的定价方法。

① 随行就市法。

这是一种最简单的方法，即把同类酒吧酒单上的酒水价格为我所用。其优点主要有以下四点。一是定价简单。直接用同类酒吧的产品价格，可简化定价的过程，减少定价所花费的精力。二是容易为一部分顾客所接受。市场上流行的价格，就是同类酒吧经过经营实践证明能被市场上的顾客所接受的价格。三是风险小。采取同类酒吧的定价，能保证酒吧获得一定收益，酒吧的经营比较可靠，风险小。四是易于与同行协调关系。目前，我国酒吧定价大多全部采用或部分采用了这种方法。

② 竞争定价法。

此方法是以竞争者的售价为定价的依据，定出自己酒单的酒品价格。

一是最高价格法。最高价格法是指在同行业的竞争者当中，对同类产品定出高于竞争者的价格。最高价格法要求酒吧具有一定的实力，能提供良好的酒吧环境氛围，提供一流的服务和一流的饮品，以质量取胜。

二是同质低价法。同质低价法是指对同样质量的同类饮品和服务定出低于竞争者的价格。该方法一方面用低价争取竞争对手的客源来扩大和占领市场；另一方面加强成本控制，尽可能地降低成本，提高经营效率，实行薄利多销，既最大限度地满足消费者的需要，又使酒吧有利可图。

（4）考虑需求特征的定价法。

① 声誉定价法。

酒水的这种定价方法是以注重社会地位、身份的目标顾客的需求特征为基础的。这类顾客要求酒吧的环境好、档次高、服务质量好，且供应名牌酒。他们认为酒水的价格是反映饮品质量和个人身份、地位的一种标志。针对这类服务，酒单上的酒水价格应定得高一些。这种方法在高档酒吧中常用。

② 抑制需求定价法。

酒吧中某些大众饮品成本低、需求量大，如果定价低，会影响其他饮品的消费，对这类饮品一般采用抑制需求定价法，即将这类饮品的价格定得较高，以减少需求。

③ 诱饵定价法。

酒吧对一些对其他饮品能起诱饵作用的饮品和小吃，采用低价定价法来吸引顾客点单，低价在这里充当使顾客进一步消费的“诱饵”。

④ 反向定价法。

许多酒吧在对饮品定价时，首先调查顾客愿意接受的价格，以顾客愿意支付的价格作为出发点，然后反过来调节饮品的配料数量和品种，调节成本，最终使酒吧获利。

2. 酒品销售方式及其价格

(1)瓶装销售价。

酒单上一些饮品是以瓶、听为单位销售的，如葡萄酒、矿泉水、软饮料、啤酒以及名品白兰地等。整瓶酒水的售价用进价除以成本率即可。瓶装酒定价时，成本率是关键。高档酒吧成本率高一些，一般在50%左右。如一瓶王朝干白葡萄酒进价为25元，酒吧售价为60～80元。这种定价方法的不足之处在于酒水定价过高，会使顾客产生不满或出现自带酒水的情形，有可能影响酒吧的正常经营。

(2)零杯销售价。

零杯销售是酒吧最常用的服务方式。零杯销售价一般定得较高，如咖啡、果汁及各种酒类。产生这种高价的主要原因，一是酒水在斟倒过程中会产生一定量的损耗，二是零杯销售增加了人工量。但零杯销售给顾客带来了饮用上的方便，所以很受顾客欢迎。零杯销售价的计算公式如下：

零杯酒售价＝每杯容量÷成本率

这种定价方法，对于顾客来说没有可比性，而且方便，即使价格高一些，顾客也能接受。

(3)量杯(盎司)销售价。

酒吧中大部分酒类尤其是名贵酒，如白兰地、威士忌类，因价格和酒度都要高，大多数顾客是按盎司消费的，基本是约30毫升为1个标准量杯，一瓶标准容量750毫升的酒大约为25个标准量杯。量杯销售价的计算公式为：

量杯销售价＝每量杯成本÷成本率

(4)混合饮料销售价。

混合饮料的销售价是以各种配料成本加一定毛利而定的。酒单上的许多鸡尾酒和配方已经标准化，按每份混合饮料各配料的用量和价值计算出每份成本，然后除以一定成本率算出其售价。鸡尾酒往往因基酒价格高，还要考虑流失量(其他价值较低的配料不必考虑流失量)。

(5)同类酒水相同价。

在酒单上，为了方便，常常对每杯或按盎司出售的同类饮品制订相似价格。如软饮料中，雪碧、可乐、七喜一般12元/杯，威士忌一般28元/杯，鸡尾酒一般50元/杯。

◇ 思考题

1. 请问酒会的类型有哪些？试简述酒会前的工作程序。

2. 请问酒单的作用是什么？试阐述酒单策划的步骤与内容。

3. 请问酒水采购管理的目的是什么？其主要包括哪些内容？

4. 请问酒吧营业促销的目标是什么？试说明其具体促销方式。

5. 班级同学按照12人一组分组，每组设计一个主题酒会并实施。要求：写出主题酒会策划方案（包括举办背景、主题、时间、地点、形式、参与人员、会场布置、活动流程、人员安排、营销方式、主推产品、成本控制、保障措施、应急预案等）；写出活动总结（实施过程、活动总结、活动反思）；制作活动剪辑视频。

二维码 10-5
项目十
思考题
参考答案

参考文献

[1] 何立萍.酒水知识与酒吧管理[M].北京:中国劳动社会保障出版社,2011.
[2] 林德山.酒水知识与操作[M].2版.武汉:武汉理工大学出版社,2014.
[3] 蔡洪胜.酒水知识与酒吧管理[M].北京:清华大学出版社,2020.
[4] 徐明.新编酒水知识与酒吧管理[M].北京:中国财富出版社,2021.
[5] 费寅,韦玉芳.酒水知识与调酒技术[M].北京:机械工业出版社,2010.
[6] 匡家庆.酒水知识与酒吧管理[M].北京:中国旅游出版社,2017.
[7] 王明景,徐利国.酒水调制与酒吧服务实训教程[M].北京:科学出版社,2008.
[8] 梦白.白兰地的故事[M].广州:百花文艺出版社,2004.
[9] 王延才.中国白酒[M].北京:中国轻工业出版社,2011.
[10] 陈玉伟.酒吧管理与产品制作[M].北京:中国财富出版社,2011.
[11] 华文图景.黄酒品鉴百问百答[M].北京:轻工业出版社,2008.
[12] 郭航远,傅建伟.绍兴黄酒与养生保健[M].杭州:浙江大学出版社,2007.
[13] 于江山.黄种人喝黄酒:天下一绝 中国黄酒[M].北京:中国民主法制出版社,2013.
[14] 李晓东.酒水与酒吧管理[M].2版.重庆:重庆大学出版社,2007.
[15] 陈秋萍.酒品鉴赏与服务[M].北京:机械工业出版社,2011.
[16] 李厚敦.探访中国葡萄酒庄[M].上海:上海科学技术出版社,2012.
[17] 谢广发.黄酒酿造技术[M].北京:中国轻工业出版社,2010.
[18] 富隆葡萄酒文化中心.葡萄酒名庄[M].北京:中国轻工业出版社,2012.
[19] 刘记凤.葡萄酒文化[M].北京:西泠印社出版社,2011.
[20] 肖冬光.白酒生产技术[M].2版.北京:化学工业出版社,2011.
[21] 方元超,赵晋府.茶饮料生产技术[M].北京:中国轻工业出版社,2001.
[22] 马佩选.葡萄酒质量与检验[M].北京:中国计量出版社,2002.
[23] 王天佑.酒水经营与管理[M].北京:旅游教育出版社,2008.
[24] 顾国贤.酿造酒工艺学[M].北京:中国轻工业出版社,1996.
[25] 康明官.配制酒生产问答[M].北京:中国轻工业出版社,2002.
[26] 章克昌.酒精与蒸馏酒工艺学[M].北京:中国轻工业出版社,1995.
[27] 陈宗懋.中国茶经[M].上海:上海文化出版社,1992.
[28] 潘海颖,王崧.酒水服务与酒吧经营[M].武汉:华中科技大学出版社,2020.

[29] 牟昆.酒水服务与酒吧管理[M].北京:清华大学出版社,2014.
[30] 贺正柏,祝红文.酒水知识与酒吧管理[M].5版.北京:旅游教育出版社,2021.
[31] 王勇.酒水知识与调酒[M].2版.武汉:华中科技大学出版社,2019.
[32] 贺正柏,汤宗虎.酒水知识与酒吧管理[M].广州:广东旅游出版社,2013.
[33] 黄梅.酒水与咖啡的品鉴和调制[M].大连:大连海事大学出版社,2019.
[34] 单铭磊.调酒与酒吧管理[M].北京:北京大学出版社,2012.
[35] 马特.酒水知识与文化[M].北京:清华大学出版社,2019.
[36] 吴玲.调酒与酒吧服务[M].北京:中国商业出版社,2011.
[37] 盖艳秋,王伟,童江.酒水服务与酒吧运营[M].北京:中国旅游出版社,2019.
[38] 刘彩清,王仕佐."互联网+"时代的酒水行业发展态势探讨[J].酿酒科技,2016(8):129-132.
[39] 天津市河西区人民检察院."酒托女"引诱男网友高消费案件的处理[J].中国检察官.2014(10):47-51.
[40] 张超,李锦松,张怀山,等.白酒酿造水资源综合利用研究[J].中国酿造,2018(2):132-136.
[41] 侯延臣,刘智远.北方浓香型半成品酒贮存变化规律研究[J].酿酒,2018(3):74-77.
[42] 杜祖远.粉丝都去哪儿啦?——酒水行业深度调整期的挑战与契机[J].中国酒,2014(7):48-50.
[43] 万春林,马卓亚.鸡尾酒的融和技艺[J].四川烹饪高等专科学校学报,2010(3):17-18.
[44] 吴继忠,刘丽萍.金融营销:酒水销售的机会与陷阱[J].销售与市场·管理版,2011(12):65-67.
[45] 张安民.酒店业界调酒师资格证的认知研究——以浙北大酒店有限公司为例[J].湖州职业技术学院学报,2017(4):88-91.
[46] 许志强.伦敦"杜松子酒之靡":社会转型与酗酒问题[J].史林,2011(1):149-156.
[47] 付建丽.旅游地酒吧经营模式创新探寻[J].闽西职业技术学院学报,2017(2):45-48.
[48] 王雨辰.商至汉时期饮食器具中"鸟"形象的设计研究[D].无锡:江南大学,2021.
[49] 李振江.影响酒水企业升级的五个小趋势[J].销售与市场·管理版,2017(5):46-49.
[50] 王俊洋,胡文文,高发发.中外酒水文化研究[J].文化创新比较研究,2017(5):67-68.
[51] 金曦.中国酒水夜市空间格局及其驱动力研究[D].重庆:重庆理工大学,2021.
[52] 刘一博,赵丹.酒水饮料边界日渐消解 跨界成"家常便饭"[J].食品界,2021(7):68-69.
[53] 李振江,张令.疫情之下,危中有机——2020酒水行业十大判断与三个策略(上)[J].食品界,2020(6):68-71.
[54] 李振江,张令.疫情之下,危中有机——2020酒水行业十大判断与三个策略(下)[J].食品界,2020(7):72-75.

[55] 王松迪.酒水纳入海南离岛免税品类,谁是最大受益者?[J].葡萄酒,2020(8):20-23.

[56] 成仁明.散步茅台镇[J].星星,2019(3):104-105.

[57] 蔡金萍.2016-2017天猫酒水线上消费数据报告解读[J].葡萄酒,2017(11):16-20.

[58] 佚名.在华遭遇消费者审美疲劳　星巴克在中国首次推出酒水[J].中国食品,2018(14):73.

[59] 刘玲艳.酒水饮料不健康,聚餐喝什么[J].医食参考,2018(2):48.

[60] 艾冰."酒水节"背后是酒企与电商的深度融合[J].企业观察家,2016(10):80-81.

[61] 郭恩军,尹晶.酒香品自高 品高酒愈醇——专访山东即墨黄酒厂厂长、新华锦(青岛)酒业有限公司总经理杜祖远[J].中国食品,2011(11):50-52.

[62] 国家市场监督管理总局国家标准化管理委员会.GB/T 15109—2021 白酒工业术语[M].北京:中国标准出版社,2021.

与本书配套的二维码资源使用说明

本书部分课程及与纸质教材配套数字资源以二维码链接的形式呈现。利用手机微信扫码成功后提示微信登录，授权后进入注册页面，填写注册信息。按照提示输入手机号码，点击获取手机验证码，稍等片刻就会收到 4 位数的验证码短信，在提示位置输入验证码成功，再设置密码，选择相应专业，点击“立即注册”，注册成功（若手机已经注册，则在“注册”页面底部选择“已有账号？立即登录”，进入“账号绑定”页面，直接输入手机号和密码登录）。接着提示输入学习码，须刮开教材封面防伪涂层，输入 13 位学习码（正版图书拥有的一次性使用学习码），输入正确后提示绑定成功，即可查看二维码数字资源。手机第一次登录查看资源成功以后，再次使用二维码资源时，在微信端扫码即可登录进入查看。